U0168712

无人系统技术出版工程

无人机空域运行冲突消解方法

Airspace Conflict Resolution of Unmanned Aerial Vehicles

杨 健　尹 栋　牛轶峰　沈林成　著

国防工业出版社

·北京·

内 容 简 介

本书主要阐述与无人机空域运行冲突消解相关的理论与方法。全书以未来无人机在军民两用领域广泛运用为构想场景，阐述了无人机空域运行冲突消解作为无人机空域运行管理的重要组成部分对保证多无人机同场安全飞行发挥的重要作用，并研究了基于几何构型方法的冲突消解相关基本模型，详细论述了集中式冲突消解方法，基于分布式优化的冲突消解方法以及基于协定的分布式冲突消解方法。

本书可以作为从事无人机空域运行管理相关研究工作科技人员的参考书，也可以用作研究无人机、无人车、无人艇、机器人等平台运动安全策略的参考资料。

图书在版编目(CIP)数据

无人机空域运行冲突消解方法/杨健等著．—北京：国防工业出版社，2023. 3

ISBN 978-7-118-12869-7

Ⅰ. ①无… Ⅱ. ①杨… Ⅲ. ①无人驾驶飞机-空中交通管制 Ⅳ. ①V279②V355. 1

中国国家版本馆 CIP 数据核字(2023)第 057855 号

※

国防工业出版社 出版发行

(北京市海淀区紫竹院南路 23 号　邮政编码 100048)

天津嘉恒印务有限公司印刷

新华书店经售

*

开本 710×1000　1/16　**印张** 10½　**字数** 176 千字

2023 年 3 月第 1 版第 1 次印刷　**印数** 1—1500 册　**定价** 80. 00 元

国防书店：(010)88540777　　书店传真：(010)88540776

发行业务：(010)88540717　　发行传真：(010)88540762

《无人系统技术出版工程》
编委会名单

序

近年来,在智能化技术驱动下,无人系统技术迅猛发展并广泛应用:军事上,从中东战场到俄乌战争,无人作战系统已从原来执行侦察监视等辅助任务走上了战争的前台,拓展到察打一体、跨域协同打击等全域全时任务;民用上,无人系统在安保、物流、救援等诸多领域创造了新的经济增长点,智能无人系统正在从各种舞台的配角逐渐走向舞台的中央。

国防科技大学智能科学学院面向智能无人作战重大战略需求,聚焦人工智能、生物智能、混合智能,不断努力开拓智能时代"无人区"人才培养和科学研究,打造了一支晓于实战、甘于奉献、集智攻关的高水平科技创新团队,研发出"超级"无人车、智能机器人、无人机集群系统、跨域异构集群系统等高水平科研成果,在国家三大奖项中多次获得殊荣,培养了一大批智能无人系统领域的优秀毕业生,正在成长为国防和军队建设事业、国民经济的新生代中坚力量。

《无人系统技术出版工程》系列丛书的遴选是基于学院近年来的优秀科学研究成果和优秀博士学位论文。丛书围绕智能无人系统的"我是谁""我在哪""我要做什么""我该怎么做"等一系列根本性、机理性的理论、方法和核心关键技术,创新提出了无人系统智能感知、智能规划决策、智能控制、有人-无人协同的新理论和新方法,能够代表学院在智能无人系统领域攻关多年成果。第一批丛书中多部曾获评为国家级学会、军队和湖南省优秀博士论文。希望通过这套丛书的出版,为共同在智能时代"无人区"拼搏奋斗的同仁们提供借鉴和参考。在此,一并感谢各位编委以及国防工业出版社的大力支持!

吴美平

2022 年 12 月

前　言

飞行是人类古老的梦想，在2400年前的东西方世界，先贤们就已开始探索如何翱翔在蔚蓝的天空。例如，在公元前405年左右的意大利，一位名叫Archytas的先行者设计了一款叫鸽子(pigeon)的机械鸟，这大概可被视为最初的无人机。差不多同一时代，在世界的另一端，中国人首创性地提出了垂直起飞的概念，最早的竹蜻蜓由此诞生。

自近代以来，伴随着无线电技术的成熟，无人机迎来了蓬勃发展。特别是进入21世纪，无论是军用无人机还是民用无人机都在很多的应用场景中证明了它们相比于有人机独有的优势，例如长时间巡航于任务区域附近，起降条件要求低，价格低廉，能够进入高危环境作业等。对无人机的成功运用激发了人们在新的领域中运用无人机的尝试。对无人机运用存在巨大潜力的场景包括线路巡检、交通监管、快递运输、应急救援和日常娱乐等。无人机在人口稠密区上空的广泛应用将带来挑战性问题，如何对无人机进行合理管理以既能让它们方便地进入寻常百姓的生活，又能兼顾多方面的安全要求？因此无人机空域运行管理成为无人机推广应用必须考虑的问题。近几年从国家到地方的相关管理机构不断出台细化的管理规定以逐步明确对无人机空域运行进行管理的思路与机制。

无人机空域运行管理涉及上下游相关产业的多方面问题，例如无人机适航管理、无人机分类、空域管理、空中交通管理、无人机用户管理等。因为涉及因素多、影响范围广，无人机空域运行管理是一个需持续论证与研究的复杂问题。当前对无人机的管理是为了保证无人机相关产业的健康发展，以改善人民生活和拉动经济增长。

大量无人机密集飞行在人口密集区域上空，如果无人机因为发生相撞或系统失稳而坠地，将会对地面上的人民生命财产造成严重威胁。因此无人机在空中飞行时的平台安全是需重点考虑的问题。必须保证无人机在空中的有序飞行，尽量避免无人机之间，以及无人机与有人机之间因为距离过近而相互影响。

多无人机同场飞行的安全间隔需要依靠多层综合机制来保证，其中包括但不限于飞行程序规则设定、飞行计划管理、离线航线冲突消解以及在线的空域运行冲突消解。通过层层管理调节以最大限度地保证飞行器之间的安全间隔。本书着眼于在线飞行时的无人机空域运行冲突消解问题。由于无人机体积小、速度慢，飞机的飞行航线不确定性较大，本书主要研究能够根据周围环境灵活调整无人机飞行状态的短距离冲突消解方法。首先,在第 1 章概要介绍了无人机空域运行管理的重要作用,论述了需解决的主要问题,进一步分析了无人机空域运行冲突消解问题的特点,介绍了相关理论方法与技术的研究现状。在第 2 章讨论了与无人机空域运行冲突消解相关的基本问题与模型,为后续章节的研究铺垫了理论基础。第 3 章、第 4 章重点讨论了基于速度障碍模型与碰撞锥模型的安全间隔约束的特性,并设计了基于非线性优化和基于混合整数线性规划的集中式冲突消解方法。第 5 章讨论了基于分布式优化的空域冲突消解方法。第 6 章阐述了无人机间通信带宽较低时基于协定的分布式冲突消解方法。

本书是在作者杨健的博士学位论文基础上增加了近几年的研究成果而形成的。感谢在杨健攻读博士期间以及本书撰写期间给予关怀、帮助与支持的领导、老师、工作人员、同学以及亲人们。本书的撰写参考了大量国内外有关书籍和文献资料的内容,在此对相关研究人员表示深深的敬意和感谢。感谢参于审校工作的钟启燊博士,同时还要感谢国防工业出版社的大力支持。

本书的出版先后得到了国家安全重大基础研究项目、国家自然科学基金(61876187)、国防科技大学“领军人才培养计划”等项目的支持,在此一并表示感谢。

无人机空域运行冲突消解问题是一个崭新的问题,其中很多的概念还没有权威的解释与定义。由于作者的水平有限,本书对这一问题的讨论不免片面,敬请广大读者批评指正。

作者

目 录

第1章　绪　　论

当前,无人机作为在多个行业领域引发重大变革的高科技产物,越来越引起研究人员的关注。相比于有人机,无人机具有不可比拟的优势,其可在多个领域发挥关键作用,涉及国防及民用的多个方面。在军用领域,无人机可以执行侦察、监视和打击任务。在民用相关领域如农业、地理测绘、科学研究及公共管理中,无人机以其经济性、便捷性和能够适应恶劣环境等优势而被日益关注[1]。当前无人机产业已成为美欧等发达国家优先发展的战略性新兴产业。近年来,我国无人机的研制、生产与应用也呈现爆发性增长。据不完全统计,我国无人机生产企业已达300多家。现阶段无人机的主要应用为单个飞机在较简单环境中执行任务,无人机的作业区域在时间与空间上基本隔离。随着无人机相关技术的不断发展,人们认识的提升,以及配套硬件管理设施和法律法规的逐渐成熟完备,未来在军民用领域无人机的应用将进一步扩展,在民用领域可能出现大量隶属于不同用户、承担不同任务的无人机在局部空域中同时使用的场景,在军用领域可能会出现大量在任务上具有关联性的无人机组成集群或编队在局部战场环境中投入作战使用的情形[2]。随着军用与民用无人机系统日益广泛应用,进入空域的无人机数量激增将成为必然趋势,对空域系统的使用需求将大幅增加,使用模式更加复杂多样。大量无人机在空中飞行,必然存在多无人机近距离靠近飞行的情形。由于飞机受到气流影响,或是系统控制导航误差,有可能发生飞机之间过度接近直至发生碰撞的事故。在民用场景中,无人机在空中碰撞不仅会造成飞机平台损毁,更严重的是无人机残骸坠落地面会对地面上的人员和财产造成伤害。在军用场景中,无人机因为缺乏灵活的冲突消解机制可能导致无人机难以近距离密切协同,无法有效发挥无人机集群的作战效能。高效的空域运行管理是无人机大规模使用不可忽视的问题,而其中最亟待解决的是无人机空域运行的安全间隔问题。因此,无人机空域运行冲突消解是一个具有重要研究价值的问题。

1.1　研究背景和意义

1.1.1　无人机产业发展对空域运行管理系统的需求

随着我国低空空域的开放,以及军民用无人机系统日益广泛应用,进入空域的无人机数量必将激增,它们对空域的使用需求将大幅增加。相比于有人机,无人机的谱系宽广,其质量分布从不足 1g 到几吨,翼展从毫米级到十几米[3]。如图 1.1 所示为根据无人机的质量与翼展对无人机的分类。

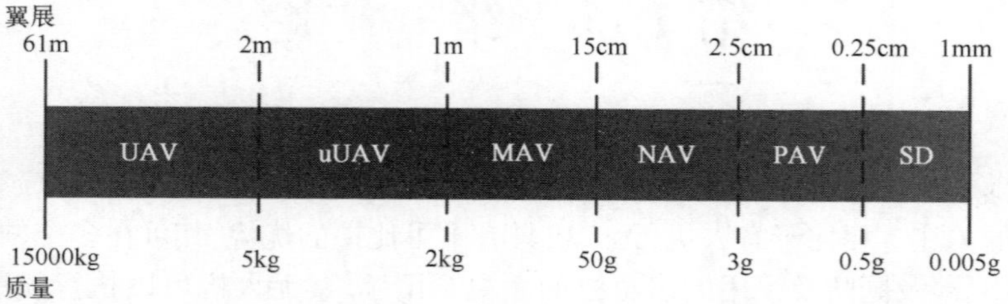

图 1.1 根据质量与翼展对无人机分类[3]

不同类型的无人机在空域中飞行于不同的高度层,执行不同任务的无人机飞行在不同区域。各类型无人机运行场景构想如图 1.2 所示。

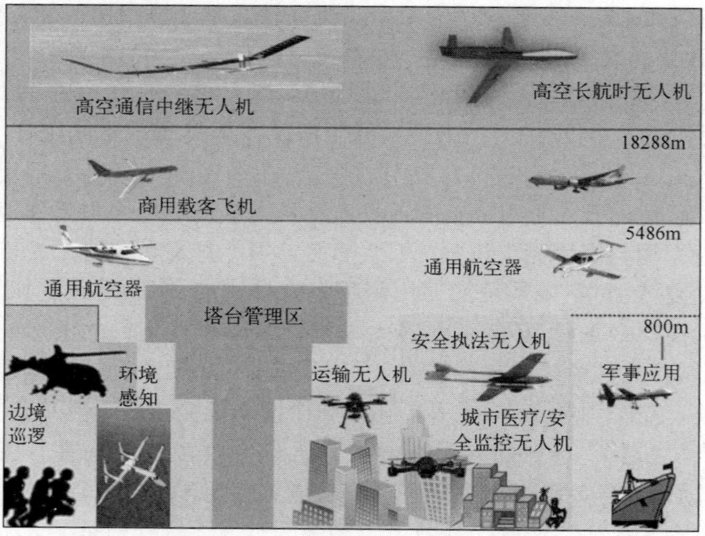

图 1.2 无人机未来应用构想(参照国际民航组织空域划分规则)

无人机的大规模使用将对空中交通管理提出新的挑战,主要表现如下:

(1) 无人机飞行高度涵盖全空域,与军民用大飞机航空及通用航空飞行空域严重重叠,尤其是大多数民用无人机主要运行在低空空域,造成低空空域使用矛盾激增。因此需要从全局对空域进行高效管理,以降低飞行器间的相互影响。

(2) 无人机无约束、无监管的飞行严重影响空域运行秩序,危害有人/无人航空器飞行安全,需要对无人机的使用制订完备的管理方案。

(3) 无人机产业无序发展、准入门槛低,无人机的可靠性不足可能对地面的人员生命、财产带来威胁，也会威胁到其他的飞行器，因此需要设计合理的无人机准入管理策略。

(4) 大量无人机飞行在空中可能发生碰撞和相互干扰的情形，需要建设综合高效的无人机空域运行安全管理系统。

为了保证无人机对空域的高效利用，促进无人机相关产业发展，需建设能够对各类型无人机的空域运行进行高效调配管理的空域运行管理系统[4]。当前无人机空域运行管理与有人机空域运行管理相比，存在以下特点：首先，无人机的空域运行管理系统、飞行准则及基本软硬件设施远没有有人机的相应系统、准则与设施成熟。其次，无人机与有人机在载荷能力、机动能力及飞行操控模式上不同。再次，未来进入非隔离空域的无人机数量多，规模庞大，且大多数无人机将飞行在较低空域，空域环境复杂。最后，有人机空域运行管理设备体积大，质量轻，价格高。因此直接将有人机空域运行管理系统植入无人机空域运行管理系统上，从经济性与效果上分析都不切合实际。综上认为，应在部分参考有人机空域运行管理系统的基础上考虑无人机平台与任务特点，充分应用新技术，构建能够灵活应对各种无人机运行环境且经济适用的无人机空域运行管理系统。

构建无人机空域运行管理系统需解决的关键问题主要有以下几点：

(1) 无人机适航认证问题。航空器的适航性是指航空器适合/适应于飞行的能力，航空器(包括部件及子系统)整体性能和操纵特性在预期运行环境和使用限制条件下的安全性和物理完整性的一种品质，是航空器的固有属性[5]。无人机适航认证必须考虑无人机本体、发射和回收系统、数据链路、地面控制站等部分。当前，无人机研究和使用较为广泛的国家都意识到无人机飞行的适航性问题，且出台了相关规定，比如美国出台的《ASTM 无人机系统适航标准规范》[6]，NATO 于 2014 年发布的首部轻型无人机适航标准 STANG 4703《轻型无人机系统适航性要求》。我国针对无人机适航问题也出台了相关规定，如 2015 年出台的《轻小型无人机运行规定(试行)》[7]。

当前的一种观点是根据无人机类型和其作业环境的不同确定适航性要求[8]。如图 1.3 所示，质量轻、翼展小的微型无人机相比于大型无人机，在同一场景下适航性要求低，同一类型无人机在人烟稀少地区的适航性要求比在人口密集的大城市适航性要求低。

(2) 无人机分类管理问题。当前有很多针对无人机的分类方法和依据，既可以根据无人机的物理性能，包括质量、飞行高度、翼展、载荷、发动机类型对无人机分类，也可以根据无人机的功能进行分类[3]，还有根据无人机的平均故障率进行分类。面向无人机空域运行管理的需求，对无人机进行分类管理是为了保证空域运行安全，最大限度地促进无人机的广泛应用。因此，对无人机分类的目的是方便后续分而治之。根据无人机的性能、用途和作业空域确定不同规格的

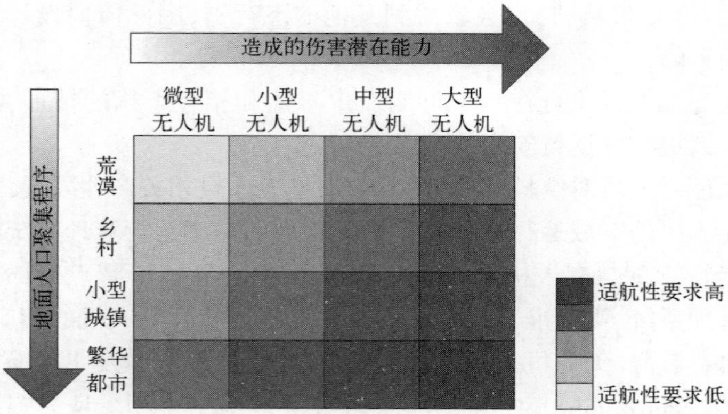

图 1.3 适航性认证矩阵模型[8]

管理规范。比如在城市空域,需要限制无人机的密度以保证空域运行安全与公共安全,在此前提下具有公共服务性质的无人机将被赋予更高的进入权限,而私人娱乐性质的无人机将面临更严格的准入限制。因此,应基于综合效益研究面向空域运行管理的无人机分类问题。

(3) 安全分离问题。无人机的安全飞行是保证无人机融入非隔离空域的基本要求。为了提高无人机产业的经济效益,为无人机确定的安全间隔距离必然大幅小于有人机之间的安全间隔距离。当前对无人机安全分离主要研究的是无人机在空中飞行相互间距离非常接近时的局部感知与规避问题[9]。未来将无人机融入非隔离空域后,空域中将存在各式各样的空域用户,其任务、机型与性能各不相同。无人机体积虽小,但有数量多、速度快、安全间隔距离小的特点,需综合考虑多种方法在多个阶段对无人机的飞行航线进行调整以保证飞机的安全间隔:根据无人机安全分离的需求可事先定义基本的安全间隔飞行规则;在飞机申报航线时根据安全间隔的考量对同一个空域内运行的飞机进行密度调整与起飞前航线冲突检测与消解;当无人机运行在空中时,进行在线冲突消解。

(4) 环境感知与通信问题。无人机空域运行管理是建立在一定的硬件设备基础上的。随着传感器技术的进步,当前有多种类型的空情信息感知监控设备应用于有人机或无人机[9],如表 1.1 所示。

表 1.1 无人机环境感知与交互设备

传感器类型	探测范围/km	合作类型
Wi-Fi	<1	合作式
自动相关监视广播(automatic dependent surveillance-broadcast,ADS-B)	240	合作式
空中交通告警和避撞系统(TCAS)	160	合作式
合成孔径雷达(SAR)	35	非合作式

续表

传感器类型	探测范围/km	合作类型
光电吊舱(EO)	20	非合作式
超声探测	10	非合作式
红外探测	4.4	非合作式
激光雷达	3	非合作式

随着通信技术的发展,未来可实现在5G网络覆盖到的地方应用无线通信技术构建地面与无人机通信链路。在这种条件下可以应用机载传感器,包括雷达、图像及GPS设备采集飞机状态和周围环境数据,然后基于无线通信模块实现无人机数据传递。这样可实现无人机与地面管理系统快速高效的通信联系,并保证地面管理系统对无人机的管理[10]。

(5)空域划设。合理的空域划设,不仅能提高空域使用效率,也能够降低空域中不同飞行器间发生碰撞的概率[11]。有人机空域划设具有一套成熟的体制,其中包括对商用航线与私人航线的划设等。由于有人机数量有限,任务单一,因此有人机空域划设难度相对较小。无人机的使用场景丰富,使用计划灵活多变,需要解决高度不确定性与动态性带来的挑战。未来绝大部分的民用无人机都将飞行在低空空域,为了保证空域得到合理使用,应当采用动态空域划设的方法对空域进行管理[12-13]。

1.1.2 无人机空域运行冲突消解

1.1.2.1 无人机的空域冲突与消解问题

如上文所述,无人机的广泛使用不可避免地将出现大量无人机同场飞行的场景。无人机在执行一些任务时可能还需与有人机共享同一空域。无人机在人类密集生活区附近空域的大量使用将使以下两种危害的发生概率变得不可忽视:一是当无人机坠地时可能会对地面的人员生命与财产安全产生严重危害;二是无人机可能在空中干扰有人机飞行甚至与有人机发生碰撞,危害到有人机上的人员生命安全。导致无人机坠地的原因有很多,可能是平台系统失稳,也可能是飞机间过于靠近发生碰撞。与地面慢速运动的物体不同,无人机飞行速度较高,因此其在空中的机动能力受到限制。同时,飞行器飞行产生的空气紊流可能对其他飞行器的稳定性造成影响。与有人机类似,需要为在空中飞行的无人机划设独占的安全空域[14]。其他飞行器进入某特定无人机的安全区域时,由于尾涡气流影响会有较大的概率导致两个飞行器飞行失稳,或由于距离过近使它们相撞的概率大增。因此保持飞机间的安全分离是确保无人机空域运行安全的基本要求之一[15]。另外,无人机需保持与静止障碍物的距离,如山体、高楼等地形障碍及恶劣天气气团。

解决无人机的安全分离需要多层综合机制,包括预先飞行规则,根据空中用户的繁忙程度的动态飞行空域划设、航线规划与调整等空域运行管理手段,以及飞行过程中的长期、短期冲突消解等方法。因此,飞行中的冲突检测与消解是无人机空域运行管理系统的一个重要功能。本书将其他物体进入无人机安全空域的情况定义为失距问题(loss separation)。空域冲突是在一个确定时间窗口$[0,\tau]$内将发生两个或多个飞行器失距的情形。

1.1.1 节中,我们介绍了可以用于环境感知与交互的设备。其中合作式的设备,如 Wi-Fi 与 ADS-B 可以用于支持集中式或分布合作式的机间冲突消解,而非合作式的传感器,如超声/光学传感器等可以用于支持基于协定的无人机间冲突消解。当前 5G 技术与 Wi-Fi 技术日益成熟,使得在城市等广泛布设了 5G 通信设备的区域综合运用地基空域运行管理系统与空中自主冲突消解系统保证无人机之间的安全间隔成为可能。

1.1.2.2 冲突消解中的关键问题

无人机空域冲突消解的前序问题是冲突检测。冲突检测是当飞行器间距安全的条件下根据局部空域中飞行器的状态及地理信息等相关信息检测无人机之间、无人机与有人机之间及无人机与环境中固定障碍,包括山体,恶劣天气气团等在$[0,\tau]$时间窗内存在的空域冲突[16-17]。关键是及时发现存在的冲突并降低误判概率。冲突消解操作是通过改变无人机的运动状态(调整飞行方向/飞行速度)消解被检测到冲突的过程,其目的是保证空域中无人机不发生失距危险并降低冲突消解机动损耗。调整无人机运动状态的方法包括调整速度大小、飞行方向及飞行高度。冲突消解需考虑以下要素:

(1) 冲突消解框架:无人机大规模使用的将来可能发生几十架甚至上百架无人机聚集在局部空域的情况。在处理大规模冲突时不但需要稳定和可扩展的冲突消解算法,还需要设计合理的规则,构建合适的冲突消解框架,以高效求解大量无人机冲突消解问题。

(2) 无人机任务:多无人机在空中飞行,每个无人机被分配相应的任务,如军事领域中无人机承担侦察、打击、电磁干扰等任务,民用领域中无人机可承担运输、搜索和救援、勘测等任务,应考虑降低冲突消解机动对无人机任务的影响。

(3) 计算的实时性:相比于有人机,无人机平台具有尺寸小、机动能力强的特点,无人机安全空域明显小于有人机安全空域。无人机的任务决定了它们的飞行航线大多是不规则的折线,因此在飞行过程中发生冲突的概率大。随着局部空域中无人机的数量增多,加之环境中动态因素对无人机飞行的影响较大,无人机冲突消解需具备实时性。

(4) 无人机动力学性能限制:无人机的飞行速度较快,其机动能力受到运动状态、飞行高度的限制。设计冲突消解策略需考虑无人机机动性能的约束。

(5) 通信条件差异性:属性相同或相近的无人机的相互距离较近,相互间通信带宽大,由于任务的关联性使它们相互合作进行避让成为可能,因此在具有地面空中交通管理中心或通信较通畅时可采用集中或分布式优化方法求解冲突消解策略。当没有地面空中交通管理中心或通信条件较差时应当研究基于协定的分布式方法消解无人机间的冲突。

综上可知,无人机在线冲突消解问题是一个复杂而充满挑战的问题。针对这些挑战与困难,本书展开以下方面的研究:

(1) 构建无人机空域冲突检测和消解模型:研究无人机冲突消解机动过程特点;分析不同类型的冲突,研究安全分离的约束条件;研究高效、准确检测无人机冲突的方法;研究不同条件下多无人机冲突消解模式;探索研究冲突消解求解框架。

(2) 研究在具有集中协调单元的条件下应用集中式优化方法求解能够降低无人机消耗的冲突消解策略。

(3) 研究在机间通信带宽高且无人机数量较多时基于分布式优化的无人机冲突消解策略。

(4) 研究通信带宽较低时无人机间的冲突消解算法。当无人机无法与地面空中交通管理中心保持顺畅通信,且机间通信带宽不高,甚至需要依赖非合作式传感器相互感知时无人机间合作水平低,研究基于协定的无人机冲突消解算法。

1.2 相关研究进展综述

空间冲突是在四维空间(三维空间再加时间轴)里可能发生两个物体过度接近的状况。只要环境中存在多于两个运动物体或一个物体在有静止障碍的环境中运动,就有发生空间冲突的可能。为了保证物体按照一定的目的运动,就需要考虑解决可能发生的空间冲突。需要考虑冲突消解问题的不仅有空中的各种飞行器,也有地面运动的各型车辆与行人[18]、海面航行的船只和水下的潜艇[19],以及围绕地球飞行的卫星[20-21]等运载器。对地面的车辆和海面航行的舰船来说,两个物体过度靠近是指两个物体发生碰撞或摩擦,例如低速运动的车辆只要相互之间错过一拳距离就是安全的。而空中运动的飞机由于需要考虑飞行器高速运动的特点和尾涡的影响,当飞机间距离小到足以使它们相互之间产生明显影响时将其定义为过度接近。随着多机器人技术的发展,冲突消解的重要性日益凸显。不同领域的冲突消解理念和方法都是相近的,已有的研究对无人机空域运行冲突消解问题具有启发和借鉴作用。本书综合各领域研究成果论述冲突消解理论和技术。

对冲突检测与消解的研究可追溯到20世纪80年代。与交通相关的领域包括机器人领域、地面交通领域、航空和航天领域都存在现实的冲突消解问题。机器人领域和地面交通领域主要研究较低速度运动的车辆和机器人在较短距离内避撞的问题。在航天领域中卫星通常在轨道上飞行,针对卫星的冲突消解方法与其他领域的问题存在较大差异。

随着民用航空产业的发展,自20世纪80年代以来在空中飞行的有人机数量逐渐增多,空中碰撞的危机和事故时有发生,这催生了对冲突消解的广泛研究。"自由飞行"(free flight)概念的提出又进一步推动着空中交通管理从主动式监管向被动式管理发展。针对冲突消解问题,有人机航空领域已发展出体系化的解决方案,有不同的消解策略解决飞机间在不同距离、不同场景下的冲突[15]。美国航空航天局(NASA)于1997年发布了关于冲突检测和消解的报告[22]。报告中首先对巡航(en-route)飞行模式和自由飞行模式进行了鉴别。针对自由飞行模式,他们提出应围绕飞机当前位置构建两个区域:告警区域和安全区域。他们认为针对自由飞行的飞机空中交通管理部门对其大部分飞行过程都不需要管理,只有在飞机间可能发生进入告警区域时才需要监视管理空域冲突。他们提出基于此理念的空中冲突检测和消解基本框架,如图1.4所示。

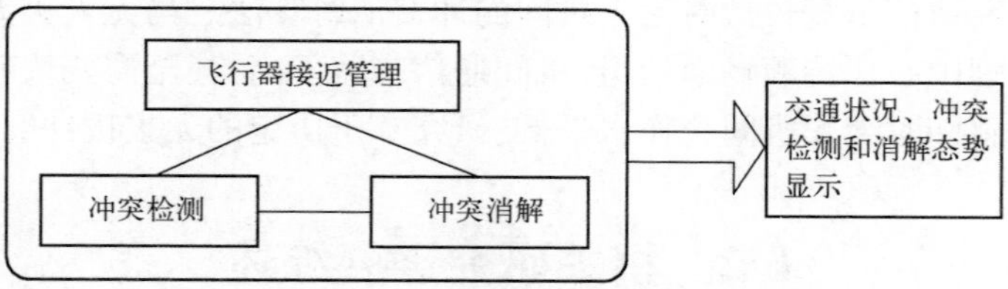

图1.4　20世纪90年代NASA构思的冲突检测与消解框架

该框架包含了飞机相互接近时的交通管理、冲突检测、冲突消解和消解过程显示模块四部分。基于此框架,NASA的研究人员讨论了冲突消解的多方面问题,包括冲突消解策略分层,冲突检测问题和冲突消解的基本理念等。此报告构建了到目前为止冲突消解相关研究的基本架构。由于无人机的使用模式与有人机自由飞行的模式相似,报告提出的冲突检测与消解框架对无人机的冲突消解研究有很大的借鉴意义。作为美国航空航天领域的重要机构,NASA的这份报告指出的研究方向激发了大量研究人员对冲突检测与消解进行研究的热情。

1.2.1　冲突检测方法

准确高效的冲突检测是冲突消解的必要前提。冲突检测是基于飞行器的既定航线或者是航线预测结果,判断飞行器之间的距离是否小于最小安全间隔的过程。冲突检测可分为3个不同阶段:第一阶段是基于规划的航线冲突检测,主要目的是确保为飞行器规划的航线尽量的保持机间安全间隔,减少后续的临时调整,提高空域运行的效率[23];第二个阶段进行在线长距离的冲突检测,此时主要根据飞行器的当前状态与十余分钟内的飞行航线判断可能发生的冲突;第三个阶段是短距离冲突检测,基于当前飞行器的飞行状态判断未来几分钟内是否会发生飞行器之间的冲突[24]。冲突检测不准确常带来不能及时发现潜在冲突的问题,往往造成飞机间过于靠近了才采用紧急避让机动保证飞机安全。这不仅影响了既定的飞行计划,还可能使得飞机陷入不安全的处境。Wenyuan Yang 等[25]提出采用空间网格系统来检查飞行器间可能存在的冲突。他们将飞行器的飞行轨迹描述为 $TY_i=(idt,t_s,t_e,PList)$,其中 TY_i 是第 i 条航迹,idt 是航迹的 ID,t_s 是航迹的出发时间,t_e 是航迹结束时间,$PList$ 是细分航路点集,其包含了时空域四维信息。一个计划的路径点可以被描述为 $RP_i=(idp,t,P)$,其中 idp 是航路点的 ID,t 是该航路点的时间信息,P 是坐标信息。基于定义明确的航路信息,将飞行器的航路信息表示为带时间窗口的网格,冲突信息的检验可以通过比较带网格信息的窗口实现。Russell A. Paielli 和 Heinz Erzberger[26]为了提高计算效率,提出通过变换检测粒度和时间跳跃的方式检查飞机的航线冲突。当两个飞机的航线在空间上距离较大时,不需要仔细检查两个飞机的航线是否会相互进入最小间隔区域,此时可采用大步长粗粒度检测飞机间是否存在冲突。当两个飞机的初始间距较大时,还可根据飞机的运动能力确定后续的冲突检测中跳过后续的一段时间。当飞机之间的距离接近时,采用细粒度精确判断飞机之间是否会发生冲突。Fedja Netjasov 等[27]提出基于仿真的方法细致地分析飞机的既定飞行航线上存在的空间使用冲突,通过仿真确定发生冲突的持续时间及冲突的严重程度。Michael A. Jacobs 等[11]对冲突检测的两个模型 Well Clear(WC)与 Critical Pair Identification(CPI)进行了分析,对比了这两个模型的特点,然后提出了冲突检测的流程——成对冲突的融合分析(PSPC),流程融合了 WC 与 CPI 两个模型的特点。

已有的冲突检测方法只根据无人机当前的运动状态检查它们之间冲突的可能。这种静态的检查方法对于多无人机在局部飞行的场景具有很大的局限性。无人机可能因为避让已经发生冲突的邻居无人机时与其他无人机发生冲突。在冲突检查时应尽量减少漏检率与误检率,以提高冲突消解的处置效率。

1.2.2 冲突消解方法研究进展

Claire Tomlin 等[28]研究了在对方飞机机动行为不确定条件下选择己方机动行为以保证飞行安全的方法。他们提出飞机在自由飞行时根据自己的目标优化航迹,应用自主相关监视广播系统(automatic dependent surveillance-broadcast system,ADS-B)设备与周边的飞机进行通信。Jimmy Krozel 与 Mark Peters[29]研究了以减少经济损耗为目标的冲突检测和消解方法。在将告警区域和安全区域建模为不同范围圆柱状空域的条件下,他们分析了 3 种不同的冲突消解策略的优劣。20 世纪研究人员已经针对冲突检测和消解问题提出了丰富的模型和算法,2000 年 James K. Kuchar 和 Lee C. Yang[30] 对冲突消解问题做了综述。他们总结了与地面车辆、船只、机器人及飞机相关的超过 60 种模型和算法,冲突消解的基本方法可被归纳为 4 类:

(1) 基于规范的冲突消解方法;

(2) 以优化某方面性能为目的的冲突消解方法;

(3) 基于势场的冲突消解方法;

(4) 基于人工调整的冲突消解方法。

Kuchar 针对每种方法的技术特点做出的总结归纳具有较强的参考意义。近十几年以来,一方面通信技术、计算机技术、数学计算方法和管理工程的理念得到长足发展;另一方面空中交通变得更加繁忙,而且无人机空域融合的理念逐渐从学术界和产业界向官方蔓延,针对新的状况不断有新的冲突消解方法被提出。Xiang Yu[9] 考虑无人机集成进入非隔离空域所面临的困难问题,对基于路径规划方法的无人机冲突消解方法进行了综述。本书在参考已有观点的基础上针对本书的研究目标对冲突消解方法进行重新梳理[27,32]。如表 1.2 所示,本书从解决机制、研究理论、求解策略和算法等方面对冲突消解方法进行分析。本书在确定分类依据时认为,虽然分布式方法中各无人机会应用数学优化方法规划自己的策略,但本书只考虑在调整飞机间冲突时采用的方法,因此认为在分布式协调和反应式解决方案中不存在优化方法。

表 1.2　冲突消解技术分析

<table>
<tr><th colspan="2">冲突消解机制</th><th>冲突消解研究理论</th><th>求解策略</th><th>算法</th></tr>
<tr><td rowspan="2">集中式方法</td><td>路径规划方法</td><td>几何构型分析
最优控制理论</td><td>数学优化方法
智能计算方法</td><td rowspan="2">近似动态规划
非线性优化方法
混合整数线性优化方法
随机优化方法
粒子群优化算法
遗传算法</td></tr>
<tr><td>单次机动优化方法</td><td>几何构型分析
速度障碍理论
碰撞锥理论</td><td>数学优化方法
智能计算方法</td></tr>
<tr><td rowspan="2">分布式方法</td><td>分布式优化方法</td><td>几何构型分析
速度障碍理论
碰撞锥理论</td><td>多智能体协调
基于协定协调</td><td>博弈论
分布式优化</td></tr>
<tr><td>分布式协调与反应式方法</td><td>势场理论
几何构型分析</td><td>势场函数法
基于规则方法协调</td><td>空域飞行规则
控制律设计
导航函数法
人工势场方法</td></tr>
</table>

从规划角度分析,单步机动规划方法与多步机动规划方法都属于路径规划方法[9,36]。本书基于两方面的原因对它们分别讨论:首先采用两类方法时飞机间距离远近明显不同;其次是这两种方法的分析和求解思路存在较大差异。

1.2.2.1 集中式路径规划方法

冲突消解问题实质是一个优化问题,集中式多步路径规划方法是冲突消解问题最完整的体现。集中式路径规划的目标是在符合各项约束(包括机动约束、安全约束等)的条件下求解使目标函数值(油耗或飞行时间)最小的机动解序列。集中式路径规划方法的思想源于最优控制[37-38]。其求解流程为:对飞机构建六自由度模型,考虑飞机的动力学约束和飞行包线约束,将飞机间的安全间隔考虑为约束条件,确立初始条件和终止条件,将冲突消解问题构建为典型的最优控制问题(optimal control problem,OCP)。由于最优控制问题求解的困难性,尤其是考虑多个飞机冲突消解时尤其突出,研究人员研究应用各种数值优化方法来求解最优控制问题。Manuel Soler 等[38]分析飞机进行升降机动和方向调整机动时机动特性不同,将路径规划问题描述为一个多模态转换的最优控制问题[38]。他们首先将问题形式化为一个混合整数最优控制问题,采用松弛方法将问题建模为一个经典最优控制问题。然后应用配点法将最优控制问题转化为一个非线性优化问题并应用已有的商业优化软件求解最优解。P. K. Menon 等[39]研究应用直接法求解类似的最优控制问题。Weifeng Chen 等[40]研究了应用参数光滑函数来简化动力学方程的约束,解决了三维空间中的飞机冲突消解问题。相比于有人机,无人机的动力学模型较为简单,同时无人机更可能在复杂环境中执行任务,因此应用最优控制方法为无人机规划复杂环境下的安全飞行航线具有较强的实用性。Oliver Turnbull 和 J. A. Cobano 分别研究了针对小车和飞机的最优轨迹规划方法[41-42]。J. A. Cobano 提出的优化方法能够保证在无人机数量较少条件下找到最优航迹。

由最优控制问题转化而来的非线性最优问题求解难点,一方面在于它需要一个合理的初始估计解,另一方面是已有计算软件的计算时间难以得到保证。因此研究人员考虑根据飞机的运动学模型进行航线优化及将三维空间的规划问题降维为二维平面空间的规划问题。Jérémy Omer 与 Jean-Loup Farges[34]提出融合混合整数线性规划(mixed-integer linear programming,MILP)与非线性规划(nonlinear programming,NLP)的路径规划的方法解决较多数量有人机的冲突消解问题。他们提出考虑飞机的运动学模型和机动能力约束(包括飞行包线约束和转弯半径约束)。在考虑飞机的安全间隔约束和始末条件约束的情况下将问题建模为波尔扎形式的最优控制问题。进一步,应用直接法将问题转化为非线性优化问题[35]。通过将安全约束条件及飞机的机动过程描述为分段线性函数,将问题转化为 MILP 问题。为了加快求解速度,他们结合 MILP 方法为非线性规划提供初始可行解。由于经过了合理的线性化处理,他们的方法具有较好的可扩展性。为了提高求解效率,Jérémy Omer 进一步研究了空间离散化方法[43]。在空间离散化方法中,空间关键点包括飞机的路径规划起始点、飞机间的冲突点及飞机的目标点。应用速度调整和方向调整方法将多个飞机间的冲突点在时间和空间上进行转移以消解冲突。最后应用线性化方法将约束条件构建为分段线性函数,并用 MILP 方法求解冲突消解优化解。

除了综合考虑调整速度与方向的航迹优化方法外,更多人研究优化一个状态控制量的优化方法。Antonio Bicchi 与 Lucia Pallottino[44]研究了较少数量的飞机发生冲突时的优化问题。他们提出当飞机间发生冲突时应用 Dubins 曲线采用固定的转弯半径进行转弯躲避冲突。这种方法既考虑了飞机的机动能力,也考虑了初始点与最终点的方向约束,能够生成可行的冲突消解路径。但不足是无法解决较多数量飞机的冲突问题,同时大幅度的 Dubins 曲线机动增加了飞机的消耗。T. Tarnopolskaya 与 N. Fulton[45]研究了单独应用方向调节解决两个飞机发生冲突的冲突消解问题。Antonio Alonso-Ayuso 等[46]提出当飞机需要在固定航线飞行时单纯应用速度调整的方法规划冲突消解的航迹。他们研究在速度调整(velocity change,VC)模型的基础上考虑飞机的航线不是直线时的速度调节问题,应用多次的滚动时域方法将问题建模为混合整数非线性优化方法。为了提高求解效率,问题进一步被线性化为 MILP 模型。该方法能够解决较大规模的飞机冲突问题。

随着随机优化和智能优化方法的发展,很早开始就有研究人员研究应用新兴的数学工具求解冲突消解问题。Nicolas Durand 等[47]提出应用遗传算法求解飞机之间的冲突消解问题。Xiao-Bing Hu 等[48]提出在线的飞机冲突消解算法。为了提高求解效率,他们提出将冲突消解区域离散化编码,并应用启发式优化方法提高收敛速度,最终得到了在状态离散条件下的最优航路选择策略和方向调整量。D. Alejo 和 Zuqiang Yang[49-50]应用粒子群优化算法规划无人机的安全间隔优化解。由于粒子群优化算法随着优化时间增长其优化效果逐渐变好,同时在任何时间点停止都可以得到可行解,因此具有较好的在线应用价值。

随着近似动态规划求解方法的发展,Zachary N. Sunberg 等[51]研究应用近似动态规划求解多无人机的冲突消解问题。求解近似动态规划问题的难题是采用离散特征点描述环境时由于空间的高维性造成计算过度复杂。他们提出参数化描述空间清晰度的方法。

恶劣天气气团可能对飞机的飞行安全造成严重的威胁,在空中有明显风场干扰的情况下飞机可能偏离原航线。Weiyi Liu 等[52]将风力的影响代入飞机的运动学模型中构建了飞机在风场中飞行的随机微分方程模型,将问题建模为一个随机最优控制问题,并应用雅克比迭代方法求解数值优化问题。雅克比迭代方法是一种梯度下降方法。由最优控制问题转换而来的数值优化问题的难点是求解速度较慢,为此,Weiyi Liu 提出将多机冲突消解分解为多个成对冲突进行求解。Yoshinori Matsuno[33,53]采用最优控制方法解决了考虑风对飞机影响条件下的冲突消解问题。他提出应用响应面模型近似飞机在一定环境中对输入的相应输出,得到了控制飞行方向时的3个飞机在进入塔台时段的最优路径。

集中式路径规划方法的优点是将最优目标尽可能贴合飞机的动力学或运动学特点,规划出一个从初始点到目标点(大多数条件下是临时目标点)的行动序列,保证问题的收敛性和解的最优性。但这种方法一方面要在一次规划中考虑飞机的几十个关键点的机动动作,当飞机的数量较多时计算时间难以满足实际的需要;另一方面,如果对问题进行过多的线性化处理和近似,其规划效果可能没有单次调整优化得到的结果好[36]。因此,很多研究人员开始研究通过单次机动规划解决空域冲突的方法。

1.2.2.2 集中式单次调整优化方法

E. Frazzoli[54]经过分析认为多飞机冲突消解问题是非凸优化问题,并提出应用半正定规划解决多飞机冲突消解问题。Pallottino 等[55]提出了单次机动的速度调整模型和运动方向调整(heading angle change,HAC)模型。通过对由飞机状态信息得到的几何构型进行分析,他们提出为了保证飞机间的安全分离,两个飞机的相对速度应当至少与飞机的安全区域相切(他们定义的安全区域是圆形空域)。他们研究了分别调整飞机速度大小或方向时的冲突消解问题,将飞机速度相同时调整方向的问题和调整速度的问题建模为 MILP 模型。Manolis A. Christodoulou 与 J. -H. Oh[55-56]研究了在三维空间中应用速度调整的方法解决冲突的问题。他们认为在三维空间中自由飞行的飞机的安全范围应是球形区域。基于此观点推导出相对速度与安全球域相切的数学表达关系,并应用非线性优化方法求解冲突消解优化解。A. Alonso-Ayuso[57]讨论了直接应用几何构型检测冲突可能发生检测失误问题,提出增加判断流程以改进冲突检测的精确性。他们提出应用飞行高度调整作为速度调整方法的补充来消解飞机之间的冲突,进而构建了综合考虑速度大小调整和飞行高度调整的 VAC(velocity and altitude changes)模型。进一步,A. Alonso-Ayuso 考虑在真实的环境中,每个空中交通管理单元 ATC 负责管理一个有限范围内的飞机时多个 ATC 协调式速度与高度调整(coordinated velocity and altitude changes,CVAV)模型以协调不同区域的飞机之间冲突的情况[58]。A. Alonso-Ayuso 还研究了在考虑速度不同的飞机冲突消解时调整飞行方向的参数邻域搜索方法(variable neighborhood search,VNS)[59]。算法的思想是根据切线条件的约束依照一定的次序依次在每个飞机当前的调整方向周围进行小范围的微调并根据微调的效果更新飞机的方向调整量。因为算法采用固定的角度微调量和固定的更新策略,且他们没有分析切线约束函数的特性,因此算法常会因为进入死区而不断开始新的调整尝试,导致计算效率较低。Sonia Cafieri 等[60]提出了混合整数非线性规划方法解决基于速度调整的冲突消解问题。他们以降低到达目标的时间偏差为目的建立了非线性目标函数,讨论了在初始点进行速度调节的方法和在飞行过程中规划速度调整时间窗口的方法来解决冲突,这些方法涉及时间节点先后的选择问题。求解子空间个数随着涉及冲突的无人机数量增多而快速增加。为了解决空间膨胀的问题,在大量飞机涉及局部空域冲突时他们提出了将涉及冲突的飞机分簇,应用簇内独立求解、簇间检验的循环迭代启发式优化方法。

Adan E. Vela 等[61]提出将反应式冲突消解和优化方法相结合的方法。基于对载人客机油耗与速度关系的统计分析,他们将速度与燃油效率的关系合理线性化。通过将方向调整变量离散化,应用分段近似的方法构建由方向调整引起的路径消耗线性化描述。最后将冲突消解问题建模为 MILP 模型,他们的算法具备处理较大规模无人机冲突的能力。他们还研究了在冲突消解中采用速度调整与飞行高度调整的方法[62]。D. Alejo 等[63]提出应用树搜索的方法规划无人机速度的方法。在网格化条件下将飞行空间离散化并定义了冲突的判断条件。算法分两个步骤求解冲突消解策略:首先应用树搜索方法搜索保证无人机无冲突穿过冲突区域的飞行顺序;然后应用二次优化方法确定对飞行轨迹影响最小的具体控制参数。

Manolis A. Christodoulou 等研究了飞机在三维空间中的冲突消解问题[64]。基于提出的三维球形安全区域,他们提出应用混合整数非线性规划方法求解飞机在三维空间中调整飞机速度大小的机动策略。

速度障碍模型由于其简单而直接的描述为大规模机器人的冲突问题提供了解决方案。Javier Alonso-Mora 等[65-66]在 Jur van den Berg 提出的最优互惠式避碰(ORCA)算法的基础上提出了集中式优化和分布式优化的冲突消解方法。他们提出了解决无人机冲突消解优化问题的框架结构,如图 1.5 所示。

图 1.5　层次化冲突消解架构

为了获得冲突消解最优解,首先在全局计划阶段明确飞机的目标,定义飞机的首选速度;在获得首选速度后进行局部运动规划求解冲突消解的机动策略,局部规划只需确保为每个飞机制订的冲突消解策略在它们的可跟踪范围内。得到冲突消解策略后无人机平台自行设计控制律跟踪规划的策略。由于速度障碍约束将可行解区域变为非凸区域,他们将非凸区域近似为 5 个线性约束条件,然后分别提出了 3 种不同的优化方法：选择一个线性约束条件将问题建模为凸优化以求解局部最优解；应用混合整数二次规划方法求解全局最优解；分布式基于协定的优化方法。这 3 种优化方法适用于不同的冲突规模条件和通信条件。

对路径规划方法和单次调整方法的评价：理论上应用路径规划方法能够保证求解得到较优的解决方案。但在实际中，由于已有优化方法的计算能力有限，在计算较多数量的无人机冲突时常常需要对各种约束条件进行线性化近似和简化，最终得到的解无法达到理想效果。Jérémy Omer 将基于时间离散的航迹优化算法（TIME）和基于空间离散化的航迹优化算法（SPACE）及单次调整的航迹优化算法（ONE）进行了比较[36]，从能够找到解的概率、机动动作的消耗、求解时间 3 个方面分别分析了 3 种冲突消解算法的表现。从综合表现来说，单次调整优化算法能够解决更为复杂的情况，并且算法得到的冲突消解机动产生的消耗较少，计算时间适中。因此，合作式单次机动优化方法在未来需要快速消解大量飞行器冲突的场景中具有较大的优势。

1.2.2.3 分布式优化方法

当在局部区域中聚集大量的飞机或机器人时应用在线集中式优化将面临两方面困难：首先集中控制单元需要与大量的节点通信，系统将会变得极为不可靠；其次是每个冲突簇中无人机数量较大，集中式优化方法的计算时间将大幅增加。在消解大量机器人或无人机的冲突时分布式方法由于其去中心化而展现出较强的稳定性和适应性。根据无人机之间的通信条件和合作水平可将分布式冲突消解方法分为两大类：第一类是机间通信带宽较宽、合作水平较高的分布式优化方法；第二类是机间通信带宽窄、合作水平低时基于协定的分布式冲突消解方法及反应式方法。

Hill 等[67-68]分析了多飞机采用分布式优化方法进行冲突消解的基本需求。他们提出应用分布式冲突消解方法需要机间具备可信的通信条件保证，同时每个飞机都具备自主处理冲突场景的能力。在分布式条件下，飞机可以被看作是利己智能体，但为了应用基于分布式优化的冲突消解方法，飞机间的合作必须大于竞争。基于此假设，他们提出应用满足式博弈方法解决多飞机的冲突问题。将每个飞机考虑为一个智能体，为了实现智能体之间的合作，需要设计合理的效用函数保证每个智能体综合考虑个体与集体的利益。在实际的冲突消解过程中每个飞机的社会属性和利己属性是时变的。Hill 等提出的基于满足式博弈方法在处理大量智能体冲突时有较好的表现。但存在的缺点是每个智能体的策略集只有有限个离散的策略，在一定程度上限制了寻找更加优化的解决方案。Emmett Lalish[32,69]在 Hill 的基础上进行了研究，提出了融合分布式决策和集中式协调的方法，这提供了一种新的分布式环境下集群系统冲突消解的架构。他们的算法基于协定协调，算法分为两步：在多个飞机存在冲突时，为了保证飞机间的安全飞行,每个飞机应用碰撞锥检测得到针对每个一对一冲突的可行机动策略,然后将所有策略构成策略集从中选择最优的策略;在安全飞行时每个飞机应用碰撞锥计算得到自己为了避免碰撞所能够机动的范围,然后综合考虑既定的飞行计划和安全边界决定飞行策略。过程中飞机间需要保持通畅的通信以获得邻近飞机的位置和速度信息。该算法在处理大量飞机的冲突场景时能够得到较好的冲突消解策略,在一定程度上体现出集群飞行的特性。

David Sislak 等[70]提出应用多智能体系统协调优化的方法求解飞机的冲突消解优化解。他们定义的目标函数综合考虑飞机的避撞需求与既定的航路目标点。该方法应用概率集框架作为分布式优化器。概率集理论应用于离散的状态集之上,它可以被看作是对博弈论的一种延伸。智能体的行动集合符合一定的概率分布,智能体通过选择自己的动作并且获知动作获得的回报值来更新自己的动作集分布,同时智能体根据自己的行动集分布情况决定是对小概率的动作进行搜索还是选择当前最大概率的行动值。通过不断迭代所有的智能体,最终共同找到一个纳什均衡解,即能够使自己的效用值和混合效用值同时达到最大的行动策略。他们比较了两种不同的求解方法:分布式优化方法和半集中式优化方法。分布式优化方法中每个智能体代表一个飞机,所有相关的飞机采用循环迭代的方法求解最优解。半集中式优化方法采用进程集成机制(process-integrated mechanism,PIM)在各个飞机上进行时间分片集中优化的思想。相对于分布式方法来说,PIM 方法由于采用了集中优化的方法而避免了迭代,因此能够减少通信量。但是,由于集中优化的复杂性也增加了计算时间。David Sislak 等的研究说明了分布式优化方法在通信通畅的环境下的优势。

Santosh Devasia 等[71-72]研究了去中心条件下将发生冲突的飞机间的相互关系进行解耦的方法。他们研究了飞机在巡航飞行条件下设定冲突消解程序(conflict-resolution procedures,CRPs)保证飞机间的安全间隔。他们首先研究根据飞机的机动性能设置飞机的冲突域并由机动域构建只包含两个涉及冲突的无人机的圆形区域,以将多个飞机的航迹冲突实现解耦。进一步提出在面对大量冲突时每个飞机的飞行机动流程,通过流程化的机动保证飞机间安全间隔。

1.2.2.4 分布式基于规则的协调和反应式方法

当地面的车辆之间及空中的飞机之间的通信频率较低时,在分布式环境中只能根据既定的规则解决冲突消解。设计控制律协调智能体的飞行是一种常用的方法。人工势场法作为这一类方法,其基本思想是构造由目标点对机器人的吸引力及障碍物对机器人的排斥力共同作用的人工势场,搜索势函数梯度下降的方向来寻找无碰撞轨迹[73-74]。人工势场法的一个显著优点是结构简单,规划速度快。Giannis Roussos[75]提出应用导航函数方法解决机机之间以及飞机与障碍之间的冲突问题。他们定义的 Dipolar 导航函数实际上是一个人工势场函数。

人工势场方法的缺陷是在动态环境中根据其他飞机的运动状态确定的规避动作可能会极为不连续,造成飞机的飞行轨迹的波动[76]。Prachya Panyakeow[77]提出将导航函数和涡流函数相结合,从理论上证明了他们提出的方法能够保证两个飞机安全间隔。由于合理的参数设计和涡流函数的作用,能够有效降低飞机的飞行航迹的振荡幅度。Silvia Mastellone[78]设计控制律能够保证异构的多智能体系统中的安全间隔。

自20世纪50年代起,发生了若干有人机之间冲突的事故,因此美国民航局(federal aviation administration,FAA)推行了合作式的避撞系统研发。交通告警和避撞系统(traffic alert and collision avoidance system,TCAS)是成功应用在有人机上的一款合作式避撞系统。机载TCAS的主要功能是与临近的飞机之间进行通信以检查可能发生的冲突并提供避免碰撞的机动策略。TCAS的工作逻辑分为以下几步[79]:

(1) TCAS向周边飞机广播请求并接收它们的回复,以此来监视临近的飞机。

(2) 如果其他飞机接近本飞机并有可能在20~48s内发生碰撞,则TCAS向飞行员发送告警信息。告警信息的目的是使飞行员保持注意。

(3) 当状况继续恶化,碰撞可能在15~35s的时间段内发生时,TCAS将向飞行员发送碰撞消解警告信息。信息提示飞行员当前应当控制飞机在竖直空间里如何机动,包括下降高度、提升高度和保持水平运动。提示信息是在与对方的TCAS进行协调之后得到的。

Andrew D. Zeitlin研究了将TCAS安装到无人机上可能存在的问题:由无人机到遥控操作人员之间通信链路的时延可能造成冲突告警无法被处理[80]。当前的TCAS只能解决两到三个飞机之间的冲突问题。面对未来可能发生的较多飞机间的冲突,TCAS的机动信息可能因为存在逻辑错误而导致对多个飞机调节失败。Tang Jun等[79]应用有色Petri网方法检查多个飞机涉及冲突时可能将空域冲突恶化为空中碰撞的机动命令。他们的研究推动了TCAS由对两个飞机冲突消解向多机冲突消解的延伸。

Inseok Hwang[81]在2002年研究应用了基于协议的冲突消解方法。他们研究了两种不同情况下的协议:当飞机之间发生精确碰撞(飞行航迹在四维空间里发生交叉)时的冲突消解协议,当飞机之间发生非精确碰撞条件下的协议。

速度障碍理论是由Fiorini提出的冲突消解理论[82]。它最初是用于解决机器人与以固定速度运动的障碍物之间的碰撞问题,后续逐渐发展为应用速度障碍理论解决两个机器人同时进行机动的避撞问题,因此提出了互惠式避障方法[83]。该方法存在的问题是它只能在一定条件下才能得到可以保证不发生碰撞的解。Jur van den Berg在速度空间中分析了相互冲突机器人的运动状态后发现了可以保证两个机器人认识一致且能够确保冲突得到解决的最小调整向量

u[66]。涉及冲突的机器人都能够根据自己与邻近机器人的状态计算得到 **u**。Jur van den Berg 分析得到安全间隔的约束是涉及冲突的双方的机动调整量的线性加和大于 **u**。基于此结论,他们提出智能体各承担一半机动任务的互惠式最优避撞(optimal reciprocal collision avoidance,ORCA)算法。在面对智能体(不考虑其动力学特性,运动学特性考虑 $u=v$)的冲突时,速度障碍模型几乎能解决任何规模的冲突消解问题。ORCA 模型点燃了研究人员的热情,他们迅速将这一理论应用在需要考虑物体运动连续性的问题上,提出了连续控制障碍(continuous control obstacle)模型[84]。应用 ORCA 解决非完整控制约束的机器人的冲突消解问题,提出了非完整最优互惠式避撞模型(NH-ORCA)[85]。提出了两轮约束互惠式避撞模型(B-ORCA)以解决车辆之间的冲突消解问题[18],应用 ORCA 解决群体运动的智能体的冲突消解问题[86]。Daman Bareiss 对由 ORCA 衍生出来的相关模型综合分析,将所有已知基于速度障碍的模型归纳为泛速度障碍模型[87]。速度障碍理论的显著特点在于它能将冲突的检测和消解的约束有机结合起来并且直观表达出来。除了邻居的速度和位置等信息外,ORCA 模型不需要其他的信息,因此该方法具有较好的可扩展性。D. Alejo[88]研究了飞机机动能力特点,将 ORCA 算法应用于无人机的冲突消解问题并得到了较好的结果。Yazdi[14]参考了 FAA 关于飞机在空中相遇时的机动规则“飞行权”,提出了无人机在空中飞行时的机动策略。Jamie Snape 等[89]将速度障碍模型扩展到三维空间,并提出应用互惠因子来协调每个无人机应当承担的冲突消解责任。考虑到无人机的机动能力,无人机的可机动区域在速度和方向构成的空间可以被描述为一个矩形区域。

当飞机间难以建立基本的协调机制的情况下,反应式冲突消解方法成为首选。反应式方法的首要目标是躲避不合作飞行器的飞行轨迹,在此前提下考虑优化机动策略减少损耗。Lorenz Schmitt 和 Walter Fichter[90]研究了应用导航优化方法来解决单个无人机在多障碍环境中避撞的问题。Marco Melega 等[91]研究了考虑多威胁的分布式冲突消解问题。他们研究应用 ADS-B 设备感知空中威胁,通过电子地图获取地面障碍信息,在无人机地面控制站上进行方案优化,并且通过仿真器仿真得到评价以决定机动策略。Xilin Yang 等[92]研究了针对非合作飞机在二维空间和三维空间内的冲突消解机动规划并将冲突消解的策略直接映射到控制层面。Huili Yu[93]研究了有大量静止障碍的条件下飞机通过深度信息来获取障碍相关信息以规划避障路径的方法。Giancarmine Fasano[94]研究了应用多传感器辅助的方法在三维空间中的避撞问题。这些反应式方法研究的问题是环境中只有较少数目飞机情况下的冲突消解问题。Yazdi[95]应用速度障碍模型研究了三维空间中非合作的无人机冲突消解问题。他们设计了飞机在三维空间中降维搜索冲突消解策略的方法,每个无人机在避开与自己相冲突的其他无人机的可能机动空间的条件下根据目标寻找最优解。该方法由于应用速度障碍模型,因此可保证在较多无人机飞行的情况下也能找到冲突消解策略。

1.2.2.5 集群冲突消解方法

随着集群技术的发展,集群冲突消解问题也逐渐被关注。当前对集群冲突消解问题的研究仍处在初始阶段。面对集群冲突,不仅要处理智能体的安全间隔问题,还需考虑智能体的隶属关系满足集群构型需求。Andreas Breitenmoser等[96]对集群冲突消解问题进行了研究。他们首先对集群的飞行过程进行了分析,根据集群的飞行和汇聚行为将集群分为编队式飞行和分散式汇聚。根据冲突的性质分为集群内部冲突和集群间的冲突。他们研究了应用重心 Voronoi 方块方法保证进行汇聚运动的智能体的安全间隔。在处理入侵集群的外部异构智能体与集群的冲突时,应用 ORCA 模型来解决保证智能体的安全间隔。

Vinicius Graciano[86,97-98]对集群的安全飞行、汇聚和冲突消解等问题进行了分析和研究。他们提出解决集群间冲突消解问题的两种不同的方法:第一种方法是将人工势场方法与层次化抽象方法相结合,实际上在该方法中每个集群有一个集中式控制单元[98];第二种方法是将速度障碍方法、群体规则相融合,并结合层次化抽象方法提出了虚拟群速度障碍的理论[86,98]。将一个集群看作一个虚拟的能够改变构型的个体,集群间进行避撞时可以避免集群间的碰撞,同时可以保证集群中智能体的聚集。

Javier Alonso-Mora 等[99]提出应用分布式方法优化集群协调方法。根据他们提出的方法,无人机首先通过相互之间的信息交换构建将所有飞机包含起来的凸区域。在凸区域中每个无人机在获得区域中所有无人机的信息的前提下考虑所有的无人机的路径展开序列凸规划。SNOPT 求解器中的凸规划算法能够保证每个飞机的计算都得到全局收敛解,因此所有的无人机最终得到的规划结果都是相同的。他们提出的分布式优化实际上是每个无人机在获得全局信息的基础上进行全局性的优化。这种方法能够解决一定数量范围的无人机协调规划问题,但难以满足扩展性需求。

Gábor Vásárhelyi 等[100]研究了完全分布式的群体飞行问题。他们采用进化计算方法优化群体中每个无人机的各种参数。为了在保持无人机间安全间隔的前提下促使无人机能够聚集飞行,他们设计了传播距离远,但是更加轻柔的斥力保证无人机间尽量能够有安全间隔,同时设计了机间速度的关联策略,保证群体运动时能够反应快捷,机动迅速。根据他们的实验结果可以发现,为了保证群体的协同飞行,有些情况下发生无人机相撞事件是难以避免的。同时,当无人机的速度增大后,在相同的时延下等比例的放宽通信距离无人机之间发生碰撞的概率还是会上升的。

综合上述的研究进展可以看到,当前各个研究领域对冲突消解的研究已经取得了丰硕的成果,无论是集中优化式方法还是分布式方法都有丰富的模型与方法。然而,目前的研究尚存在一些欠缺之处,主要有3方面:第一方面是有一些研究人员提出了优化方法,但这种方法在飞机上应用的研究仍显缺乏,有些研究人员研究了飞机的特性,但提出的算法没有在较大规模的问题上验证使用;第二方面是当前针对三维空间冲突消解问题的研究较少,没有对三维空间和二维空间的冲突消解问题的差异与共同点进行深入分析;第三方面是单次机动规划方法的研究未对问题特性进行深入研究,设计的算法难以解决大规模冲突消解问题。

1.2.3 无人机冲突消解相关问题研究进展

1.2.3.1 无人机安全区域设置

无人机与有人机之间存在很多不同。首先无人机和有人机在局部空域中飞行的密度不同,为了保证有人机飞行的安全,在巡航状态下飞行的有人机的安全空域是半径为5nmile,高度层上下分别是1000ft的圆柱形空域。无人机因为体积小,造成的尾涡效果较微弱,同时无人机飞行速度较慢,因此无人机的安全空域应大幅小于有人机的安全空域。虽然已经有很多人对无人机的安全间隔问题进行了讨论,但对范围的确定仍缺乏权威的定论。"well clear"是FAA在规定飞机在空中相遇时的机动规则(right of way)中使用的一个术语[102-103]。其含义是飞机间要保证在一个足够安全的间隔。根据当前学术界的讨论,这个间隔被定义为前瞻时间量τ为35s,水平安全间隔为4000ft,竖直间隔为700ft[104]。当无人机之间的"well clear"条件被打破后,为了确保无人机的安全飞行,FAA于2013年定义了一个接近空中碰撞空域,这个空域的范围为水平半径为500ft,竖直高度差为100ft的圆柱形区域[105]。如果两个无人机的相对距离进入这个空域,说明它们之间发生冲突的概率很大。

FAA定义的无人机安全区域只考虑无人机与有人机相似的飞行模式。在大多数情况下,有人机与无人机的功用是不一样的。有人机的功用绝大多数是载人进行长距离飞行,为了保证飞行的安全性与舒适性,有人机的机动策略选择与可机动幅度受到极大的限制。为了提高载客和载物的经济效益,有人机的飞行路径一般可近似为点与点相连的长距离直线。无人机由于造价便宜,功用丰富,其执行的任务可能包括勘探、搜索、警戒等任务。这些任务要求它在一片区域内做循环往复不规则的飞行,在执行一些任务时可能会频繁地穿越空域,尤其是无人机在执行任务时不同的飞机可能会飞行在不同的高度层,在飞行的不同阶段又需要无人机根据任务计划变更水平和高度位置,因此多个无人机会在不同的高度层之间进行位置变换。为了保证在作业中无人机的安全间隔,无人机的安全区域应被定义为三维球域[95]。

1.2.3.2 无人机安全飞行管理机制

每一种算法的处理能力都是有限的。一方面,虽然高效的算法能够在局部解决无人机之间的冲突问题,但如果不考虑算法之上的协调和管理机制,在更大的范围内可能造成新的更严重的冲突;另一方面,算法的输入需要考虑多方面因素,包括飞机执行任务的优先级不同、类型不同带来的差异。所以解决特定情况下的冲突消解算法只是无人机空域冲突消解系统中的基本求解单元,其上层需要有能够综合考虑各种因素的安全飞行机制[106]。尤其是当有较多无人机聚集在局部区域时,为了确保多无人机的安全飞行需要设计合理的冲突消解机制。近年来较多人进行了无人机安全飞行机制方面的研究。K. Dalamagkidis 等研究了将无人机融入集成空域的相关问题,提出借鉴有人机的安全模式,构建多层安全间隔管理机制,如图 1.6 所示[31]。

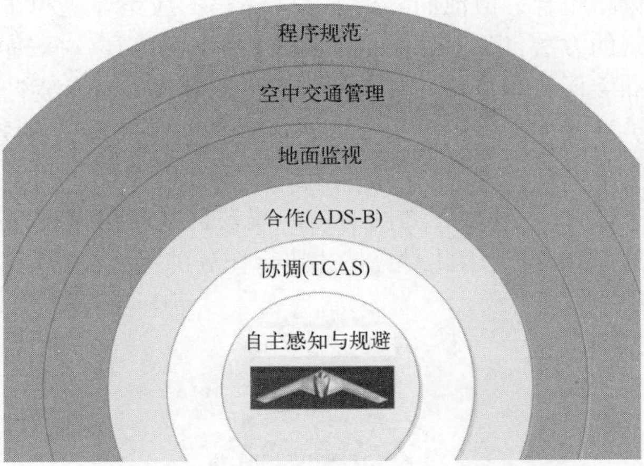

图 1.6 无人机层次化空域安全分离机制

为了保证无人机的安全飞行,其安全分离管理体系是多层次、多阶段的。在正常飞行状态下,无人机遵循程序规范在既定的区域或航路中飞行作业。根据事先规划的路径,无人机之间可以保证安全分离。但一些计划外的情况,如天气因素或是执行具体操作时产生的时空误差会影响无人机的飞行计划,导致飞机间出现过度接近的状况。当无人机距离较远,不用进行紧急状况下的应急机动时,空中管理系统可对无人机进行集中调节。这种方法考虑较大范围内无人机的飞行状况以降低计划改变对空域的影响,此时为空中交通管理和地面监视阶段。当无人机间的距离继续接近而有较大可能发生冲突时,对涉及冲突无人机的飞行航迹进行较小范围的调节以实现协作式机动避撞,此时为合作式和协调式冲突消解阶段。当无人机之间距离过近时,无人机采用非合作式机动的方式摆脱威胁,如图 1.6 中最里层的自主感知与规避阶段。K. Dalamagkidis 等提出的框架指明了无人机空域融合完善的理想管理架构。该架构对管理体系建设、通信技术研究都有指导意义,但需要一个相当漫长的发展历程。为了解决多无人机的安全飞行问题,可以考虑应用该整体架构的子集,比如设置合作层、协调层及机载自主避障的机制来保证大量无人机的安全飞行。Xavier Prats 等[107]研究了无人机冲突消解问题应当综合考虑的各种因素,包括飞行的空域类型、天气状况、飞行高度、无人机自主化水平和无人机的平台能力等。

Yazdi I. Jenie 等在 K. Dalamagkidis 提出的多层次空域安全管理体系的基础上提炼出确保无人机安全飞行须考虑的 4 个要素:监视方法、协调水平、冲突消解机动类型和冲突消解决策方式,如图 1.7 所示[108]。每一个技术要素对应不同的解决方案,从理论上将这 4 种要素进行排列组合能得到很多的无人机冲突检测和消解方法策略组合。但他们分析了各个策略的应用环境和在相应环境中适宜配合其他要素的方法,根据 K. Dalamagkidis 提出的多层次管理机制提出对应每一层的合理冲突检测和消解方法。他们提出的解决方案主要针对融入集成空域内的无人机。这些无人机不隶属于同一个用户且执行各自任务,因此对这类无人机的安全飞行采用较为严格的措施进行管理是合适的。当多无人机在合作式模式执行相关任务时,其相互之间通信较流畅且共同执行的任务和隶属关系决定它们相互信任和合作,因此对合作式执行任务的无人机,其安全飞行的管理体系应适当宽松。

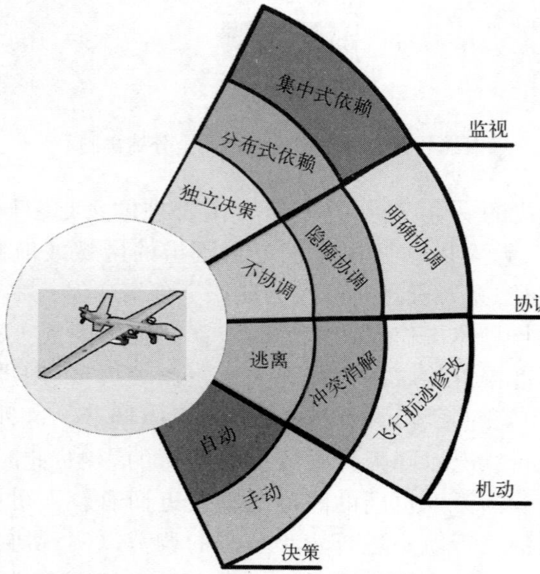

图 1.7　无人机空域安全分离关键要素分析

文献[109-110]分析了基于层次化的安全调整模型中的无人机处于较近距离时的冲突策略集。如图 1.8 所示，在近距离冲突消解问题中，安全预警时间较短。当无人机进入预警区域后，监视设备首先开始对飞机保持监视。当飞机进入更近的冲突消解区域后，无人机进行冲突消解机动。此时的机动动作仍不会过于剧烈。进一步，当无人机进入对方的逃离区域时，两个无人机将同时采用大幅度机动动作逃离无人机的保护区域。

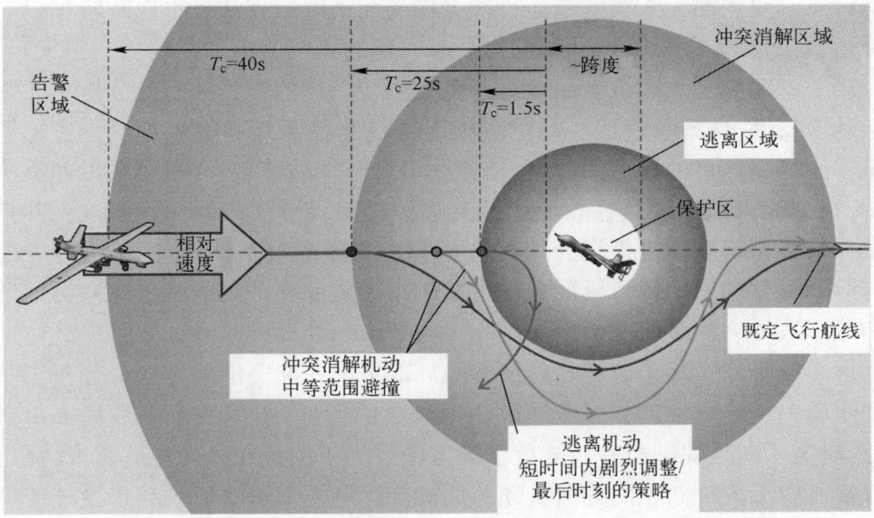

图 1.8　近距离无人机冲突消解策略图示

综述可知，当前已有较多的研究人员对无人机冲突消解机制进行了探索。但这些研究仍处在初步探讨阶段。当前对无人机冲突消解机制研究主要存在的问题是提出的解决方案实际上是将有人机空域运行管理的机制与在非合作空域中无人机的感知与避撞相关的方法与设备相结合的产物。已有的研究对无人机飞行的任务场景、管理机制及无人机类型这些要素间的关系研究仍然不明确。在未来无人机广泛使用的场景下，无人机的冲突消解需要构建一个多层次的冲突消解机制。每个层次的任务不同，需要应用不同的策略。

1.3　本书组织结构

本书总体分为 3 个部分：第一部分是绪论，为第 1 章，主要阐述了本书研究的主要问题，介绍了相关技术与系统的研究现状；第二部分是无人机空域运行冲突消解的基础模型建立，为第 2 章，分析了无人机空域运行冲突的基本问题，研究了无人机空域运行冲突消解需要考虑的各种要素；第三部分是方法研究部分，为第 3 章~第 6 章,研究了不同条件下的无人机空域运行冲突消解方法,即具有集中协调控制单元的局部集中式冲突消解方法,无人机间通信带宽较高、合作水平高的基于分布式优化的冲突消解方法,以及无人机间通信带宽较低时的基于协定的分布式冲突消解方法。各章主要内容组织如下:

第 1 章绪论分析了无人机使用逐渐广泛的发展趋势,阐述了无人机空域运行管理对无人机推广使用的重要作用,研究分析了无人机空域运行冲突消解问题的特点。对当前无人机空域运行冲突检测与消解的方法技术以及管理机制进行综述,对后续无人机空域运行冲突消解问题的研究奠定了基础。

第 2 章建立了无人机空域运行冲突检测与消解的相关模型。分析了无人机的运动学特性,设计了避让机动过程中无人机路径跟踪和规划方法。讨论了无人机安全间隔约束的相关问题,包括建立了安全空域模型,分析了空域冲突威胁类型,根据无人机运动特性建立了冲突描述模型,设计了冲突检测方法,并根据速度障碍模型与碰撞锥模型分别讨论了安全间隔约束条件,研究了进行方向调整与速度调整的消耗评价函数。提出基于集中式冲突消解的两层次冲突消解机制和分布式冲突消解机制。

第 3 章研究了基于速度障碍模型的局部集中式冲突消解方法。分析了基于速度障碍约束的方向调整安全间隔约束函数的特性,根据约束函数局部单调的特点,研究了向量式随机并行梯度下降方法。为了满足在线优化的需求,提出采用搜索所有无人机向相同方向机动的局部优化解搜索策略。进一步设计了二维平面空间与三维空间的冲突消解算法。

第 4 章研究了基于碰撞锥模型的局部集中式冲突消解方法。分析了基于碰撞锥约束条件的周期性单调特点。研究了基于方向和基于速度调整的冲突消解方法。根据基于方向调整的安全间隔约束条件特性,提出应用空间映射方法将非线性约束转换为线性约束条件,进一步提出解耦方法,限定了一对一冲突的两个无人机各自的避让责任,将问题建模为能够高效求解的混合整数线性规划方法。针对基于速度调整的冲突消解方法,将安全间隔约束推导为线性约束,并将基于速度调整的冲突消解问题建模为混合整数线性规划模型。

第 5 章研究了基于分布式优化方法的冲突消解方法。分析了基于碰撞锥模型的方向调整安全间隔约束函数特性。提出在分布式条件下每个无人机根据局部信息与临近无人机采用分布式优化方法求解冲突消解策略。讨论了无人机间安全间隔约束条件的 lipschitz 连续性,研究了分步优化求解冲突消解策略的算法,设计了虚拟干涉方法以优化冲突消解策略。提出了解决二维空间与三维空间内冲突的分布式冲突消解算法。

第 6 章研究了基于协定的分布式冲突消解方法。讨论了对基于碰撞锥模型的非线性约束条件应用空间变换方法转换为线性约束条件,然后基于线性条件对无人机的机动约束进行解耦的方法。进一步根据这一解耦关系设计了基于协定的分布式冲突消解策略。

1.4 展 望

对于无人机空域运行冲突消解问题,需要进一步考虑以下方面的问题:

(1) 环境中无人机存在通信延迟和干扰条件下的冲突消解问题。已有的无人机通信链路存在带宽低,频率相互干扰较严重的问题。在野外环境中常出现无人机的通信响应迟滞的问题。因此,解决通信延迟和干扰条件下的无人机冲突消解问题是无人机实际应用中重大的问题。

(2) 存在风等环境因素干扰下的冲突消解问题。在动态环境下,无人机的状态可能受到不确定动态因素的干扰,最主要的干扰因素风的影响。已有一些关注动态环境对无人机飞行安全影响的相关研究文章,但他们主要考虑数量较少情况下无人机冲突消解问题或是风力对有人机冲突消解的影响。由于无人机质量轻,且飞行距离近,因此在风力较强的条件下大量无人机冲突消解问题充满挑战。

(3) 考虑特殊飞行模式下多无人机冲突消解问题。随着未来无人机的应用,将出现多个无人机集群同场飞行的场景。这些无人机集群需要保持集群内聚合,集群间分离的飞行。需要考虑这种有着特殊需求的无人机集群空域运行冲突消解问题。已有方法主要基于势场函数方法和速度障碍的方法,但真实环境中需要考虑无人机的机动性能对这些方法实际应用有效性的影响。

(4) 对三维空间中冲突消解问题进一步讨论。三维空间的冲突消解问题与二维空间的冲突消解问题存在诸多不同。本书对三维空间中的冲突消解问题的讨论尚不够深入,处理三维环境的冲突消解问题主要是将二维空间中的方法向三维空间直接推广。在分析中发现,一些在二维空间中具有较好性质的函数的特性在三维空间中不复存在。同时三维空间中经、纬度对无人机运动方向的影响效果也不同。因此,需要进一步研究在三维空间中消解无人机之间冲突时与三维空间特点相匹配的冲突描述方法与冲突消解算法。

第 2 章　多无人机空域运行冲突消解问题分析与建模

2.1　无人机动力学特性研究

2.1.1　无人机运动学模型

本书研究应用单次机动规划求解短距离冲突消解优化解的问题。在研究冲突消解策略搜索问题时应考虑无人机的机动性能以保证搜索的调整策略的可行性。冲突消解作为在线航线规划的一部分,在整个指控流程框架中处于无人机平台运动规划层面以上。由于空域中同时飞行的无人机数量可能较多,如果对每个无人机的飞行动力学相关因素考虑的过于细致,例如采用六维质点模型对无人机的动力学建模将会极大增加计算复杂度,难以满足在线求解要求。因此,在研究无人机的冲突消解问题时,应当对无人机的运动模型进行适当简化。参照一些相关研究文章提出的飞机运动学模型[34,44],我们应用如下运动学模型描述无人机在三维空间的运动($\forall i \in N$):

$$\boldsymbol{P}_i(t)=\begin{bmatrix} x_i(t) \\ y_i(t) \\ z_i(t) \end{bmatrix} \quad \dot{\boldsymbol{P}}_i(t)=\begin{bmatrix} v_i(t)\cos\gamma_i(t)\cos\phi_i(t) \\ v_i(t)\cos\gamma_i(t)\sin\phi_i(t) \\ v_i(t)\sin\gamma_i(t) \end{bmatrix}^{\mathrm{T}}$$

$$\dot{\phi}_i(t)=w_i(t)\,,\ \dot{\gamma}_i(t)=\mu_i(t)\,,\dot{v}_i(t)=a_i(t)$$

$$0<\phi_i(t)<2\pi,\ -\frac{\pi}{2}\leqslant\gamma_i(t)\leqslant\frac{\pi}{2} \tag{2.1}$$

式中:$\boldsymbol{P}_i(t)$为无人机的位置;$\dot{\boldsymbol{P}}_i(t)$为无人机位移随时间的变化量;$v_i(t)$为飞机相对于大地坐标系的速度,即地速;$\gamma_i$ 为俯仰角;ϕ_i 为航向角;w_i 和 μ_i 分别描述航向角变化率和俯仰角变化率;$a_i(t)$为线加速度。

考虑可以通过调整飞机飞行方向或速度大小冲突消解。在消解固定翼无人机的空域冲突时,为了保证其飞行稳定性,不能同时调整它们的飞行方向和速度。求解无人机冲突消解策略时需考虑它们的机动性能限制,各个调整量都应在一定的范围内。

$$w_i(t) \in [-w_{\max}^i, w_{\max}^i], \mu_i(t) \in [-\mu_{\max}^i, \mu_{\max}^i], a_i(t) \in (a_{\max}^n, a_{\max}^p) \tag{2.2}$$

一方面无人机加速与减速的控制器不同；另一方面无人机过载能力与其当前的速度相关。因此无人机的最大加速度与最大减速度与无人机当前状态相关。一般地，$a_{\max}^n$ 与 $a_{\max}^p$ 满足条件[115]：

$$|a_{\max}^n| < |a_{\max}^p| \tag{2.3}$$

固定翼飞机转弯一般是通过控制飞机的副翼和倾斜机身实现的，所以无人机水平方向的最小转弯半径由下式决定：

$$R_{i,h}^{\min} = \frac{v_i^2 \cos^2 \gamma_{\max}^i}{ng \sin|\boldsymbol{v}_{\max}^i|} \tag{2.4}$$

式中：$\boldsymbol{v}_{\max}^i$ 为最大滚转角；$\gamma_{\max}^i$ 为最大俯仰角；n 为过载系数；g 为重力加速度。

与水平机动相似，当无人机需要爬升或下降高度时，在竖直平面转弯的过程也会构成一段转弯曲线，可以近似为圆的一部分弧段。因此无人机的竖直平面最小转弯半径由下式决定：

$$R_{i,v}^{\min} = \frac{v_i^2}{g[n_f - \cos(\gamma_i)]} \tag{2.5}$$

因此无人机 A_i 的最大水平转弯速率与竖直转弯速率为

$$w_{\max}^i = \frac{v_i}{R_{i,h}^{\min}}, \ \mu_{\max}^i = \frac{v_i}{R_{i,v}^{\min}} \tag{2.6}$$

调整无人机速度和调整其飞行方向存在区别：为了保证飞机在一定高度飞行能够获得足够的升力，其速度必须保持在一定的范围内。这是飞机飞行的速度包线限制，如图 2.1 所示为风暴之影无人机的速度包线。

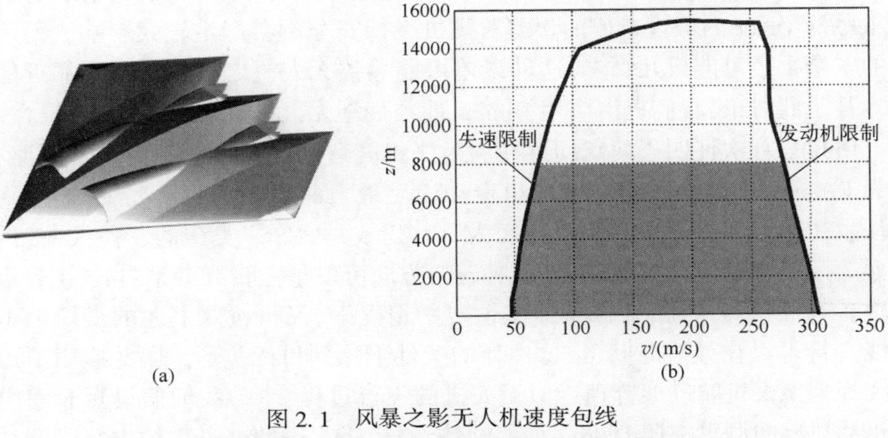

(a)　　(b)

图 2.1　风暴之影无人机速度包线

(a) 风暴之影无人机；(b) 风暴之影无人机速度包线。

为了保证飞机的飞行稳定性，当无人机飞行高度一定时，其速度应满足约束：

$$v_i^{\text{feasible}} \in (v_{i,\min}, v_{i,\max}) \tag{2.7}$$

2.1.2 冲突消解机动规划设计

规划无人机短距离内单次调整运动速度和方向机动，需对其机动过程进行较大幅度地简化。为了简化计算，在规划多无人机冲突消解策略时可假设无人机一次性机动调整的过程是瞬时完成的，但实际上根据飞机的机动性能约束，其为了达到规划的调整量需要有一个调整阶段。2.1.1 节的讨论明确了无人机的机动性能限制，即在一定时间范围内无人机的可机动范围有限，因此必须确保规划的无人机机动动作是其在一定时间内能够完成的。本节在考虑无人机性能约束的条件下估计无人机在一定时间段内的机动范围并设计在跟踪规划的机动策略时的速度和方向调整过程。

2.1.2.1 方向调整过程的规划

由于飞机在进行机动调整时不可能瞬时达到需要调整的速度。因此一次性的机动规划协调飞机间的冲突会因为近似存在误差。为了使机动动作保证飞机间的安全间隔，Jérémy Omer 等[36]在研究通过一次机动调整确保飞机间安全间隔时做出假设：飞机进行一次机动调整的设计步长固定为 t_h，他们提出飞机在开始机动调整时的虚拟位置为当前位置加以当前的速度运动 $t_h/2$个时间量的距离，即

$$\widetilde{p}_i^{\text{ini}} \in p_i^{\text{ini}} + v_i^{\text{ini}} t_h/2 \tag{2.8}$$

由于没有考虑飞机实际需调整的角度大小和机动持续时间，这个假设可能引起一定幅度的误差。对有人机的冲突消解问题，由于飞机的安全范围较大，因此 Jérémy Omer 的假设造成的误差对飞机飞行安全不会产生较大影响。而无人机的安全半径可能仅几百米，这种误差可能导致无人机之间发生严重靠近的危险。基于此讨论，我们提出应用 Dubins 曲线规划无人机机动调整轨迹。

Dubins 首次证明了两点间存在满足飞机转弯半径约束的平滑的最短路径，称为 Dubins 路径[112]。保持速度恒定和满足最大曲率限制的情况下，连接平面内任意初始点和目标点的最短路径为“CCC”或是“CSC”类型的三段式曲线，其中 C 表示具有最大角速度的圆弧，其转弯方向可以是左转或者是右转，S 表示直线段。对飞行器来说，在保持速率恒定的情况下，飞机按照上述的最短 Dubins 曲线飞行可以在最短时间、最低油耗的条件下达到目标位形。因此应用 Dubins 曲线规划无人机航迹能合理近似无人机的飞行过程[113]。我们假设短时间内飞机机动轨迹的调整按照 Dubins 曲线轨迹调整，将三段调整过程的中间段调整时间考虑为零，应用 Dubins 曲线近似无人机方向调整的过程。

已知时间前瞻量为 τ，设应用 Dubins 曲线估计无人机在时间 τ 内的最大可跟踪的机动角度 $\varphi_{\max}^{i}(\tau)$。首先明确可跟踪角度的意义。

可跟踪角度是指无人机在时间范围 τ 内经过飞行角度调整后能够保证在 τ 时刻的运动方向相对于初始时刻运动方向改变的角度与其当前位置相对于初始时刻的运动方向产生的偏差值相同。如图 2.2 所示，A_i 在初始时刻运动方向为 $\boldsymbol{OG}$，在 τ 时刻运动方向为 $\boldsymbol{OB}$，而在 $[0,\tau]$ 时间段内 A_i 直线位移方向也是 $\boldsymbol{OB}$。

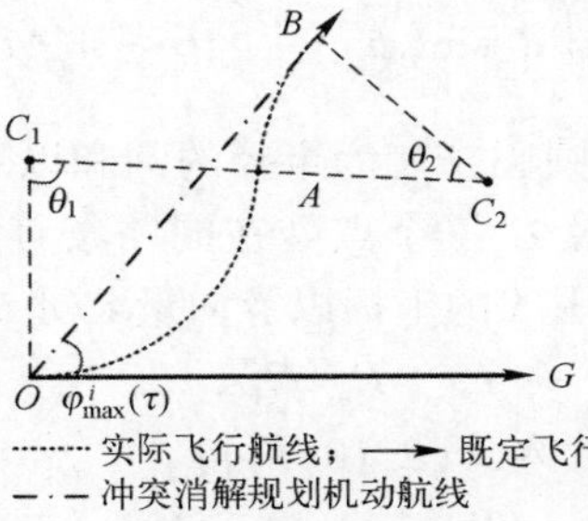

图 2.2　无人机角度跟踪过程示意图

已知无人机的最大角速率为 $w_{\max}^{i}$，若 A_i 在 τ 时间段内合理地规划机动过程能够达到最大可跟踪角度。借助图 2.2 描述整个调整过程，首先 A_i 以 C_1 为圆心以最大的角速率调整它的飞行方向 θ_1 直到 A 点，然后 A_i 以 C_2 为圆心以相反的最大角速率反向调整其运动方向 θ_2 直到 B 点。为了实现最大跟踪角度，飞机在 τ 时刻到达 B 点。为了计算 θ_1 和 θ_2 的角度值，联立计算式如下：

$$\begin{cases}\theta_1+\theta_2=w_{\max}^{i}\tau \\ \theta_1-\theta_2=\varphi_{\max}^{i}(\tau)\end{cases} \tag{2.9}$$

由图 2.2 可以得到，满足 B 点为角度调整结束点的条件为 $\boldsymbol{OB}$ 与以 C_2 为圆心、$R_{i,h}^{\min}$ 为半径的圆相切，因此可以得到关系式为

$$\boldsymbol{OB}\cdot\boldsymbol{C_2B}=0 \tag{2.10}$$

由于 A_i 在起始时刻开始以 C_1 为圆心调整运动方向，因此可以根据 A_i 在初始时刻的位置和运动方向得到 C_1 的坐标位置：

$$P_{C_1}=\begin{bmatrix} x_i+\cos\left(\phi_i+\dfrac{\pi}{2}\right)\dfrac{v_i}{w_{\max}^{i}} \\ y_i+\sin\left(\phi_i+\dfrac{\pi}{2}\right)\dfrac{v_i}{w_{\max}^{i}}\end{bmatrix} \tag{2.11}$$

根据 A_i 运动的角度 θ_1 可以得到 A 点的坐标：

$$P_A=\begin{bmatrix} x_i+\dfrac{v_i}{w_{\max}^i}[\sin(\phi_i+\theta_1)-\sin(\phi_i)] \\ y_i-\dfrac{v_i}{w_{\max}^i}[\cos(\phi_i+\theta_1)-\cos(\phi_i)] \end{bmatrix} \tag{2.12}$$

同理可以得到 B 点的坐标(考虑直接计算 B 点的坐标然后计算坐标差值):

$$P_B=\begin{bmatrix} P_{A_x}+\int_{t=0}^{\tau-t_1}\cos(\phi_i+w_{\max}^i t_1-w_{\max}^i t)v_i\mathrm{d}t \\ P_{A_y}+\int_{t=0}^{\tau-t_1}\sin(\phi_i+w_{\max}^i t_1-w_{\max}^i t)v_i\mathrm{d}t \end{bmatrix} \tag{2.13}$$

由于 A_i 在 A 点与以 C_1 为圆心、$R_{i,h}^{\min}$ 为半径的圆和以 C_2 为圆心、$R_{i,h}^{\min}$ 为半径的圆相切,因此可以判断 C_1、A 及 C_2 三个点处在同一条直线上。又根据它们之间的位置关系可知 C_2 的坐标可用 A 的坐标以及向量 $\boldsymbol{C_1A}$ 确定如下:

$$P_{C_2}=P_A+\boldsymbol{C_1A} \tag{2.14}$$

将式(2.11)~式(2.14)代入式(2.10)可得

$$2\cos(w_{\max}^i\tau-\theta_1)-\cos(w_{\max}^i\tau-2\theta_1)-1=0 \tag{2.15}$$

将方程(2.15)展开可得

$$\begin{aligned}&2[\cos(w_{\max}^i\tau)\cos(\theta_1)-\sin(w_{\max}^i\tau)\sin(\theta_1)]-\cos(w_{\max}^i\tau)\cos(2\theta_1)+\\&\sin(w_{\max}^i\tau)\sin(2\theta_1)-1=0\end{aligned} \tag{2.16}$$

可将式(2.16)转化为一元四次方程,一元四次方程具有根式解,也可以应用数学计算软件求解。联立式(2.9)和式(2.16)可以求解得到 $\varphi_{\max}^i(\tau)$。

由讨论可知,可以根据无人机的最大角速率和方向调整时间 τ 得到 $\varphi_{\max}^i(\tau)$。

在应用方向调整规划无人机机动动作时,无人机规划的角度应满足约束:

$$|\varphi_i|\leqslant\varphi_{\max}^i(\tau) \tag{2.17}$$

我们考虑在短距离冲突消解机动调整时无人机的机动幅度不会太大,将最大的机动角度限制为 $\pi/2$。

同理,在高度调整时也可得俯仰角调整的约束条件:

$$|\xi_i|\leqslant\xi_{\max}^i(\tau) \tag{2.18}$$

使用 Dubins 曲线规划无人机飞行航线的另一个问题是在确定飞机方向机动角度 φ_i 时,如何规划 A_i 达到规划角度机动的流程?根据上面的讨论可知无人机需要连续机动两次以达到目标位形。无人机可向左转弯和向右转弯,一般将向左转弯定义为角度增加,向右转弯定义为角度减小。为了降低由方向调整产生的位移估计误差,假设无人机在进行角度调整时按照最大转弯曲率飞行。我们讨论当无人机需要向右转弯的情况。由于对单个无人机的方向调整角度进行分析,因此无人机在全局坐标系中的飞行方向不对角度调整规划产生影响。如

图 2.3 所示，为了方便分析假设 A_i 当前的飞行方向是 $\pi/2$，C_1 的坐标在 x 轴上，为 $(R_{i,h}^{\min},0)$。设以 C_1 为圆心、$R_{i,h}^{\min}$ 为半径的圆为 R_1，以 C_2 为圆心、$R_{i,h}^{\min}$ 为半径的圆为 R_2。假设 A_i 需要机动的角度为 φ_i，则调整之后的飞行方向的斜率为

$$k_i=\tan(\phi_i-\varphi_i) \tag{2.19}$$

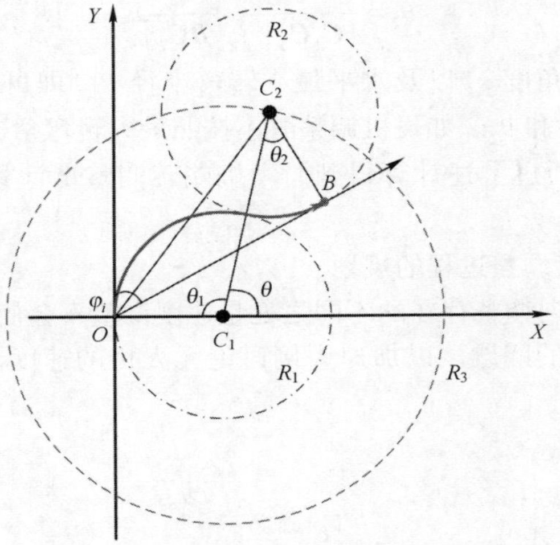

图 2.3　无人机跟踪角度规划

在局部坐标系中 A_i 调整后的飞行方向构成的直线可以表达为

$$y=k_i x \tag{2.20}$$

根据上面假设，当无人机在机动的过程中先围绕 R_1 调整方向 θ_1 后围绕 R_2 反向调整方向 θ_2。当 A_i 的初始运动方向固定后可确定 R_1。由于 R_1 与 R_2 相切，可知 C_1 与 C_2 之间的距离应为 $2R_{i,h}^{\min}$。因此可知，C_2 的坐标处在以 C_1 为圆心、以 $2R_{i,h}^{\min}$ 为半径的圆上。将此圆定义为 R_3，C_2 的坐标可以表示为

$$\begin{cases} x=2\cos\theta R_{i,h}^{\min}+R_{i,h}^{\min} \\ y=2\sin\theta R_{i,h}^{\min} \end{cases} \tag{2.21}$$

根据 Dubins 曲线的规则可知，R_2 与经过调整的 A_i 的运动方向相切，得方程：

$$\frac{|-k_i(2\cos\theta R_{i,h}^{\min}+R_{i,h}^{\min})+2\sin\theta R_{i,h}^{\min}|}{\sqrt{1+k_i^2}}=R_{i,h}^{\min} \tag{2.22}$$

化简推导方程(2.22)得到

$$4\sin\theta^2 R_{i,h}^{\min 2}(1-k_i^2)+R_{i,h}^{\min 2}(4k_i^2-1-4k_i\sin\theta)=4R_{i,h}^{\min 2}(2k_i\sin\theta-k_i^2)\cos\theta \tag{2.23}$$

式(2.23)可进一步转化为一元四次方程并用软件求解得到 θ 的取值。将 θ 的取值代入式(2.21)得到 C_2 的坐标数据。

由于 OB 与 R_2 在 B 点相切，根据 C_2 的坐标信息可求得切点 B_2 的坐标信息。根据已有信息构建向量 $\boldsymbol{C_1C_2}$、$\boldsymbol{C_1O}$、$\boldsymbol{BC_2}$。

$$\theta_1 = \frac{\boldsymbol{C_1C_2} \cdot \boldsymbol{C_1O}}{|\boldsymbol{C_1C_2}| \cdot |\boldsymbol{C_1O}|} \tag{2.24}$$

$$\theta_2 = \frac{\boldsymbol{C_1C_2} \cdot \boldsymbol{BC_2}}{|\boldsymbol{C_1C_2}| \cdot |\boldsymbol{BC_2}|} \tag{2.25}$$

根据需调整的角度 φ_i 以及水平最小转弯半径 $R_{i,h}^{\min}$ 即可求得方向调整两阶段的调整角度值 θ_1 和 θ_2。如飞机调整时不按照最大转弯角速率进行角度调整，相应 θ_1 和 θ_2 也可通过上述计算得到。飞机左转调整量计算与向右转类似，书中不再赘述。

2.1.2.2 速度调整过程的规划

速度调整与方向调整存在的不同之处是速度调整不会使飞机偏离航线。因此不存在跟踪航向的问题。以加速为例讨论无人机的速度调整过程，如图 2.4 所示。

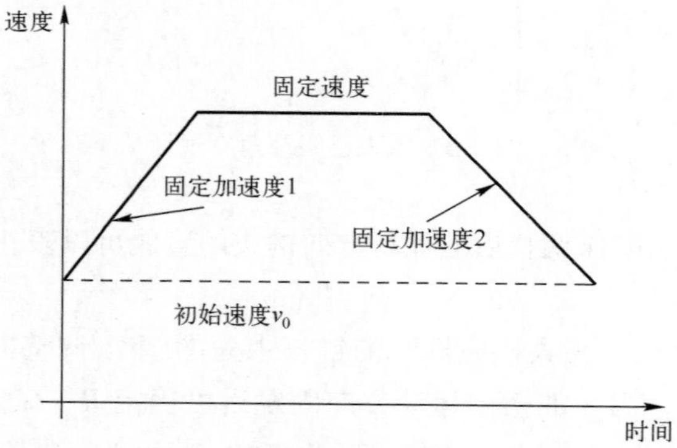

图 2.4 无人机速度调整过程示意图

无人机首先进行匀加速运动，然后保持匀速运动，直到确认冲突已经被消解，结束调整后返回初始最优速度。短距离飞行调节时，不能假定飞机的速度调整过程是瞬时完成的。研究速度调整问题时应用平均速度讨论无人机间的冲突关系[43]。

飞机的初始速度为 $v_i(0)$，考虑飞机在经过速度调整后的实际速度为 $v_i(t)$，应用牛顿运动学公式可计算得到 A_i 经过 τ 时间运动产生的位移：

$$s_i^{\tau} = t_c[v_i(t) + v_i(0)]/2 + v_t(\tau - t_c) = \hat{v}_i \tau \tag{2.26}$$

其中，$t_c = [v_i(t) - v_i(0)]/a_i$ 是 A_i 的速度由 $v_i(0)$ 调整到 $v_i(t)$ 的时间长度。A_i 在时间 τ 内的平均速度可表示为

$$\hat{v}_i = t_c[v_i(t) + v_i(0)]/2\tau + v_i(t)(1 - t_c/\tau) \tag{2.27}$$

定义速度控制的变量为 $\Delta\hat{v}_i=\hat{v}_i-v_i(0)$。

由于飞机的飞行速度与油耗效率相关，我们假设无人机进行速度调整时采用最大的加速度和减速度以保证飞机的实际速度 $v_i(t)$ 的变化量尽量小，因此得到飞机调整速度的时间如下：

当 A_i 需要加速达到速度 $v_i(0)+\Delta\hat{v}_i$ 时，加速时间为

$$t=\sqrt{(\Delta\hat{v}_i\times\tau)/(0.5\times a_{i,\max}^{p})} \tag{2.28}$$

当 A_i 需要减速达到速度 $v_i(0)+\Delta\hat{v}_i$ 时，减速时间为

$$t=\sqrt{(\Delta\hat{v}_i\times\tau)/(0.5\times a_{i,\max}^{n})} \tag{2.29}$$

考虑到无人机的飞行包线的约束及机动性能的约束，A_i 在时间范围 $[0,\tau]$ 内可达速度范围为

$$v_i^{\text{feasible}}\in(\tilde{v}_{i,\min},\tilde{v}_{i,\max}) \tag{2.30}$$

其中，

$$\begin{aligned}\tilde{v}_{i,\min}&=\max(v_i(0)+a_{i,\max}^{n}\tau,v_{i,\min})\\ \tilde{v}_{i,\max}&=\min(v_i(0)+a_{i,\max}^{p}\tau,v_{i,\max})\end{aligned} \tag{2.31}$$

其中，$v_{i,\min}$ 和 $v_{i,\max}$ 是 A_i 飞行在一定高度的飞行包线限制。根据式(2.31)可以计算得到 A_i 可达的最大和最小平均速度为

$$\begin{aligned}\hat{v}_i^{\min}&=\frac{(\tilde{v}_{i,\min}^{2}-v_i(0)^2)}{2a_{i,\max}^{n}\tau}+\tilde{v}_{i,\min}\left[1-\frac{(\tilde{v}_{i,\min}-v_i(0))}{a_{i,\max}^{n}\tau}\right]\\ \hat{v}_i^{\max}&=\frac{(\tilde{v}_{i,\max}^{2}-v_i(0)^2)}{2a_{i,\max}^{p}\tau}+\tilde{v}_{i,\max}\left[1-\frac{(\tilde{v}_{i,\max}-v_i(0))}{a_{i,\max}^{p}\tau}\right]\end{aligned} \tag{2.32}$$

因此，在考虑飞行包线限制和飞机的动态性能约束的条件下，A_i 在时间 τ 内能够达到的平均速度变化量为

$$v_{\mathrm{m}}^{i}=\{\Delta\hat{v}_i\mid\Delta\hat{v}_i\in(\hat{v}_i^{\min}-v_i(0),\hat{v}_i^{\max}-v_i(0))\} \tag{2.33}$$

当求解器得到飞机速度调整量 $\Delta\hat{v}_i$ 后，需考虑规划 A_i 的速度调整过程以确保在 $t_{i,v}^{\text{change}}$ 的时间段内平均速度变化率为 $\Delta\hat{v}_i$。

为了保证 A_i 在 $t_{i,v}^{\text{change}}$ 的时间段内的平均速度变化率为 $\Delta\hat{v}_i$，需保证在时间段 $t_{i,v}^{\text{change}}$ 范围内无人机飞行的相对位移与初始速度产生的位移的差值为

$$d_i^{\text{different}}=\Delta\hat{v}_i t_{i,v}^{\text{change}} \tag{2.34}$$

可得飞机采用最大减速度调整飞机速度的时间为

$$d_i^{\text{different}}=\frac{1}{2}a_{i,\max}^{n}t_i^2+[a_{i,\max}^{n}t_i(t_{i,v}^{\text{change}}-t_i)] \tag{2.35}$$

采用最大加速度调整飞机的速度为

$$d_i^{\text{different}}=\frac{1}{2}a_{i,\max}^{p}t_i^2+[a_{i,\max}^{p}t_i(t_{i,v}^{\text{change}}-t_i)] \tag{2.36}$$

求解式(2.35)和式(2.36)可得飞机速度调整时间 t_i。

2.2 无人机安全间隔约束问题研究

2.2.1 安全空域模型

在确定无人机安全区域范围时需考虑以下两个因素:第一是尾涡对飞机的影响。飞机在空中飞行时会产生尾涡,导致其飞过的空域有气流紊流。如其他飞机进入该紊流气团可能造成飞机运行失稳[111]。为了保证飞机的飞行安全需要为每个飞机设定安全区域。由于无人机体积小,其飞行对周围的气流产生的影响较小。第二是安全区域可以作为紧急避让行为的触发界限。当其他的飞机进入 A_i 的安全区域后,A_i 需要有一定的时间量做非合作逃避。参照美国对"free-flight"飞行中通用航空安全间隔的定义,可将无人机的安全间隔距离定义在几百米的范围[103]。具体每个无人机的安全间隔范围的确定应考虑飞机的平台尺寸及飞行速度等状态信息。由于无人机的机动能力较强,因此在空中飞行时可能会在较近的高度层进行机动,第一种方法是将无人机的安全区域建模为三维球体[95],如图 2.5 所示。

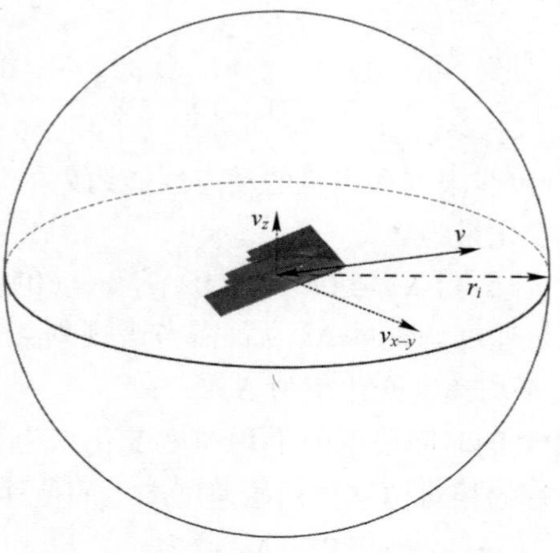

图 2.5 无人机三维球形安全区域图

将图 2.5 所示的安全区域定义为 $D_i(P_i, r_i)$,即

$$D_i(P_i, r_i) = \{p \mid \|p_x - x_o, p_y - y_o, p_z - z_o\| < r_i\} \quad (2.37)$$

如果考虑无人机在作业时可能不会轻易调整其飞行高度,此时可将无人机的三维安全区域定义为圆柱形的区域,如图 2.6 所示。

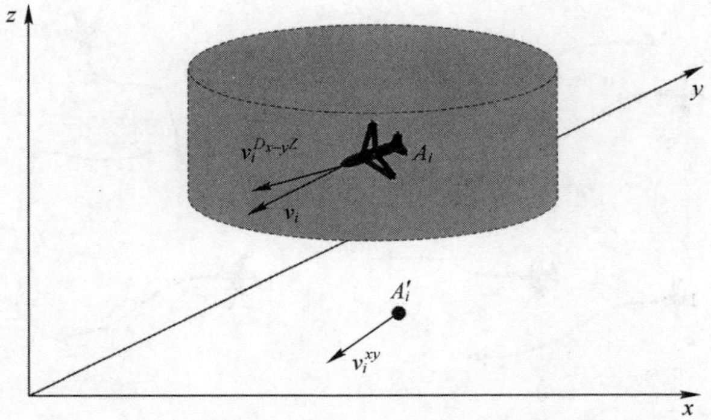

图 2.6　无人机三维圆柱形安全空域示意图

此时安全区域可定义如下：

$$D_i(\boldsymbol{P}_i(t),r_i)=\{\boldsymbol{P}_s \mid \|p_s^x-p_i^x(t),p_s^y-p_i^y(t)\|<r_s^i \vee \|p_s^z-p_i^z(t)\|<h_s^i\} \quad (2.38)$$

虽然通过调整高度的避让方法效率较高，但在很多情况下飞机会飞行在固定高度层以执行任务。这种情况下飞机间发生冲突时通常采用在水平高度层调整方向或速度的方式解决无人机之间的冲突。在水平高度层调整无人机间的冲突时将安全区域考虑为以飞机当前所在位置为中心的圆。

$$D_i(P_i,r_i)=\{p \| |p_x-x_o,p_y-y_o\|<r_i\} \quad (2.39)$$

冲突消解的基本目的是保证每个飞机的安全区域内没有其他飞行器进入。

2.2.2　空中威胁类型分析

无人机飞行在空中发生冲突的类型有很多种。如图 2.7 所示，无人机与无人机之间的碰撞类型包括：相向飞行时的冲突，在侧方位时向同一个区域汇聚时的冲突，当飞机向同一个方向飞行时后机的速度比前一个飞机的速度快形成的超越过程的冲突[14]。同时需要考虑飞机与固定障碍间的冲突，固定障碍包括恶劣空气团、高大的建筑以及禁飞区等限制。

应用不同的机动调整方法能够解决不同的冲突问题。速度调整方法无法消除相对飞行的冲突，在同一个航线中后机超越前机的冲突以及躲避固定空气团的冲突。当两个飞机的飞行方向夹角较小时，应用速度调整消解冲突的效率也较低。另外，我们发现应用方向调整策略可以避开图 2.7 中列出的所有类型的冲突，但是方向调整策略会导致飞机偏离原定的航线。因此，在选择无人机冲突消解的策略时需要考虑每种机动策略的特点及无人机执行任务的需求。

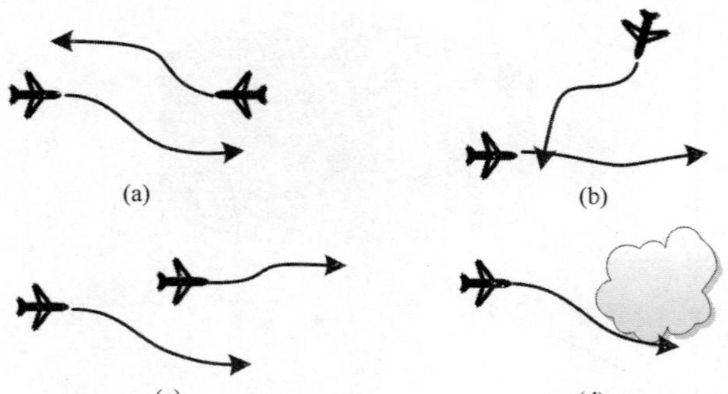

图 2.7　无人机空中冲突类型图示
(a) 相对飞行;(b) 左侧/右侧交汇;(c) 相同航线超越;
(d) 遭遇固定障碍(恶劣空气团,高大建筑物,禁飞区)。

2.2.3　冲突检测问题研究

由于在前文中讨论了两种不同的三维安全空域模型,因此需要根据定义的安全模型给出失距与冲突的定义[32]。

失距(loss separation):假设在局部空域内有无人机 A_i 与 A_j。如果是采用圆域模型,根据两个无人机当前的位置信息可得其直线距离为 d_{ij}。$d_{ij}<r_s^{ij}$ 说明 A_i 与 A_j 发生失距,$r_s^{ij}=\max(r_i,r_j)$ 是判断 A_i 与 A_j 冲突关系的复合安全半径。如果采用的是圆柱形安全空域,$d_{ij}^z<h_s^{ij} \wedge d_{ij}^{x-y}<r_s^{ij}$,则说明两个无人机发生了失距。

冲突(conflict):当前 A_i 与 A_j 没有失距,但如果它们保持当前的运动状态不改变或是运动状态调整不当,则它们将在 τ 时间内发生失距。这样的状态称为两个飞机发生了冲突。

冲突消解的一个重要目的是根据当前飞机之间的冲突场景设计调整策略以保证飞机间不发生失距。因此保持无人机之间安全间隔是冲突消解问题中必须解决的硬性约束。

2.2.3.1　冲突描述模型

对较远距离的无人机间的冲突检测需考虑一个较长时间段内规划的路径等信息[25]。基于长时间段飞行航线进行的冲突检测方法难以将在空域中运行的飞机之间的空间危机描述清楚,因为它无法估计无人机在飞行过程中由于失误或误差导致的偏航[11]。因此在线空域交通控制中,当无人机飞行距离较近时需要根据它们当前的状态检测可能发生的冲突。基于无人机当前的状态,本书应用速度障碍模型描述无人机之间的冲突问题[82]。

为了讨论两个无人机之间的冲突关系,构建局部坐标系。如图 2.8 所示,将 A_j 当前时刻的位置定义为局部坐标系原点,A_i 在局部坐标系中的坐标为

$$P_i(0)=(x_i(0)-x_j(0),y_i(0)-y_j(0)) \tag{2.40}$$

A_j相对于A_i的速度为

$$\boldsymbol{v}_{ji}=\boldsymbol{v}_j-\boldsymbol{v}_i=(\dot{x}_j-\dot{x}_i,\dot{y}_j-\dot{y}_i) \tag{2.41}$$

如图 2.8 所示，A_j相对于A_i的速度障碍被定义为$VO^{\tau}_{j|i}$。

$$VO^{\tau}_{j|i}=\{v \mid \exists t\in[0,\tau]::tv_{ji}\in D_{ij}(P_i,r^{ij}_s)\} \tag{2.42}$$

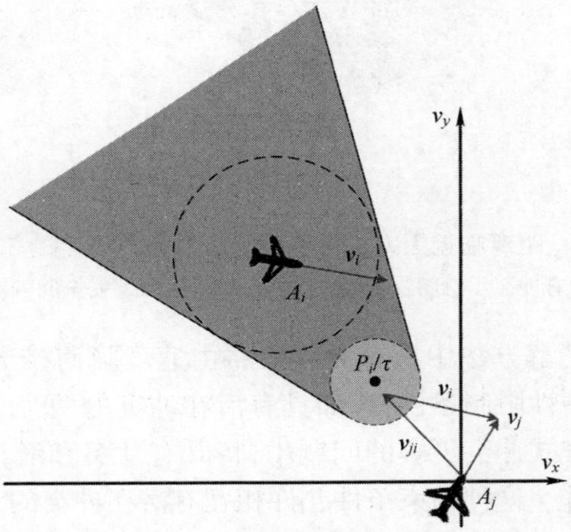

图 2.8　速度障碍模型描述的冲突图示

其中，$D_{ij}(P_i,r^{ij}_s)$是综合考虑了A_i和A_j的安全空域范围的复合安全区域。如果$\boldsymbol{v}_{ji}$进入了速度障碍$VO^{\tau}_{j|i}$，则A_i和A_j将在$\boldsymbol{\tau}$时间段内发生冲突。如果$\boldsymbol{v}_{ji}$没有进入$VO^{\tau}_{j|i}$，则说明两个无人机至少在时间$\boldsymbol{\tau}$内继续保持安全间隔。

2.2.3.2　无人机冲突检测算法

应用速度障碍模型只能判断一对无人机在$\boldsymbol{\tau}$时间范围内是否发生冲突。但即便当前相对速度$\boldsymbol{v}_{ji}$不在由A_j与A_i的当前状态构成的速度障碍$VO^{\tau}_{j|i}$中，也有可能由于不当的速度调整使调整后的$\boldsymbol{v}_{ji}$进入速度障碍中。由于无人机在一定时间范围内可机动范围有限，不是所有相互临近的无人机都可能在有限的时间前瞻量$\boldsymbol{\tau}$内发生冲突。因此需要对相互临近的无人机之间的关系进行分析。

考虑无人机的位置关系、运动状态和机动能力，将相互邻近的无人机之间的关系分为 3 种不同的关系：第一种关系为既有冲突关系。既有冲突是指两个无人机的相对速度已进入它们的速度障碍中，它们必须对速度进行调整以确保调整后的相对速度不在速度障碍中，如图 2.9(a)所描述场景。第二种关系为潜在冲突关系，潜在冲突是指两个无人机的相对速度不在它们各自的速度障碍中，但如果两个飞机调整了当前它们的运动状态则可能导致它们相对速度进入速度障碍中，如图 2.9(b)所描述的场景。第三种关系为安全关系，当前两个飞机的相对速度不在它们各自的速度障碍中，由于每个飞机的机动能力有限，因此它们也不可能由于调整速度而发生冲突,如图 2.8(c)所描述的场景。

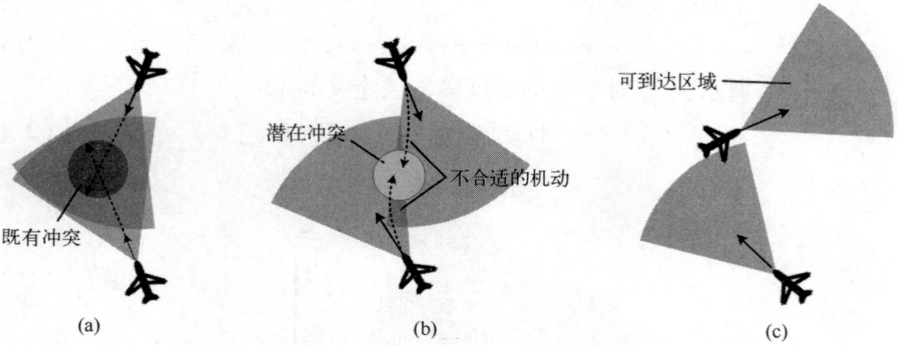

图 2.9　距离临近无人机由速度和机动条件确定的 3 种关系

(a) 既有冲突示意图;(b) 潜在冲突示意图;(c) 安全间隔示意图。

分布式的冲突消解方法中每个无人机将由速度障碍推导得到的限制条件作为调整自己速度的硬性限制条件,比如具有潜在冲突的两个飞机能调整的速度范围具有约束。在合作式冲突消解的问题中,将既有冲突和潜在冲突的约束视作同一种类型的约束条件。这种约束条件允许相互有潜在冲突的无人机合作式的调整速度,以保证在更大范围内的冲突问题有解或是冲突消解策略降低总的消耗值。

在已知无人机的位置与速度等状态信息后,需要根据无人机的状态信息判断飞机间的冲突关系。如果无人机之间存在潜在冲突没有被及时发现,可能会导致求解已发现的冲突时得到的消解策略因为不合适的调整而导致未被发现的无人机对之间产生新的冲突。如果在检测中将本来在一定时间内不会发生冲突的无人机对判断为冲突,可能将本来不关联的两组冲突联系到一起造成计算量过大的问题。因此在冲突检测中需要仔细判断飞机之间的冲突关系。我们设计根据无人机的状态检测冲突的算法。算法的基本思路是在冲突检测时,根据前瞻时间量 τ 对无人机的飞行航路点进行预测采样,根据采样值及无人机的位置构建空间区域;进一步检测被检测无人机与构建的空间区域的位置关系。

二维空间内无人机冲突检测步骤如下:

(1) 根据无人机 A_i 与 A_j 当前的状态以及它们在 τ 时间范围内可机动的角度或速度范围采样在 τ 时刻相对位移 S_{ji} 到达的终点散布区域,如图 2.10 所示的黑色矩形中的散布点。

(2) 根据无人机 A_i 与 A_j 的初始速度和运动方向获得 A_j 的初始相对速度 $\boldsymbol{v}_{ji}$。得到 $\boldsymbol{v}_{ji}$ 与正向 X 坐标轴之间的夹角 σ_{ji},将坐标系 XOY 旋转 σ_{ji}。所有采样点的坐标点在新的坐标系中关于 X 轴对称,得到采样点集的极值 $x_{\max}$、$x_{\min}$、$y_{\max}$、$y_{\min}$。根据极值点构建一个包含了所有终点的矩形区域,将其定义为终点区域,如图 2.10 中的黑色矩形框包围的区域。

(3) 综合考虑 A_j 相对位移的终点区域以及无人机之间的安全间隔 r_s^{ij}，将终点区域向外扩展，得到形状为圆角矩形的终点影响区域。为了简化求解，将圆角矩形简化为直角矩形区域，如图 2.10 所示。A_j 的安全区域为圆形区域。根据冲突的定义，A_j 在 τ 时间段内运动的过程中如果与 A_i 的距离小于 r_s^{ij}，则说明两个无人机之间存在冲突，因此从 A_j 的安全区域到终点区域的所有连线都是 A_j 的飞行过程影响区域。根据终点影响区域与 A_j 的安全区域可以确定 A_j 的飞行过程影响区域，即由终点影响区域边界点到 A_j 安全区域的切线包裹的凸区域。综合考虑终点影响区域与飞行过程影响区域可以得到凸的 A_j 相对于 A_i 的影响区域。如果 A_j 的坐标点在该凸集中，说明 A_i 与 A_j 在前瞻时间量 τ 内将会发生冲突。

由于无法应用简单函数描述 A_j 的整个影响区域的形状，因此算法采用分区域的方法检测冲突：首先检查 A_i 的坐标是否在终点影响区域中，然后检查 A_i 的位置是否在飞行过程影响区域中。由于飞行过程影响区域有圆弧线边界，在检查时不便于准确描述过程影响区域，因此在检查飞行过程影响区域时首先检查 A_i 的坐标点是否在由终点影响区域边界点 E_A 与 E_B 到安全区域圆的切线的交点 I_{AB} 与 E_A 和 E_B 构成的三角形内。如果在三角形区域中，需要考虑 A_i 在非威胁区域内的误检测情况。

应用上面提出的冲突检测方法，可减少漏检的无人机冲突对，同时降低了误检测情况和不必要的计算复杂度。

在二维空间中可以应用算法 2.1 判断进行速度调整和角度调整的无人机之间的冲突。在三维空间中，由于每个无人机会控制水平航迹倾角与竖直俯仰角，因此三维空间的冲突检测相比于二维空间更加复杂。但冲突检测的基本思想是一致的。

二维空间冲突检测算法如下：

算法 2.1　冲突检测算法

已知：无人机 A_i，A_j 的状态信息为 $(p_i^0, p_j^0, v_i^0, v_j^0, \phi_i^0, \phi_j^0)$，前瞻时间量 τ 与最大可机动角度为 $\varphi_{\max}^i, \varphi_{\max}^j$

求：参数 c_{ij}

1. procedure conflict_detection$(p_i^0, p_j^0, v_i^0, v_j^0, \phi_i^0, \phi_j^0, \varphi_{\max}^i, \varphi_{\max}^j, \tau)$
2. 　$C_{ij} = \text{samp}(p_i^0, p_j^0, v_i^0, v_j^0, \phi_i^0, \phi_j^0, \varphi_{\max}^i, \varphi_{\max}^j, \tau)$ //获得采样点
3. 　$R_{ij}^{\tau} = \text{Rota_Expand}(C_{ij}, r_s^{ij})$ //确定终点影响区域
4. 　$Tr_{ij}^{\tau} = \text{GetTriangle}(R_{ij}^{\tau}, p_j(0), r_s^{ij})$ //包含非威胁区域和飞行过程影响区域的三角形区域

---

5. c_{ij} = checkrectangle$(p_i(0), R_{ij}^\tau)$ // 检查 A_i 是否在终点影响区域中,如是则冲突

6.   if c_{ij} == 0

7. c_{ij} = checktriangle$(p_i(0), R_{ij}^\tau)$ // 检查 A_i 坐标是否在三角形区域中

8.   if c_{ij} == 1

9. s_{ij} = check_in_green_region$(p_i(0), R_{ij}^\tau)$ // 在绿色区域说明是误判

10.   if s_{ij} == 1;

11. c_{ij} = 0;

12.   end if

13.   end if

14.   end if

15. end procedure

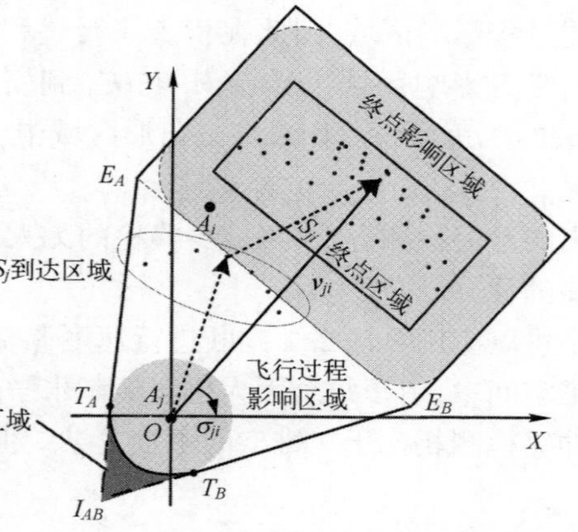

图 2.10　二维空间冲突检测示意图

在三维空间中,可以根据 A_i 与 A_j 的状态的机动能力得到 A_j 相对于 A_i 可能运动的终点散布区域。在三维空间中可以将终点散布区域近似为一个长方体,如图 2.11 所示。进一步如在二维空间讨论,可以得到终点影响区域。

由于 A_j 的安全区域在三维空间中是一个球域。在确定飞行过程影响区域时从终点影响区域边界到安全区域的边界圆环的切线无法汇聚到 A_j 相对运动反方向上的同一个点。为了简化求解,将安全区域边界圆环扩展为与终点影响区域切面形状相似且包含安全区域的矩形。应用与在二维空间类似的反向延长的方法可以构建一个四面体形状的过程影响区域。在检测冲突时,如果 A_i 的坐标在飞行过程影响区域内时,需要剔除误检测区域 A、B 与 C,如图 2.12 所示。三维空间中冲突检测算法与二维算法类似,此处不再展开讨论。

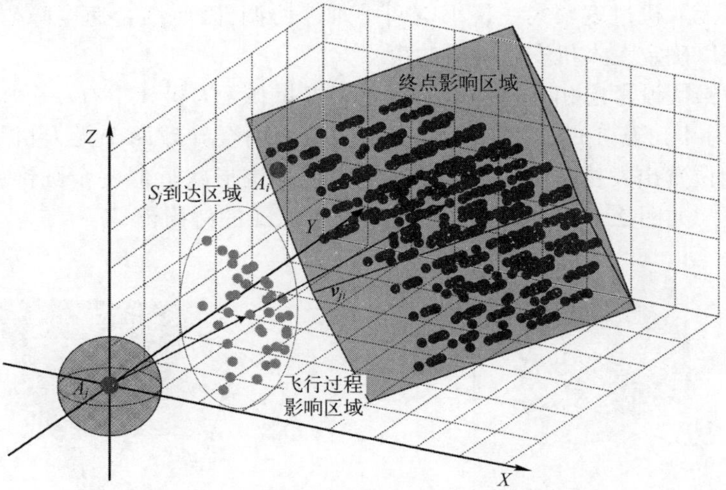

图 2.11　三维冲突检测示意图

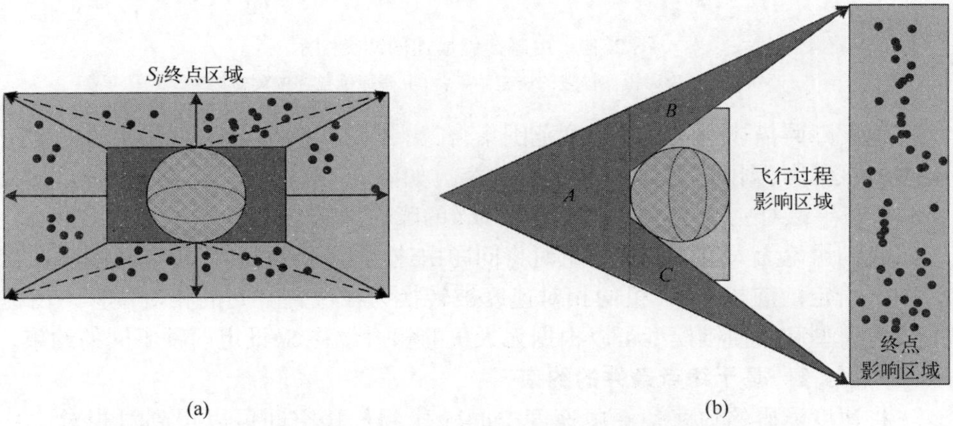

图 2.12　三维空间中飞行过程影响区域确定示意图

(a) 从 A_j 所在坐标点后视图;(b) 从 A_j 所在坐标点俯视图。

2.2.4　安全间隔约束

为了保证无人机间的安全间隔,当无人机间发生冲突,必须调整它们的运动状态。在 2.2.3.1 节中应用速度障碍模型描述了无人机之间发生的冲突,在不考虑无人机的机动条件限制的情况下直接应用由速度障碍推导得到的约束作为无人机安全间隔约束就能够确保无人机之间的安全间隔。但实际的环境中由于无人机在空中以较高速度飞行,其可机动能力有限,如果采用速度障碍约束可能导致较多无人机过度聚集在狭小空间中难以协调,因此结合速度障碍模型与碰撞锥模型以确定无人机安全间隔约束[114]。

碰撞锥假设考虑相互发生碰撞的无人机 A_i 和无人机 A_j 中有一个速度保持不变(假设为 A_j),若 A_i 的速度在一定的方向范围内会导致两个无人机发生碰撞。从 A_i 所在位置出发构成的不可行的速度角度范围形状近似一个圆锥,因此称其为碰撞锥。如图 2.13(b)所示为由 A_i 构成的对 A_j 的碰撞锥。

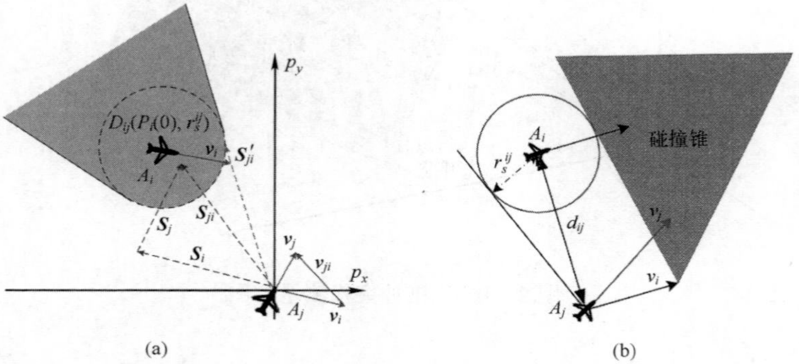

图 2.13　由碰撞锥描述的冲突图示
(a) 速度障碍模型描述的调整约束;(b) 碰撞锥描述的调整约束。

速度障碍描述的是一个速度范围集合,由 A_i 的状态确定。如果 A_j 的速度矢量进入该范围,则两个无人机将发生冲突。如图 2.13(a)所示,在速度空间中,A_i 的存在导致对 v_{ji} 产生了一个顶角为圆弧的障碍区域。

我们讨论无人机的冲突约束时将问题由速度空间转移到位置空间中。当在时间 τ 给定的前提下,飞机的相对速度被转换为在位置空间的相对位移。由速度障碍模型和碰撞锥模型可以根据无人机的相对位移 $\boldsymbol{S}'_{ji}$ 设定两种不同的约束。

2.2.4.1　基于终点条件的约束

将速度障碍的约束条件由速度空间转化到位移空间可以得到对相对位移 $\boldsymbol{S}'_{ji}$ 的终点约束条件。两个飞机的初始距离向量为 $\boldsymbol{P}_i(0)$,则两个飞机在时刻 t 的距离可以表示为

$$\boldsymbol{d}_{ij}(\boldsymbol{t}) = \boldsymbol{P}_i(0) - \boldsymbol{v}_{ji}\boldsymbol{t} \tag{2.43}$$

为了确保在时间 τ 内相对位移 $\boldsymbol{S}'_{ji}$ 不进入 $D_{ij}(\boldsymbol{P}_i, r_s^{ij})$,由终点约束条件可以得到两种不同的约束。第一种约束如图 2.14(a)所示,当两个飞机在$[0,\tau]$时间段内最小距离取在 τ 时刻,则应满足约束:

$$\|\boldsymbol{d}_{ij}(\tau)\| > r_s^{ij} \tag{2.44}$$

若两个飞机在$[0,\tau]$时刻的最小距离不是取在终点时刻,应保证 $\boldsymbol{S}'_{ji}$ 所在的直线不是 $D_{ij}(\boldsymbol{P}_i, r_s^{ij})$ 的割线,如图 2.14(b)所示。用范数表示由坐标点 $P_i(0)$ 到由向量 $\boldsymbol{S}'_{ji}$ 所确定的直线的最短距离为式(2.45),其中 $\boldsymbol{P}_{ij}(0)$、$\boldsymbol{v}_{ji}$ 是两个向量相应

元素乘积产生的向量,而不是向量的点积

$$d_{ij}^{p}=\left\|\boldsymbol{P}_{ij}(0)-\frac{\boldsymbol{P}_{ij}(0)\cdot\boldsymbol{v}_{ji}}{\|\boldsymbol{v}_{ji}\|_2}\right\|_2 \tag{2.45}$$

在二维空间中,式(2.45)可以用代数方程表示为

$$d_{ij}^{p}=\left|-k_{ij}P_{i,0}^{x}+P_{i,0}^{y}\right|/\sqrt{1+k_{ij}^{2}} \tag{2.46}$$

为了确保飞机之间的安全间隔,应当满足的条件为

$$d_{ij}^{p}\geqslant r_{s}^{ij} \tag{2.47}$$

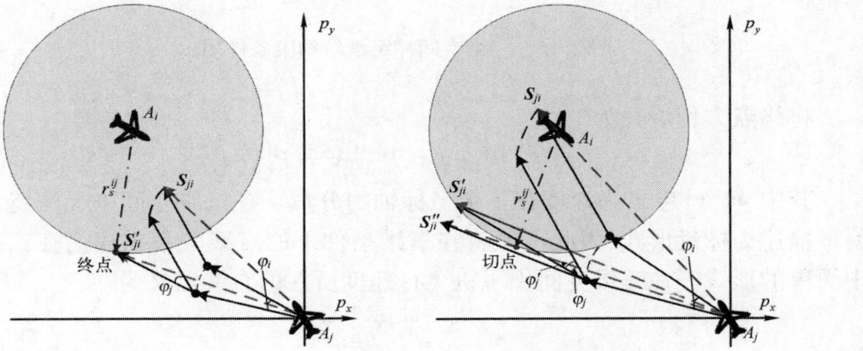

图2.14　终点约束条件图示

(a) 终点约束中最小距离取在τ时刻;(b) 终点约束中最小距离取在$[0,\tau)$时间段内。

2.2.4.2　基于切线条件的约束

由速度障碍约束得到的终点约束条件的目的是确保无人机之间在$[0,\tau]$时间段的安全间隔。由碰撞锥模型产生的是另一种约束条件。这个约束条件要求$\boldsymbol{S}'_{ji}$所在的直线不能与复合安全区域$D_{ij}(\boldsymbol{P}_i,r_s^{ij})$相割。亦即,为了保持安全间隔,无人机的机动动作应当总是满足约束条件[式(2.47)]。

当无人机由于执行任务需要调整飞行高度时,或者多无人机由于执行任务相互配合需要在三维空间里调整飞行队形时,可能发生三维空间的冲突,如图2.15所示。此时为了保证无人机之间的安全间隔,其速度应当服从三维空间中的安全间隔约束条件。

应用向量描述三维空间中无人机之间的安全约束。因此三维空间中无人机之间的速度也应当满足约束[式(2.44)、式(2.47)]。由于在三维空间中需要考虑高度信息。三维空间中A_j相对于A_i的速度可以描述为

$$\boldsymbol{v}_{ji}=\boldsymbol{v}_j-\boldsymbol{v}_i=\begin{bmatrix}v_j\cos\gamma_j(t)\cos\phi_j(t)-v_i\cos\gamma_i(t)\cos\phi_i(t)\\ v_j\cos\gamma_j(t)\sin\phi_j(t)-v_i\cos\gamma_i(t)\sin\phi_i(t)\\ v_j(t)\sin\gamma_j(t)-v_i(t)\sin\gamma_i(t)\end{bmatrix} \tag{2.48}$$

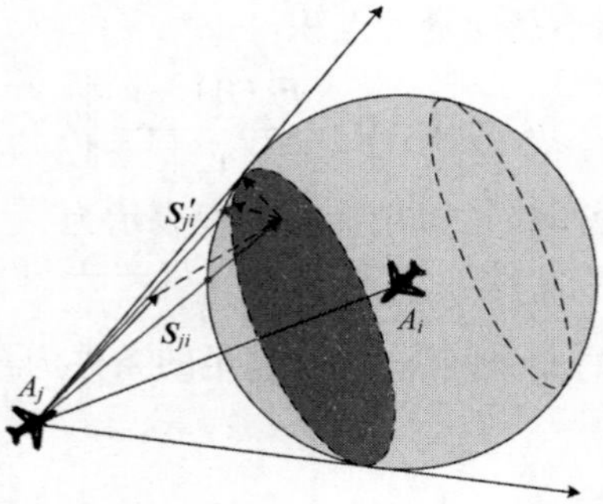

图 2.15 三维空间冲突消解约束条件图示

将终点方程展开为

$$d_{ij}(\tau)=\|P^x_{i,0}-\boldsymbol{v}^i_{ji}\tau,P^y_{i,0}-\boldsymbol{v}^j_{ji}\tau,P^z_{i,0}-\boldsymbol{v}^k_{ji}\tau\|_2 \tag{2.49}$$

其中,$\boldsymbol{v}^i_{ji}$、$\boldsymbol{v}^j_{ji}$与$\boldsymbol{v}^k_{ji}$为速度在三个坐标轴的分量。在三维空间中无法将直线的斜率描述为标量形式,因此不能将在三维条件下的点线关系描述为在二维空间中简单的形式。在三维空间中飞机飞行速度所在的直线定义为

$$\frac{x-x_j}{\boldsymbol{v}^i_{ji}}=\frac{y-y_j}{\boldsymbol{v}^j_{ji}}=\frac{z-z_j}{\boldsymbol{v}^k_{ji}} \tag{2.50}$$

根据三维空间中,由A_i到相对速度向量$\boldsymbol{v}_{ji}$的最短距离可以由向量$\boldsymbol{P}_i(0)$和$\boldsymbol{v}_{ji}$表示:

$$d^p_{ij}=\boldsymbol{P}_i(0)\times\boldsymbol{v}_{ji}/\|\boldsymbol{v}_{ji}\| \tag{2.51}$$

2.2.4.3 终点约束与切线约束选择问题的讨论

根据终点约束条件消解无人机之间的冲突需要系统在冲突消解的过程中不断调整无人机的速度以保证两个飞机在下一个$[0,\tau]$的时间范围内的安全间隔。该策略的优点是无人机的调整幅度不大,从而减少了无人机机动消耗,同时对空域中其他飞机的影响较小。但这个策略增加了系统计算资源的消耗,同时可能造成由于无人机逐渐聚集而最终无法找到保证无人机安全分离的可行解的情况。

切线条件的优点是通过一次规划的机动能够保证飞机间的安全间隔,计算消耗小。同时由于切线约束下得到的解能够确保飞机分离开来,避免了飞机逐渐聚集以致最终陷于死锁的问题。但切线条件的缺点是当无人机的距离较近时由于需要满足切线约束而导致飞机发生大幅度偏转甚至发生原地转圈的问题。因此基于切线条件自身机动消耗过大,对附近无人机的影响也较大。

基于以上讨论,我们提出结合切线约束和终点约束条件选择和评价无人机机动策略的方法。这个方法思想的核心是当无人机的距离较远且相对速度$\boldsymbol{v}_{ji}$与$\boldsymbol{P}_i(0)$夹角较大时,应用基于终点约束的方法评价冲突消解策略;当无人机之间

的距离较近且 $\boldsymbol{v}_{ji}$ 与 $\boldsymbol{P}_i(0)$ 夹角较小时，应用切线约束的方法评价冲突消解策略。但如果在进行冲突消解时只是将冲突消解的策略进行简单的选择，在冲突消解的过程中可能会出现由于安全约束条件的转换而造成规划的机动策略不连续的问题，进而可能导致冲突消解失效。因此我们提出在选择约束条件时根据无人机间的相互状态平滑约束条件的方法。

终点约束条件可确保飞机不过度偏离原航线，避免因保持安全间距而造成飞机过度机动对自己规划航迹和周围区域其他飞机的影响。在终点约束条件下完全不考虑飞机 $\boldsymbol{v}_{ji}$ 与 $\boldsymbol{P}_i(0)$ 的夹角关系可能导致从终点约束过渡到切线约束时由于需调整的机动量过大而难以找到可行解。我们提出根据飞机间的相对距离 $\boldsymbol{d}_{ij}(0)$ 确定 $\boldsymbol{v}_{ji}$ 与 A_i 的最短距离 $d_{ij}^p(\varphi_i,\varphi_i)$ 之间的关系。定义参数 $\boldsymbol{\sigma}_{ij}(d_{ij}(0))$，它是规划开始时两个飞机的距离 $d_{ij}(0)$ 的函数。

$$\boldsymbol{\sigma}_{ij}(d_{ij}(0))=\min(1,\max(0,(d_{ij}(0)/r_s^{ij})^{p_l})\tag{2.52}$$

p_l 定义了图 2.16 中无人机避让过程平滑曲线的形状。p_l 取值>0。$\boldsymbol{\sigma}_{ij}(d_{ij}(0))$ 是一个取值在[0,1]范围内的连续函数，在两个无人机距离远时取值小，距离近时取值大。$\boldsymbol{\sigma}_{ij}(d_{ij}(0))$ 保证当两个飞机靠近时其相对速度与相对位移之间的夹角逐渐变大，最终在安全间隔之外能够保证飞机之间相切，消除了两个飞机间相互冲突的可能。

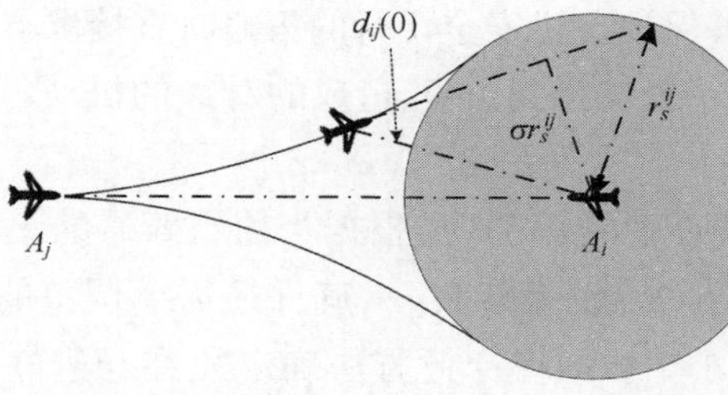

图 2.16　冲突消解机动约束条件确定示意图

2.2.4.4　固定障碍规避约束

当飞机在较低空域飞行时可能会遇到较高的建筑或山体等障碍。在飞行时应当绕过这些障碍。我们将这些障碍建模为固定的具有凸形状的障碍物。应用速度障碍的理论来分析固定障碍对无人机飞行的影响。由于固定障碍是静止不动的，因此无人机需要承担全部的责任避开它们。假设这些障碍物具有凸的形状，则无人机需要避开这些凸障碍的边际。飞机在山体或者是建筑物旁边飞行时需要与它们保持一定的间距，因此在固定障碍的周围再建立一个安全边界，其与障碍边界的垂直距离为 r_o^i。由固定障碍 O_m 对飞机 A_i 造成的速度障碍如图 2.17 所示。

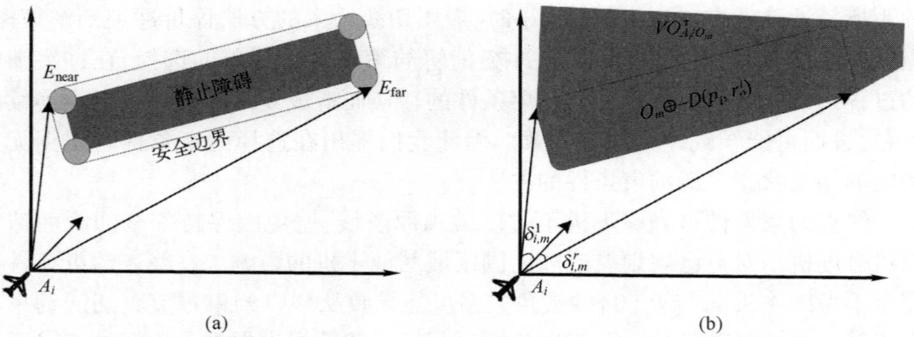

图 2.17　静止障碍对无人机引起的速度障碍分析

设当前在时间 τ 内与 A_i 可能存在冲突的障碍个数为 n_i^o，静止障碍 O_m 对 A_i 造成的速度障碍($m\in n_i^o$)为

$$VO^{\tau}_{A_i/O_m}=\{v\mid\exists t\in[0,\tau]::tv_i\in O_m\oplus-D(p_i,r_o^i)\}\tag{2.53}$$

$VO^{\tau}_{A_i/O_m}$ 描述了在 τ 时间段内 A_i 可能与 O_m 发生冲突的 A_i 的速度范围。如果不考虑 A_i 的机动限制，只要满足 v_i 不在速度障碍 $VO^{\tau}_{A_i/O_m}$ 中即可。但 A_i 的速度大小和方向都无法随意变动，为了保证安全飞行的要求，在确定由 O_m 造成的对 A_i 的速度约束条件时必须考虑飞机当前可机动的范围与当前距离障碍边缘的距离。通过一次机动能够保证飞机安全飞行的策略时直接求解飞机当前的位置与障碍的边缘构成的连线，能够得到由 O_m 造成的对 A_i 的机动角度的约束为

$$\varphi_i>\delta^l_{i,m}\vee\varphi_i<\delta^r_{i,m}\tag{2.54}$$

如图 2.18 所示，A_i 在躲避障碍时，根据当前与障碍的距离可估计自己能够机动的角度范围 $w_i^{\max}t^c_{i,m}/2$。设置参数 ε_i^o，确保还需要调整的角度在 $\theta^{rc}_{i,m}$ 与能够机动的角度 $w_i^{\max}t^c_{i,m}/2$ 小于 ε_i^o。基于此方法确定 A_i 在躲避静止障碍时应当调整的角度。将由障碍导致的 A_i 可机动方向集合可以被定义为

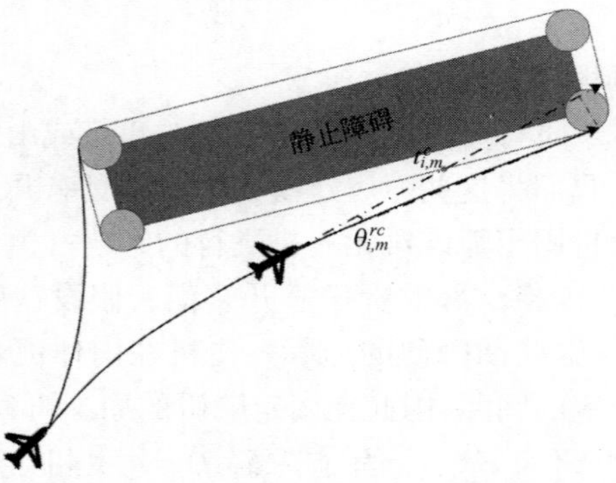

图 2.18　无人机 A_i 规避静态障碍图示

$$H_o^i = \{ v_i \mid v_i \notin \cup VO_{A_i/O_m}^{\tau}, m=1,2,\cdots,n_i^o \} \tag{2.55}$$

2.3 无人机空域运行冲突消解模型分析

2.3.1 目标函数分析

前面讨论了无人机的机动性能限制及无人机安全间隔限制问题。这些限制条件是寻找保证无人机安全间隔解的必要条件，因此考虑为冲突消解问题的硬性约束。但冲突消解最终目的是在保证飞机安全飞行的前提下实现尽量按时到达目标点、尽量少的偏离航线等目标，这些也是冲突消解优化过程中需要考虑的因素。相对于安全间隔约束和机动能力约束来说，这些因素是软性的条件。将这些因素考虑在优化问题的目标函数中，首先讨论各种机动策略的消耗问题。

2.3.1.1 机动消耗评价参数

每个无人机执行的任务不同，同时每个任务对无人机飞行过程的需求不同。例如侦察监视点目标时要求飞机准时到达目标位置点，可能还需要飞机在目标上空持续盘旋飞行；而侦察线目标等行动时需要飞机沿既定的路线飞行而不能在空间上偏离原来的航线。为了描述飞机当前的飞行状态与既定的飞行计划之间的差别，定义参数 $t_{\mathrm{d-}}^i$、$t_{\mathrm{d+}}^i$ 及 d_{dev}^i。其中 $t_{\mathrm{d-}}^i$ 定义飞机的飞行状态与既定计划相比的时间延迟量；$t_{\mathrm{d+}}^i$ 定义当前飞机飞行状态与既定计划相比的时间超前量；d_{dev}^i 定义当前的飞行航迹与既定的飞行航迹之间的偏差量。在飞机刚起飞或者是执行任务开始阶段，这些变量的取值都为零。这些变量取值随着飞机飞行过程受到各种要素影响而不断变化。根据无人机任务类型及当前的飞行状态定义 3 个参数，它们分别是 ρ_{t-}^i、ρ_{t+}^i 和 ρ_d^i。与衡量 A_i 当前飞行状态的 3 个参数相对应，ρ_{t-}^i 描述 A_i 在当前的状态下进行减速运动的单位消耗量（将加速定义为负减速）；ρ_{t+}^i 描述 A_i 在当前的状态下进行加速运动的单位消耗量（将减速定义为负加速）；ρ_d^i 定义 A_i 在当前的状态下偏离原来的飞行航向的单位消耗量。这 3 个参数取值不仅是由 A_i 执行的任务决定的，也决定于 A_i 当前的状态参数。定义取值函数为

$$\begin{cases} \rho_{t-}^i = \rho_{t-}^{i,o} + f_{\mathrm{td}}^{i-}(t_{\mathrm{d-}}^i) \\ \rho_{t+}^i = \rho_{t+}^{i,o} + f_{\mathrm{ta}}^{i+}(t_{\mathrm{d+}}^i) \\ \rho_d^i = \rho_d^{i,o} + f_{\mathrm{dev}}^i(d_{\mathrm{dev}}^i) \end{cases} \tag{2.56}$$

其中，$\rho_{t-}^{i,o}$、$\rho_{t+}^{i,o}$ 和 $\rho_d^{i,o}$ 为根据 A_i 的任务定义的初值。函数 f_{td}^{i-}、f_{ta}^{i+} 和 f_{dev}^i 的结构取决于 A_i 的任务类型。

2.3.1.2 速度调整消耗分析

无人机速度调整会造成两方面影响。首先飞行的速度与燃油效率相关，如

改变无人机飞行速度，可能降低其燃油效率，增加燃油消耗。其次无人机飞行速度的调整可能使其提前或迟于到达既定目标的计划时间，影响其任务执行效果。

首先讨论无人机的速度与燃油效率之间的关系。影响飞机油耗的因素有很多，如飞机的飞行高度、速度、加速度、俯仰、转弯、风速等因素。飞机的飞行速度与油耗之间的关系可以归因到飞机发动机燃油燃烧效率与进气量之间的关系。一方面，飞行速度过慢或过快都会造成发动机燃油不充分，导致燃油效率低；另一方面，飞机在空中飞行速度越快，受到的摩擦阻力越多。文献[115]油耗与速度的关系在一定范围内将拟合为一元二次方程。

$$FF=k_1\times V^2+k_2\times V+k_3 \tag{2.57}$$

其中，k_1、k_2、k_3的取值与飞机的飞行高度有关系。Adan E 等在研究了大型载人飞机的速度与油耗的关系后得到了图 2.19 所示的单位飞行距离油耗的关系曲线。

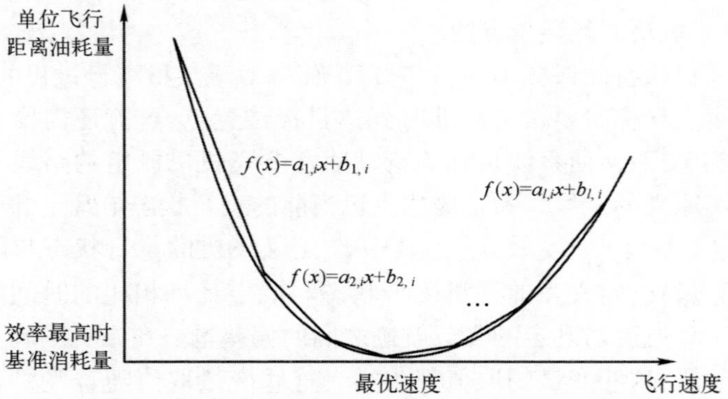

图 2.19　速度变化与燃油效率关系图示

为了方便计算，将速度与燃油比之间的关系进行线性化处理。为了描述 v_i 与燃油效率的关系，定义了一系列线性不等式。假设无人机 A_i 的油耗线性化为 l_i 个线性不等式，每一个线性不等式由特定的斜率 $a_{k,i}$ 及常数 $b_{k_f,i}$ 确定，其中 $k_f=1,2,\cdots,l_i$：

$$\begin{cases} a_{1,i}(v_0^i+\Delta\hat{v}_i)+b_{1,i}\leqslant t_i \\ a_{2,i}(v_0^i+\Delta\hat{v}_i)+b_{2,i}\leqslant t_i \\ \vdots \\ a_{l,i}(v_0^i+\Delta\hat{v}_i)+b_{l_i,i}\leqslant t_i \end{cases} \tag{2.58}$$

速度调整造成的飞机提前或推迟到达目的地也给执行任务带来了影响。在讨论由于速度调整带来执行任务时间变化损失时考虑分为两个阶段。

第一个阶段，A_i 在 τ 时刻调整其速度以满足冲突消解的机动需求。此时会因为加速或者减速造成时间误差。

$$\Delta t_1^i = \tau \Delta \hat{v}_i / v_0^i \tag{2.59}$$

第二个阶段，A_i 由在速度调整过程中达到的真实速度 v_t^i 返回到最优速度 v_0^i。可以根据 $\Delta \hat{v}_i$ 和 τ 确定速度调整过后的真实速度 v_t^i。

$$v_t^i = \begin{cases} v_0^i + a_{i,\max}^p \sqrt{(\Delta \hat{v}_i \times \tau)/(0.5 \times a_{i,\max}^p)}, & A_i \text{ 升速} \\ v_0^i + a_{i,\max}^n \sqrt{(\Delta \hat{v}_i \times \tau)/(0.5 \times |a_{i,\max}^n|)}, & A_i \text{ 降速} \end{cases} \tag{2.60}$$

如果在$[0,\tau]$时间段内 A_i 进行了加速运动，则在冲突消解之后 A_i 需要返回原来的最优速度，反之亦然。假设飞机返回原来的速度应用的是最大加速度，可以得到速度恢复时间为

$$\Delta t_2^i = \begin{cases} \dfrac{v_t^i - v_0^i}{|a_{i,\max}^n|} \times 2\,\dfrac{v_t^i - v_0^i}{v_0^i}, & v_t^i > v_0^i \\ \dfrac{v_t^i - v_0^i}{a_{i,\max}^p} \times 2\,\dfrac{v_t^i - v_0^i}{v_0^i}, & \text{其他} \end{cases} \tag{2.61}$$

将 v_t^i 的值代入式(2.61)可以得到在第二阶段返回原定速度时产生的时间差值：

$$\Delta t_2^i = \begin{cases} 4a_{i,\max}^p \Delta \hat{v}_i \tau / (|a_{i,\max}^n| v_0^i), & v_t^i > v_0^i \\ 4a_{i,\max}^n \Delta \hat{v}_i \tau / (a_{i,\max}^p v_0^i), & \text{其他} \end{cases} \tag{2.62}$$

得到速度调整过程造成的全部时间差值：

$$\Delta t_i = \Delta t_1^i + \Delta t_2^i \tag{2.63}$$

由速度调整造成的多于消耗为

$$f_{\text{consum}}^i(\Delta \hat{v}_i) = \begin{cases} e_i + \rho_{t+}^i \Delta t_i, & v_t^i > v_0^i \\ e_i + \rho_{t-}^i \Delta t_i, & \text{其他} \end{cases} \tag{2.64}$$

2.3.1.3　二维空间方向调整消耗分析

与应用轨迹优化方法规划冲突消解轨迹的不同在于，应用单次机动进行冲突消解无法确切地知道冲突何时结束。Adan E 等提出在考虑飞机的目标点的条件下，考虑飞机机动一段距离之后会调整飞机的飞行方向返回目标点[61]。这样的分析方法建立在目标点确定且距离较远的前提下。他们简化了飞机转弯过程的机动等问题，因此得到了机动方向和飞行角度的线性相关关系。Jérémy Omer 在分析飞机单次机动冲突消解的方向调整飞机的损耗时，应用飞机当前的初始飞行状态估计飞机冲突调整完毕的时间[36]。在考虑环境中只有两个飞机涉及冲突的前提下，应用初始相对速度估计机动的时间上限$\bar{t}_{\text{change}}^{ij}$。

$$\bar{t}_{\text{change}}^{ij} = \frac{D}{\|\boldsymbol{v}_{ij}^0\|} - \boldsymbol{P}_{ij}^o \cdot \frac{\boldsymbol{v}_{ij}^0}{\|\boldsymbol{v}_{ij}^0\|^2} \tag{2.65}$$

式中：$\boldsymbol{v}_{ij}^0$为在初始时刻A_j相对于A_i的速度；$\boldsymbol{P}_{ij}^o$为初始时刻A_i在局部坐标系中的位置向量D为两机之间最小安全间隔距离。在环境中不发生新的冲突的情况下，飞机在保持了$\bar{t}_{\text{change}}^{ij}$时长的飞行机动之后将调整返回当前飞行状态。考虑在$A_i$可能与多个飞机发生冲突时的机动问题时，当求解算法求解出A_i需要机动的角度后，A_i的持续机动动作φ_i的时间长度为

$$\bar{t}_{\text{change}}^{i}=\max\{\bar{t}_{\text{change}}^{ik_1},\cdots,\bar{t}_{\text{change}}^{ik_l}\},c(i,k_l)=1 \tag{2.66}$$

也就是说，A_i需要保证将所有与自己有关的冲突都调整到安全距离之外再返回既定目标点。经过时长为$\bar{t}_{\text{change}}^{i}$的机动后，假设消解了$A_i$与局部区域内无人机的冲突，此时$A_i$将开始调整方向飞向确定的目标点或者是目标航线。$A_i$的整个冲突消解机动过程如图 2.20 所示。

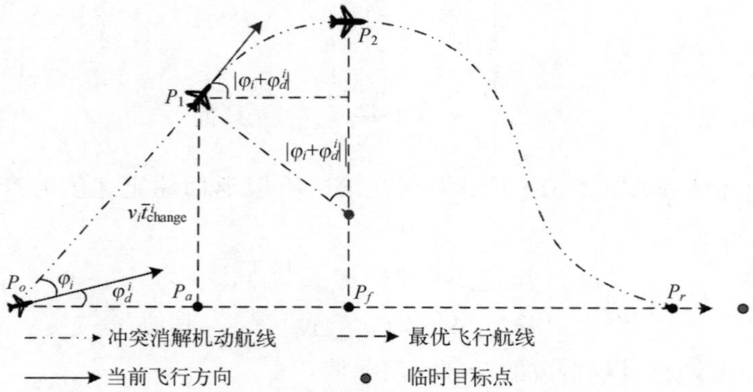

图 2.20　应用方向调整的冲突消解过程

相对于有人机，无人机容易被外部的环境（包括风、气流等）所影响。考虑在真实的环境中无人机在飞行的过程中会不断偏离原定轨道，因此在考虑无人机的机动过程时假设A_i当前的飞行方向已经偏离了原有的飞行方向φ_d^i。对φ_d^i的考虑避免了重复的单次调整过程中A_i的飞行航线偏离既定规划的飞行方向导致冲突消解陷于局部极小的问题。φ_d^i的正负号定义如下：

当A_i当前的飞行方向为目标航线的左侧，$\varphi_d^i<0$。当A_i当前的飞行方向为目标航线的右侧，$\varphi_d^i>0$。当A_i飞行在目标航线附近时，$\varphi_d^i=0$。

A_i调整运动方向的影响包括偏离最优航线、飞行距离变长产生的更多油耗及晚于规定时间到达目的地。定义函数$f_d^i(\varphi_i)$描述A_i方向调整导致偏移最优航线的偏移量。因为油耗与时间的迟到量都与额外飞行距离有关，定义函数$f_{\text{adddis}}^i(\varphi_i)$描述$A_i$的方向机动带来的额外飞行距离：

$$f_{\text{adddis}}^i(\varphi_i)=f_{\text{maneuverdis}}^i(\varphi_i)-L_{\text{original}}^i \tag{2.67}$$

式中：$f_{\text{maneuverdis}}^i(\varphi_i)$为$A_i$进行冲突消解从离开原航线（$P_o$）到返回最优飞行航线

(P_r)的过程中飞行航线长度；L^i_{original}为A_i不进行冲突消解从P_o到P_r的直线距离。如图2.20所示，可将A_i进行方向调整的轨迹分为3个阶段：

第一阶段为A_i调整方向躲避障碍阶段，A_i按照预规划的调整策略保持飞行$\bar{t}^i_{\text{change}}$的时间长度。$A_i$的飞行线段是$P_0P_1$，其长度为$v_i\ \bar{t}^i_{\text{change}}$。$P_oP_1$在最优飞行航线上映射为$P_oP_a$，长度为$v_i\ \bar{t}^i_{\text{change}}\cos(|\varphi_i+\varphi_d|)$。$A_i$偏离原航线距离为$v_i\ \bar{t}^i_{\text{change}}\sin(|\varphi_i+\varphi_d|)$。

第二阶段为无人机调整飞行方向到达与最优航线相平行。这个阶段A_i的飞行方向为P_1P_2，其长度为$|\varphi_i+\varphi_d|R^{\min}_{\text{i,h}}$。$P_1P_2$在$A_i$最优航线上的投影为$P_aP_f$，其长度$\sin(|\varphi_i+\varphi_d|)R^i_{\min}$。在$P_2$点$A_i$偏离最优航线的垂直距离达到最大值$P_2P_f$，其长度描述为

$$f^i_d(\varphi_i)=v_i\ \bar{t}^i_{\text{change}}\sin(|\varphi_i+\varphi_d|)+[1-\cos(|\varphi_i+\varphi_d|)]R^i_{\min} \tag{2.68}$$

第三阶段，A_i返回最优航线。假设飞机返回最优航线的长度与飞机偏离最优航线的距离相关。令飞机的飞行航线为P_2P_r，其长度定义为$l_{P_2P_r}$。而P_2P_r在最优航线上的投影P_fP_r的长度为$d_{P_2P_f}$。假设P_fP_r与P_2P_f的比值为β，P_2P_r与P_2P_f的长度比值为α。

对A_i在3个阶段飞行航线长度的分析可以得A_i方向调整产生的额外飞行距离为

$$\begin{aligned}f^i_{\text{adddis}}(\varphi_i)=&v_i\ \bar{t}^i_{\text{change}}[1-\cos(|\varphi_i+\varphi^i_d|)]+[|\varphi_i+\varphi^i_d|-\sin(|\varphi_i+\varphi^i_d|)]R^i_{\min}+\\&(\alpha-\beta)\{v_i\ \bar{t}^i_{\text{change}}\sin(|\varphi_i+\varphi^i_d|)+[1-\cos(|\varphi_i+\varphi^i_d|)]R^i_{\min}\}\end{aligned} \tag{2.69}$$

考虑到无人机偏离原定轨迹可能造成飞机执行的任务受到影响以及对其他飞机产生的影响。这主要体现在飞机的时间延误和偏离原定的目标点的问题。由于不同的飞机的任务不同，因此时间延误和偏离最优航线可能造成的影响不同。分别讨论方向调整和时间延误对飞机任务的影响。在2.3.1.1节中定义了航线调整的影响因子ρ^i_d与ρ^i_{t-}。在飞机速度不变的情况下，飞机的时间延误可直接由飞机额外飞行距离和速度得到。飞机的最大偏离距离如式(2.68)所示。因此，A_i进行方向机动的总体消耗可归纳为

$$f^i_{\text{consum}}(\varphi_i)=f^i_{\text{adddis}}(\varphi_i)\varsigma_i+\rho^i_{t-}f^i_{\text{adddis}}(\varphi_i)/v_i+\rho^i_d f^i_d(\varphi_i) \tag{2.70}$$

其中ς_i是飞行距离与油耗的线性转化系数。将已知项式(2.68)与式(2.69)代入式(2.70)可以整理得到

$$\begin{aligned}f^i_{\text{consum}}(\varphi_i)=&(\varsigma_i+\rho^i_{t-})v_i\tau+[(\varsigma_i+\rho^i_{t-})\gamma+\rho^i_d]R^i_{\min}+\\&R^i_{\min}(\varsigma_i+\rho^i_{t-})|\varphi_i+\varphi^i_d|+\sqrt{\kappa^{12}_i+\kappa^{22}_i}\sin(|\varphi_i+\varphi^i_d|-\varphi^i_\eta)\end{aligned} \tag{2.71}$$

其中，

$$\begin{cases}\gamma=\alpha-\beta\\ \kappa_i^1=v_i\ \bar{t}^i_{\text{change}}\gamma(\varsigma_i+\rho^i_{t-})-R^i_{\min}(\varsigma_i+\rho^i_{t-})+\rho^i_d v_i\ \bar{t}^i_{\text{change}}\\ \kappa_i^2=v_i\ \bar{t}^i_{\text{change}}(\varsigma_i+\rho^i_{t-})+\gamma(\varsigma_i+\rho^i_{t-})+\rho^i_d R^i_{\min}\\ \varphi^i_\eta=\arcsin(\kappa_i^2/\sqrt{\kappa_i^{12}+\kappa_i^{22}})\end{cases}\tag{2.72}$$

在确定$\bar{t}^i_{\text{change}}$取值的前提下,式(2.71)中项$(\varsigma_i+\rho^i_{t-})v_i\ \bar{t}^i_{\text{change}}+[(\varsigma_i+\rho^i_{t-})\gamma+\rho^i_d]R^i_{\min}$是已知常量。函数的取值取决于后面两项,它们是$\varphi_i$的函数。由于$\varphi^i_d$的取值不同,对函数凹凸特性造成影响。因此$f^i_{\text{consum}}(\varphi_i)$是分区域凸函数。

2.3.1.4 三维空间方向调整消耗分析

在有些情况下,例如需要提升或降低高度层时,需要在三维空间中调节无人机的运动状态。我们研究在三维空间中通过调整无人机水平运动方向的航迹倾角和竖直运动方向的俯仰角来进行冲突消解。假设在调整的过程中飞机的速度大小不变。在三维空间中冲突消解的机动消耗包括飞机进行上升或者下降的机动油耗及由于偏离航线造成的额外飞行距离的油耗。在三维空间中飞机调整高度的主要目标是达到既定的位置且调整飞行高度时不执行具体任务,因此不考虑飞机由于偏离既定航向对当前任务的影响,只考虑由于航线调整造成延误到达目标点的损耗。

假设A_i在三维空间中的最优飞行方向为(ϕ_i,γ_i)。由飞机的最优飞行方向可以计算得到飞机的运动方向在三维笛卡儿坐标系上的方向向量$\boldsymbol{u}_i$:

$$\boldsymbol{u}_i=\begin{bmatrix}u_x^i\\u_y^i\\u_z^i\end{bmatrix}==\begin{bmatrix}\cos\gamma_i(t)\cos\phi_i(t)\\ \cos\gamma_i(t)\sin\phi_i(t)\\ \sin\gamma_i(t)\end{bmatrix}\tag{2.73}$$

由于外界环境的干扰,A_i当前的飞行方向可能不是其最优飞行方向,假设当前的飞行方向为$(\phi_i+\phi',\gamma_i+\gamma')$。当$A_i$机动调整量为$(\varphi_i,\delta_i)$时,$A_i$在三维空间上的飞行方向为$(\phi_i+\phi'+\varphi_i,\gamma_i+\gamma'+\xi_i)$,可得$A_i$以$(\phi_i+\phi',\gamma_i+\gamma')$和$(\phi_i+\phi'+\varphi_i,\gamma_i+\gamma'+\xi_i)$方向飞行时在三维坐标系上的运动分量:$\boldsymbol{u}'_i=[u_x^{i'},u_y^{i'},u_z^{i'}]^{\mathrm{T}}$,$\boldsymbol{u}''_i=[u_x^{i''},u_y^{i''},u_z^{i''}]^{\mathrm{T}}$。

由三角函数计算公式可得向量$\boldsymbol{u}_i$与$\boldsymbol{u}'_i$的夹角ϑ_i,$\boldsymbol{u}_i$与$\boldsymbol{u}''_i$的夹角ϑ_c:

$$\vartheta_i=a\cos\left(\frac{\boldsymbol{u}_i.\boldsymbol{u}'_i}{\|\boldsymbol{u}_i\|.\|\boldsymbol{u}'_i\|}\right),\quad \vartheta_c=a\cos\left(\frac{\boldsymbol{u}_i.\boldsymbol{u}''_i}{\|\boldsymbol{u}_i\|.\|\boldsymbol{u}''_i\|}\right)\tag{2.74}$$

ϑ_i与ϑ_c的意义如图2.21所示。假设A_i的每个机动策略的持续时间长度为τ,则类似在2.3.1.3节中讨论的无人机调整冲突的过程,无人机在三维空间中飞行的过程也可以被近似为3个阶段:跟踪规划的冲突消解机动航线阶段、调整飞行方向阶段以及返回最优航线阶段。由于飞机在三维空间中飞行同时调整飞行高度和航向角,因此飞机的机动过程如图2.22所示。

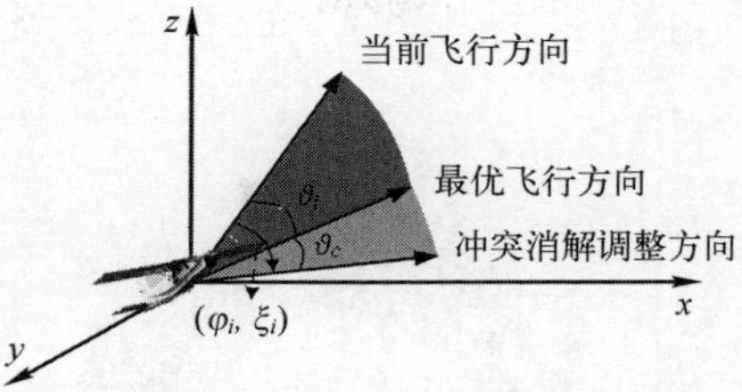

图 2.21　三维空间应用方向调整消解冲突对飞行角度影响分析

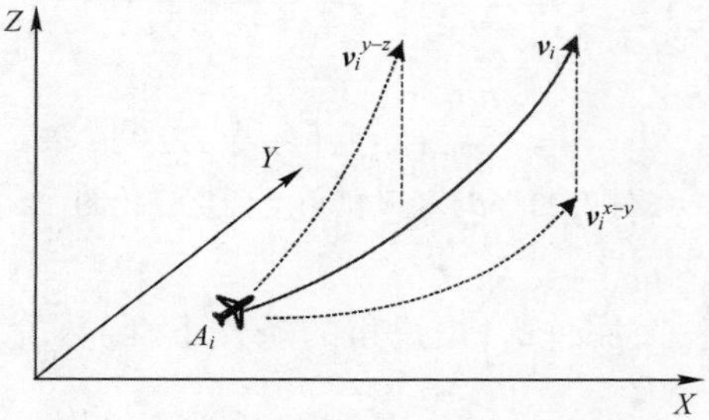

图 2.22　无人机在三维空间中调整方向机动示意图

在三维空间，飞机的转弯半径由水平面转弯半径与竖直方向上的俯仰角确定：

$$R_i^{\min} = R_{i,h}^{\min} / \cos\gamma_i(t) \tag{2.75}$$

在三维空间中由方向机动 (φ_i, ξ_i) 产生的消耗为

$$f_{\text{consum}}^i(\varphi_i, \xi_i) = R_i^{\min}(\varsigma_i + \rho_{t-}^i)(|\vartheta_c| - |\vartheta_i|) + \sqrt{\kappa_i^{12} + \kappa_i^{22}}\,[\sin(|\vartheta_c| - \varphi_\eta^i) - \sin(|\vartheta_i| - \varphi_\eta^i)] \tag{2.76}$$

因此，在考虑既定飞行航线的情况下，方向调整产生的机动消耗是飞机调整过后在笛卡儿坐标系中的向量方位角的函数。

进一步讨论目标函数 $f_{\text{consum}}^i(\varphi_i, \xi_i)$ 的性质。调整量 (φ_i, ξ_i) 产生的由当前的飞行轨迹方向到原定飞行轨迹的方向的夹角 ϑ_c 与 (φ_i, ξ_i) 的关系为

$$\vartheta_c(\varphi_i, \xi_i) = \arccos[\sin(\phi_i)\sin(\phi_i + \phi' + \varphi_i) + \cos(\phi_i)\cos(\phi_i + \phi' + \varphi_i)\cos(\gamma' + \xi_i)] \tag{2.77}$$

函数 $\vartheta_c(\varphi_i, \xi_i)$ 的取值如图 2.23 所示。

$\vartheta_c(\varphi_i, \xi_i)$ 有两个极值点。一个极值点对应当 $(\phi_i + \phi' + \varphi_i, \gamma_i + \gamma' + \xi_i)$ 取值为 (ϕ_i, γ_i) 时，另一个极值点为当 $(\phi_i + \phi' + \varphi_i, \gamma_i + \gamma' + \xi_i)$ 的方向与 (ϕ_i, γ_i) 方向相反时。因此 $\vartheta_c(\varphi_i, \xi_i)$ 不是凸函数，而是双峰函数。双峰函数在局部区域是单调变化的函数。进一步，由于 $|\vartheta_i|$ 是已知的角度值，因此 $f_{\text{consum}}^i(\varphi_i, \xi_i)$ 的取值决定于

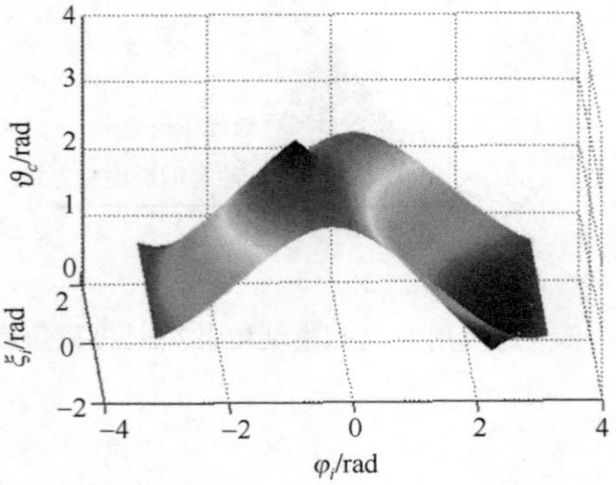

$\varphi_i \in [-\pi, \pi], \xi_i \in [-\pi/2, \pi/2]$

图 2.23 ϑ_c 随飞机角度调整变化图

$\vartheta_c(\varphi_i, \xi_i)$ 函数的取值。假设 $|\vartheta_i|$ 是锐角的条件下，函数 $f_{\text{consum}}^i(\varphi_i, \xi_i)$ 是分段单调的。

2.3.2 冲突消解模型分析

无人机空域运行冲突消解解决的是多种不同类型(同构或者是异构)的无人机之间的冲突问题。当多个无人机执行相关联任务时，各无人机为了能够实现高度合作或协同完成任务其内部通信通畅，可以选择其中的某个无人机作为控制中心进行集中式的协调以完成冲突消解。在局部空域中飞行的不执行相关联任务的无人机也同样可以在机载通信设备和地面通信设备的支持下接受地面控制中心的协调。根据是否存在集中式控制单元，可以采用集中式冲突消解方法与分布式冲突消解方法。

多无人机冲突消解需考虑的要素包括冲突类型分析、机动策略选择、冲突关系构建等。在不同的条件下飞机间信息通信带宽不同，这决定了无法在所有的情况下使用相同的处理机制，因此针对不同的情况构建不同的模型。可以将无人机冲突消解问题建模为两个模型：集中式冲突消解模型和分布式冲突消解模型。当没有集中式协调单元而无人机间通信条件较好时，可以使用分布式优化方法求解能够降低冲突簇中所有无人机机动消耗之和的消解策略。当无人机间通信带宽较低时，采用基于协定的分布式冲突消解策略，每个无人机遵从既定协定求解降低自己冲突消解消耗的机动策略。我们提出 3 种不同的冲突消解方法：集中式冲突消解方法、分布合作式冲突消解方法以及基于协定的冲突消解方法。

2.4　冲突消解机制分析

2.4.1　集中式冲突消解机制

在空中飞行的无人机必定被赋予了任务,因此冲突消解不仅需要保证飞机间的安全间隔,还需考虑调整飞机的速度和方向对飞机执行任务造成的影响。本书假设集中控制单元可通过离线和在线方式分别获得涉及冲突的每个无人机的飞行计划、当前状态以及任务属性等信息。在获得以上信息的基础上,提出了一个两层次的冲突检测与消解机制解决多无人机冲突消解问题。该机制的第一层是预先处理层,它的主要操作是对涉及冲突的无人机的相关信息进行处理,将冲突消解问题转化为优化问题。第二阶段是优化阶段,通过优化计算获得能够保证飞行安全的优化机动解。

2.4.1.1　相关数据预先处理层

如图 2.24 所示,预先处理层主要操作包括冲突检测、机动策略选择与任务相关参数设置。

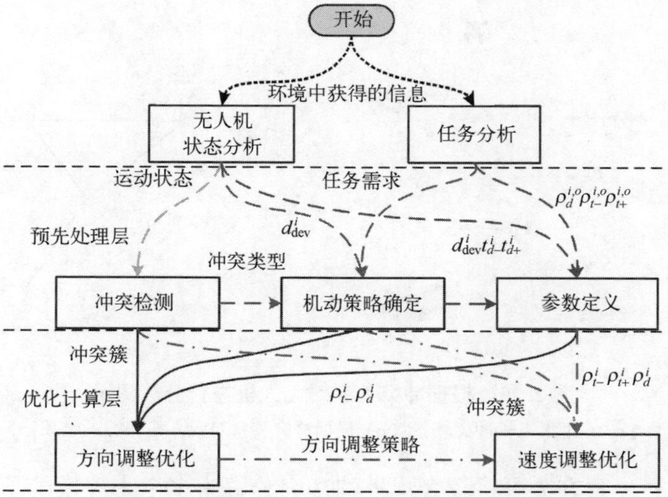

图 2.24　集中式分层冲突消解机制

第一个任务是检测无人机间存在的冲突。冲突检测不仅需要检测每对无人机之间的冲突关系,还需确认局部空域无人机之间空域冲突的关联关系。为了提高冲突消解的效率,求解无人机的冲突消解策略时尽量考虑较少的其他无人机;但为了保证每个无人机规划的机动策略能够确保飞机的安全间隔,必须考虑与每个无人机确实存在冲突的其他无人机。基于以上考虑,需对无人机间的冲突关系进行分析。应用图论的理论来描述无人机之间的冲突关系。定义图 $G(t)=(V,E(t))$,其中 $V=\{1,2,\cdots,N\}$ 是点的集合,每个点代表一个无人机 A_i。$E(t)=\{(j,i)\mid e_{ij}=1\}$ 定义了边的集合,e_{ij} 定义了无人机 A_i 与无人机 A_j 之间存在冲突关系(包括既有冲突和潜在冲突)。$G(t)$ 是基于局部环境中无人机的状态时变的。根据 $G(t)$ 的信息可得到计算机能够理解的局部环境中无人机的冲突关系。可根据无人机间的冲突关系构建一个最小连通图,将其定义为冲突簇。

冲突簇:一个冲突簇是指由图 $G(t)$ 中定义的连接关系确定的一个子图。该子图是连通图。

在一个冲突簇中的无人机的机动动作会影响到簇中其他无人机,因而必须考虑冲突簇中所有无人机之间的冲突关系。可以根据无人机之间实时的冲突关系,将局部空域中的无人机分为若干个冲突簇。例如图 2.25 所示为局部空域中 6 个无人机飞行的场景,根据当前的状态可以将 6 个无人机分为两个冲突簇。

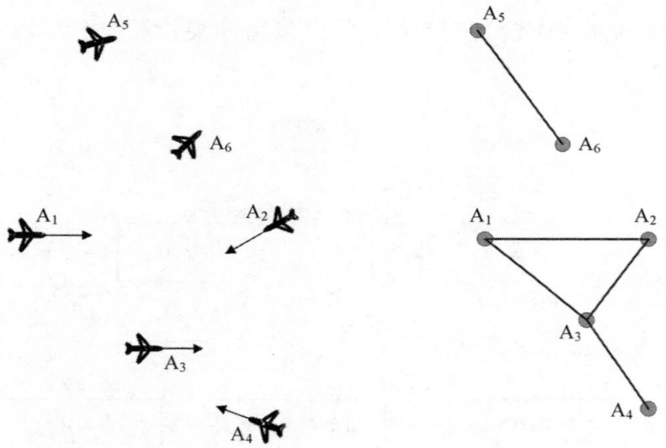

图 2.25　根据冲突关系对无人机进行分簇图示

(a) 6 个无人机冲突场景;(b) 根据冲突关系对无人机分簇的结果。

应用冲突分簇方法可将较大规模的冲突分解为多个小规模的子问题进行求解。局部空域内的无人机可以进一步根据冲突关系分解为多个冲突簇。由于短时间的冲突消解问题只关注 τ 时间段内无人机冲突消解问题,因此对每个子问题求解得到的解就是能够保证全局范围内在 τ 时间段内安全飞行的解。

第二个任务是确定每个无人机的机动策略。可用的冲突消解策略包括调整飞行速度大小、调整飞行高度和调整水平飞行方向。需要根据两方面的要素确定每个无人机的机动策略。第一方面是考虑无人机间冲突的类型。上面讨论了无人机之间冲突的类型包括相向飞行时的冲突、在侧方位向同一个区域汇聚时的冲突、同一航线后机超越前机的冲突以及无人机遭遇固定障碍的冲突。调整方向、速度和高度方法适合于解决不同类型的冲突。第二方面是考虑无人机执行的任务,有一些无人机执行的任务需要它在既定航线上飞行。在集中式的冲突消解过程中提出选择速度、方向调整的策略:

(1) 在不考虑特殊因素时首选方向调整方法解决无人机之间的冲突,因为方向调整方法更加安全和高效。

(2) 当无人机承担的任务需要它们飞行在既定的航线上,或者是飞机已经大幅地脱离最优航线,此时选择应用速度调整方法消解无人机之间的冲突消解。

当 A_i 需要沿着既定航线飞行时可以设定 $\rho_d^{i,o}$ 取值为一个足够大的数以确保飞机不偏离原定的航线。

第三个任务是定义无人机改变当前运动状态进行机动造成损失的评价参数。上面中已讨论了每个无人机进行评价参数值设置的问题,此处不再赘述。

2.4.1.2 冲突消解求解优化层

当为每个无人机确定调节策略及相关参数后,将在第二层优化层应用数学工具求解冲突消解优化策略。在一个冲突簇中不同的无人机可能选择不同的机动策略。速度调整方法确定的可行解范围较小,但速度调整问题可被化简为线性问题,可以用成熟的 MILP 算法高效求解。方向调整方法的可行解范围较大,但却是一个非线性优化问题。如果在优化的过程中同时对选择速度调整和方向调整的无人机搜索可行解只能应用非线性优化算法,将大幅降低计算效率。因此在对同一个冲突簇中既有选择速度调整的无人机又有选择方向调整的无人机时设定一个混合调整机制。将同时采用速度调整的无人机冲突对定义为 V-V 冲突,同时采用方向调整的无人机冲突对定义为 H-H 冲突,一方采用速度冲突调节而另一方采用方向调节的冲突对定义为 H-V 冲突,具体的处理过程如图 2.24 所示。

(1) 在第一阶段,选取涉及 H-H 冲突与 H-V 冲突的无人机对。应用基于方向调整的优化算法计算这些无人机的方向调整策略。由于对倾向于进行速度调整的无人机的 $\rho_d^{i,o}$ 取值很大,因此优化算法将会分配极少的方向调整任务到选择进行速度调整的无人机。

(2) 在第二阶段,选取涉及 V-V 冲突与 H-V 冲突的无人机对,应用基于速度调整的优化算法计算消解冲突的速度调整策略。在第一阶段已经找到了涉及 V-H 冲突的调整策略,在进行速度调整优化过程中继续考虑 V-H 冲突对的目的是为了保证涉及 V-H 冲突的选择速度调整的无人机在解决其他 V-V 冲突时选择的速度调整策略不会导致 V-H 冲突重新陷入冲突。将选择方向调整的无人机的速度调整范围设定在一个极小的区间以保证速度调整算法不会赋予它影响其他 H-H 冲突的速度调整任务。

2.4.2 分布式冲突消解机制

无人机在空中飞行时,如果没有集中式的控制单元,则需要采用分布式方法消解无人机之间的冲突。分布式冲突消解方法分为两类:第一类是当无人机之间通信带宽较高,且无人机之间的合作程度较高时涉及冲突的无人机可采用基于分布式优化方法的冲突消解方法;第二类是当无人机之间的通信带宽较低时,可以采用基于协定的分布式冲突消解方法。应用分布式方法消解无人机之间的冲突时,无人机之间难以确定各自的优先级,因此每个无人机的地位是平等的。此时各无人机只能在考虑邻居的前提下在可行解区域中寻找能让自己减少消耗的冲突消解策略。基于对速度调整与方向调整的特点分析,在分布式冲突消解场景下我们研究采用方向调整的冲突消解策略。

2.5 小　结

本章研究了多无人机空域运行冲突消解问题:基于多无人机冲突消解的需求研究了无人机的运动学特性,设计了进行速度调整和方向调整避让冲突时无人机的机动调整策略;研究了无人机安全飞行模型,定义了无人机的安全空域,分析了空中威胁类型,提出了冲突检测的模型和算法,设计了综合考虑无人机任务和安全间隔需求的安全间隔约束条件;提出了考虑无人机任务影响和油耗的机动消耗评价函数,分析了在不同情况下多无人机空域运行冲突消解的特点;最后讨论提出了集中式冲突消解机制与分布式冲突消解机制。

本章讨论的多无人机空域运行冲突消解的相关理论和方法明确了多无人机空域冲突系统消解应考虑的各个要素,为后续解决多无人机冲突消解问题提供了基本数学模型和方法。

第3章　基于速度障碍模型的集中式冲突消解算法

在两种条件下可应用集中式冲突消解方法消解无人机间的冲突：当无人机间通信畅通时可选择某个无人机作为集中控制单元对无人机进行协调；当无人机与地面指挥控制中心之间的通信可靠时可以接收地面控制中心的协调。对无人机的飞行状态进行调整时需要考虑无人机平台的稳定性，因此在短距离内对无人机之间的冲突进行调整时每个调整时刻只采用一种机动方式，本章讨论基于速度障碍模型调整无人机的飞行方向（航向角和俯仰角）。

3.1　水平二维空间应用方向调整冲突消解优化方法

大多情况下无人机执行任务时保持在固定的飞行高度执行任务，可以使用在水平面调整方向的方法解决多个无人机的冲突。当无人机的速度相同时，可以将切线条件约束转化为线性约束并且应用混合整数线性规划方法求解每个无人机方向调整的解决方案[55]。本节讨论考虑无人机速度不同的情况下调整无人机方向的冲突消解问题。

3.1.1　水平二维空间应用方向调整的冲突消解模型

3.1.1.1　水平二维空间应用方向调节的非线性优化模型

第2章讨论了方向调整的安全约束条件以及方向调整的损耗评价函数。考虑无人机的动态性能约束、安全间隔约束以及目标函数，二维平面的冲突消解的问题是一个非线性优化问题。局部空域内第 l 个冲突簇中的冲突消解问题可以形式化为

$$\min F = \sum_{i=1}^{n_l} f_{\text{consum}}^i(\varphi_i) \tag{3.1}$$

约束为

$$\begin{aligned} &\phi_i = \phi_i^o,\ v_i = v_i^o,\ p_i = p_i^o \\ &g_{ij}(\varphi_i, \varphi_j) > r_s^{ij},\ r_s^{ij} = \max(r_i, r_j),\ cr_{ij} = 1 \\ &-\varphi_{\max}^i(\tau) > \varphi_i > \varphi_{\max}^i(\tau),\ i,j \in [1,2,\cdots,n_l] \end{aligned} \tag{3.2}$$

式中：n_l 为第 l 个冲突簇中的无人机数量；ϕ_i^o、p_i^o 分别为规划初始时刻 A_i 的运动方向和位置；φ_i、φ_j 为水平运动方向调整量；cr_{ij} 描述 A_i 与 A_j 的冲突关系；$\varphi_{\max}^i(\tau)$ 为 A_i 在 τ 时间段内的最大可跟踪角度。当无人机速度不同时，一对一冲突的约束是非线性的。同时目标函数也是非线性函数。可以直接应用已有的非线性优化求解器求解这个非线性优化问题，如 SNOPT 求解器[116]。但是这些求解器需要在计算过程中计算约束函数的偏微分方程和 Hessian 矩阵，且求解器难以灵活地根据函数特点定义目标函数和非线性约束函数，造成计算效率低的问题。为了满足在线求解的需求，需自行设计优化求解方法。

无论是终点约束条件或是切线约束条件都包含着三角函数项，因此这些约束条件都是非凸的。但终点约束函数和切线约束函数具备一些其他较好特性。我们分别对终点条件和切线条件的特性进行分析。

3.1.1.2 终点约束条件单调性分析

为了简化分析过程，根据终点约束条件定义函数 f_{td}^{ij}：

$$f_{\mathrm{td}}^{ij}=[P_{i,0}^x-(v_j\cos\phi_j'-v_i\cos\phi_i')\tau]^2+[P_{i,0}^y-(v_j\sin\phi_j'-v_i\sin\phi_i')\tau]^2 \tag{3.3}$$

其中，$\phi_j'=\phi_j+\varphi_j$，$\phi_i'=\phi_i+\varphi_i$。对 f_{td}^{ij} 求偏导得到

$$\begin{cases}\dfrac{\partial f_{\mathrm{td}}^{ij}}{\partial \phi_i'}=2(P_{i,0}^x-v_j\cos\phi_j'\tau)(-v_i\tau\sin\phi_i')+2(P_{i,0}^y-v_j\sin\phi_j'\tau)(v_i\tau\cos\phi_i')\\ \dfrac{\partial f_{\mathrm{td}}^{ij}}{\partial \phi_j'}=2(P_{i,0}^x+v_i\cos\phi_i'\tau)(v_j\tau\sin\phi_j')+2(P_{i,0}^y+v_i\sin\phi_i'\tau)(-v_j\tau\cos\phi_j')\end{cases} \tag{3.4}$$

求解方程组$\left(\dfrac{\partial f_{\mathrm{td}}^{ij}}{\partial \phi_j'}=0,\dfrac{\partial f_{\mathrm{td}}^{ij}}{\partial \phi_i'}=0\right)$得到 4 个驻点，其中两个驻点为

$$\begin{aligned}(\phi_{i,1}',\phi_{j,1}')=\{&2a\tan[(\sqrt{(P_{i,0}^x)^2+(P_{i,0}^y)^2}-P_{i,0}^x)/P_{i,0}^y],\\ &-2a\tan[(\sqrt{(P_{i,0}^x)^2+(P_{i,0}^y)^2}+P_{i,0}^x)/P_{i,0}^y]\}\\ (\phi_{i,2}',\phi_{j,2}')=\{&-2a\tan[(\sqrt{(P_{i,0}^x)^2+(P_{i,0}^y)^2}+P_{i,0}^x)/P_{i,0}^y],\\ &-2a\tan[(P_{i,0}^x-\sqrt{(P_{i,0}^x)^2+(P_{i,0}^y)^2})/P_{i,0}^y]\}\end{aligned} \tag{3.5}$$

驻点$(\phi_{i,1}',\phi_{j,1}')$和$(\phi_{i,2}',\phi_{j,2}')$分别对应 A_i 与 A_j 相向运动与相背运动的状态，具体是相向运动还是相被运动取决于 A_i 与 A_j 的相对位置。设第三个驻点与第四个驻点为$(\phi_{i,3}',\phi_{j,3}')$和$(\phi_{i,4}',\phi_{j,4}')$，由于其表达式过于冗长，此处不将其展开。

当$\|\boldsymbol{v}_i\boldsymbol{\tau}\|+\|\boldsymbol{v}_j\boldsymbol{\tau}\|>\|\boldsymbol{P}_i(\boldsymbol{0})\|$时。如图 3.1(a)、(b)所示，$(\phi_{i,1}',\phi_{j,1}')$和$(\phi_{i,2}',\phi_{j,2}')$是函数(3.3)的局部极大值点。如图 3.1(c)、(d)所示，当 A_i 与 A_j 的运动角度分别取$(\phi_{i,3}',\phi_{j,3}')$和$(\phi_{i,4}',\phi_{j,4}')$时，两个飞机之间的距离为零，因此$(\phi_{i,3}',\phi_{j,3}')$与$(\phi_{i,4}',\phi_{j,4}')$是函数(3.3)的局部极小值点。在图 3.1(a)中，当 A_i 与 A_j 相

向运动时在$(0,\tau)$的时间段内它们的距离曾经为零，实际上它们已经直接相撞了。这是终点计算条件造成的错误判断。此情况下两机终点距离值与(φ_i,φ_j)之间的关系如图 3.2(a)所示。

当$\|\boldsymbol{v}_i\boldsymbol{\tau}\|+\|\boldsymbol{v}_j\boldsymbol{\tau}\|<\|\boldsymbol{P}_i(\boldsymbol{0})\|$时，实数范围内$(\phi'_{i,3},\phi'_{j,3})$与$(\phi'_{i,4},\phi'_{j,4})$无解，意味着此时函数式(3.3)只有两个极值。$(\phi'_{i,1},\phi'_{j,1})$与$(\phi'_{i,2},\phi'_{j,2})$一个是极大值点，一个是极小值点。此时的终点距离值与(φ_i,φ_j)之间的关系如图 3.2(b)所示。在无人机初始距离较大的条件下函数式(3.3)在一个周期内是双峰函数。

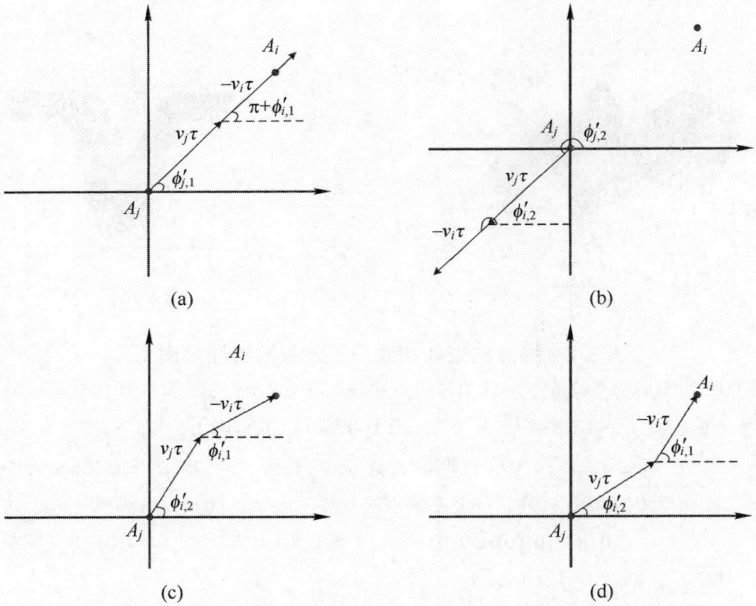

图 3.1　两无人机初始距离过小造成终点约束条件判断失误的情况

(a) 两个无人机相向飞行，在$[0,\tau]$内两个无人机已发生碰撞冲突，根据函数判断$\|\boldsymbol{d}_{ij}(\tau)\|$为局部极大值；(b) 两个无人机相背而行；(c) 根据函数判断两无人机距离最小场景；(d) 根据函数判断两无人机距离最小场景。

进一步讨论在飞机的机动范围内函数的变化情况。2.1 节讨论在短距离冲突消解问题中将无人机在$[0,\tau]$时间段内的机动角度限定在 π/2 以内。由于在冲突消解问题中只关心无人机之间的距离大于 r_s^{ij}，因此可行域是剔除了一片凸区域的平面，而在凸的可能导致冲突的区域中，函数的上升方向是单调的。

3.1.1.3　切线约束条件单调性分析

将 $P_i(0)$的表达式(2.40)与相对速度的计算式(2.41)代入函数式(2.45)中。约束函数 $d_{ij}^p(\varphi_i,\varphi_j)$展开后可得

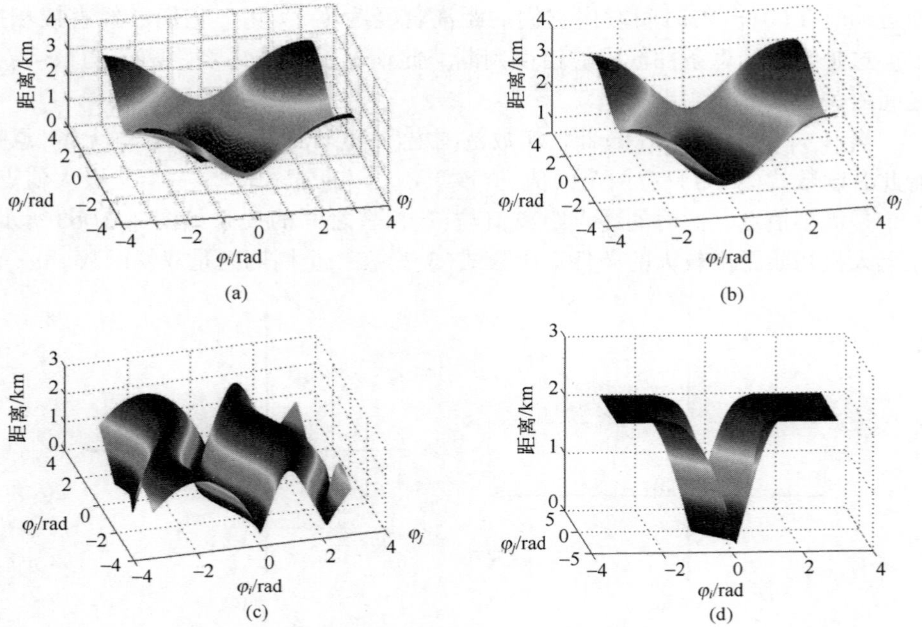

图 3.2　终点约束和切线约束函数的特性示例图

(a) 两机终点距离与(φ_i,φ_j)关系$[S_1=(0,0,\pi/3,0.05\text{km/s},0), S_2=(1,1,-\pi/3,0.025\text{km/s},0), \tau=20]$；(b) 两机终点距离与$(\varphi_i,\varphi_j)$的关系$[S_1=(0,0,\pi/3,0.05\text{km/s},0), S_2=(1.5,1.5,-\pi/3,0.025\text{km/s},0)]$；(c) 相对速度$\boldsymbol{v}_{ji}$向量$P_{ij}(0)$的最短距离与$(\varphi_i,\varphi_j)$的关系$[S_1=(0,0,\pi/3,0.05\text{km/s},0), S_2=(1.5,1.5,-\pi/3,0.025\text{km/s},0)]$；(d) 考虑$\boldsymbol{v}_{ji}$的方向时$\boldsymbol{v}_{ji}$与$P_{ij}(0)$的最短距离与$(\varphi_i,\varphi_j)$的关系$[S_1=(0,0,\pi/3,0.05\text{km/s},0), S_2=(1.5,1.5,-\pi/3,0.025\text{km/s},0)]$。

$$d_{ij}^{p}(\varphi_i,\varphi_j)=\left|-k_{ji}P_{i,0}^{x}+P_{i,0}^{y}\right|/\sqrt{1+k_{ji}^{2}} \tag{3.6}$$

式中：k_{ji}为由(φ_i,φ_j)确定的向量$\boldsymbol{v}_{ji}$的斜率。$k_{ij}(\varphi_i,\varphi_j)$展开为

$$k_{ij}(\varphi_i,\varphi_j)=\frac{\sin(\phi_j+\varphi_j)v_j-\sin(\phi_i+\varphi_i)v_i}{\cos(\phi_j+\varphi_j)v_j-\cos(\phi_i+\varphi_i)v_i} \tag{3.7}$$

函数式(3.6)是$k_{ij}(\varphi_i,\varphi_j)$与$f_{ij}^{c}(x)=\left|-xP_{i,0}^{x}+P_{i,0}^{y}\right|/\sqrt{1+x^2}$的复合函数，$k_{ij}(\varphi_i,\varphi_j)$是函数$f_{ij}^{c}(x)$的自变量。首先分析$k_{ij}(\varphi_i,\varphi_j)$的性质。

对$k_{ij}(\varphi_i,\varphi_j)$求偏导数得到

$$\begin{cases}\dfrac{\partial k_{ij}(\varphi_i,\varphi_j)}{\partial\varphi_i}=\dfrac{v_i^2-\cos(\phi_j+\varphi_j^t-\phi_i-\varphi_i^t)v_jv_i}{[(\cos(\phi_j+\varphi_j)v_j-\cos(\phi_i+\varphi_i)v_i)]^2}\\ \dfrac{\partial k_{ij}(\varphi_i,\varphi_j)}{\partial\varphi_j}=\dfrac{v_j^2-\cos(\phi_j+\varphi_j^t-\phi_i-\varphi_i^t)v_jv_i}{[(\cos(\phi_j+\varphi_j)v_j-\cos(\phi_i+\varphi_i)v_i)]^2}\end{cases} \tag{3.8}$$

为了满足极值的一阶导数为零的条件，必须满足下列方程组：

$$\begin{cases} v_j^2 - \cos(\phi_j + \varphi_j^t - \phi_i - \varphi_i^t) v_j v_i = 0 \\ v_i^2 - \cos(\phi_j + \varphi_j^t - \phi_i - \varphi_i^t) v_j v_i = 0 \end{cases} \tag{3.9}$$

方程组可以进一步简化为

$$\begin{cases} \cos(\phi_j + \varphi_j^t - \phi_i - \varphi_i^t) = v_j / v_i \\ \cos(\phi_j + \varphi_j^t - \phi_i - \varphi_i^t) = v_i / v_j \end{cases} \tag{3.10}$$

当 $v_j \neq v_i$ 时，等式(3.10)无解。因此可以得到结论：在每一个连续的子空间 $D_s^{i,j}$ 上，$k_{ij}(\varphi_i, \varphi_j)$ 都是单调的。$D_s^{i,j}$ 定义如下：

$$D_s^{i,j} = \{(\varphi_i, \varphi_j) \mid \cos(\phi_j + \varphi_j) v_j - \cos(\phi_i + \varphi_i) v_i \neq 0\} \tag{3.11}$$

当(φ_i, φ_j)满足 $\cos(\phi_j + \varphi_j) v_j - \cos(\phi_i + \varphi_i) v_i = 0$ 时，$k_{ij}(\varphi_i, \varphi_j)$将会达到极值。

当 $v_j = v_i$ 时，方程组(3.10)的解满足约束：

$$\phi_j + \varphi_j = \phi_i + \varphi_i + 2k\pi, \quad k \in Z \tag{3.12}$$

若(φ_i, φ_j)满足约束式(3.12)，可知式(3.7)奇异因 $\cos(\phi_j + \varphi_j) v_j - \cos(\phi_i + \varphi_i) v_i = 0$。因此当存在方程组(3.10)的解时与 $v_j \neq v_i$ 的情况相同，在每一个连续的子空间 $D_s^{i,j}$ 上，$k_{ij}(\varphi_i, \varphi_j)$都是单调的。

因此可得结论：$k_{ij}(\varphi_i, \varphi_j)$在每一个连续的子空间上都是单调的。

进一步讨论函数 $f_{ij}^c(x) = |-xP_{i,0}^x + P_{i,0}^y| / \sqrt{1+x^2}$ 的性质。

定义函数

$$f_{ij}^{cs}(x) = (-xP_{i,0}^x + P_{i,0}^y)^2 / (1+x^2) \tag{3.13}$$

对其求导得到

$$\frac{\mathrm{d}f_{ij}^{cs}}{\mathrm{d}x} = \frac{2(-xP_{i,0}^x + P_{i,0}^y)(1+x^2)(-P_{i,0}^x) - 2x(-xP_{i,0}^x + P_{i,0}^y)^2}{(1+x^2)^2} \tag{3.14}$$

将式(3.14)进一步整理为

$$\frac{\mathrm{d}f_{ij}^{cs}}{\mathrm{d}x} = \frac{2x(P_{i,0}^x)^2 + 2x^3(P_{i,0}^x)^2 - 2P_{i,0}^x P_{i,0}^y - 2P_{i,0}^x P_{i,0}^y x^2 - 2x^3(P_{i,0}^x)^2 - 2x(P_{i,0}^y)^2 + 4x^2 P_{i,0}^x P_{i,0}^y}{(1+x^2)^2} \tag{3.15}$$

式(3.15)可以化简为

$$\frac{\mathrm{d}f_{ij}^{cs}}{\mathrm{d}x} = \frac{2(P_{i,0}^y x + P_{i,0}^x)(P_{i,0}^x x - P_{i,0}^y)}{(1+x^2)^2} \tag{3.16}$$

函数 $f_{ij}^c(x)$ 的两个极值分别为：$x_1 = -P_{i,0}^x / P_{i,0}^y$，$x_2 = P_{i,0}^y / P_{i,0}^x$。当 $k_{ij} = P_{i,0}^y / P_{i,0}^x$ 时，$\boldsymbol{v}_{ji}$的方向与 $\boldsymbol{OP}_i^o$ 相同，此时两机距离为零；而当 $k_{ij} = -P_{i,0}^x / P_{i,0}^y$ 时，$\boldsymbol{v}_{ji}$的方向与 $\boldsymbol{OP}_i^o$ 正交，根据切线判断此时两机距离最远。

由此可得，根据切线条件，$\boldsymbol{v}_{ji}$的方向与最近距离之间的关系在局部环境中是单调变化的，如图 3.2(c)所示。但在冲突消解问题中计算点到直线距离时，还需考虑当前 A_i 和 A_j 的运动方向是相互靠近还是相互远离的。当 $\boldsymbol{v}_{ji}$ 与向

量 $\boldsymbol{OP}_i^o$ 的夹角为锐角时，应用式(3.6)计算得到的 A_i 和 A_j 之间的安全间隔值是正确的。当 $\boldsymbol{v}_{ji}$ 与 $\boldsymbol{OP}_i^o$ 的夹角为钝角时，此时 A_i 和 A_j 的速度使它们相互远离，但式(3.6)计算得到的距离值却比在 $t=0$ 时刻飞机之间的间距小，这是因为式(3.6)只考虑了相对速度的正切斜率值而没有考虑相对速度的方向。因此简单地应用式(3.6)计算飞机之间的安全间隔问题会产生失误。为了修正检查方法，我们考虑计算由点 $P_i(0)$ 到直线 $\boldsymbol{v}_{ji}$ 之间垂线的垂点。点到直线垂线的交点 P_p 为

$$P_p=\begin{bmatrix}(P_{i,0}^x+k_{ji}P_{i,0}^y)/\sqrt{1+k_{ji}^2}\\(k_{ji}P_{i,0}^x+k_{ji}^2P_{i,0}^y)/\sqrt{1+k_{ji}^2}\end{bmatrix}\tag{3.17}$$

如果 $\boldsymbol{OP}_i^o\cdot\boldsymbol{v}_{ji}$ 为正，说明当前 A_i 和 A_j 是相互接近的，因此可以根据式(3.6)计算两个飞机的最小距离。如果 $\boldsymbol{OP}_i^o\cdot\boldsymbol{v}_{ji}$ 为负，则说明 A_i 和 A_j 是相互远离的，此时可以认为两个飞机间的最小距离为 $t=0$ 时两个飞机的距离。根据切线条件得到两个无人机的相互之间间隔如图 3.2(d)所示。

3.1.2 基于随机并行梯度下降法的初始解求解算法

由上节分析可知，无论是终点约束条件还是切线约束条件都是在整个可行域内非凸但较大区域内局部单调的函数。当前已有一些能够直接求解这类问题的方法比如 SNOPT 软件包，但这类求解器的计算速度较慢，难以满足实时在线规划需求。还有一些能够快速寻找到局部最优解的算法，例如 SQP 算法。但这类算法的计算速度与初始解的好坏有关。为了应用已有性能较好的算法，需要首先找到可行解，然后在可行解的基础上求解局部最优解。我们根据上节中讨论的计算分析结果设计高效的初始解求解算法。

3.1.1 节分析了约束函数在可行机动空间内的性质。终点约束条件是单调凹函数，由于非可行解区域是凸区域，可行解区域为一个完整的区域挖走了一块凸区域，从而是非凸的，如图 3.3(a)、(b)所示，灰色区域是不可行区域。因此求解基于终点约束限制的冲突消解方案时采取分区域求解的方法求解冲突消解可行解。

切线约束函数在 k 值从负无穷到正无穷的一个周期内是单调的函数。但是 k 值函数的周期为$[-\pi/2,\pi/2]$，由于(φ_i,φ_j)的可机动区间为$[-\pi/2,3\pi/2]$，经过了 k 值函数的两个周期的区间。因此在搜索冲突消解的解时，将搜索空间划分为两个子区域，如图 3.3(c)、(d)所示。

当环境中只有两个无人机发生冲突时，利用梯度下降法可以找到保证两机安全分离的算法，如图 3.3(a)、(c)所示。此时对两个无人机涉及的潜在冲突也不用进行考虑。但在多无人机冲突的环境中，一个无人机可能与多个其他无人

机发生冲突从而面对多个安全约束所限制。此时每个一对一冲突中计算得到的梯度方向可能对于其他的冲突对而言不是能使它们间隔增大的调节方向。因此需要考虑多约束耦合的问题。

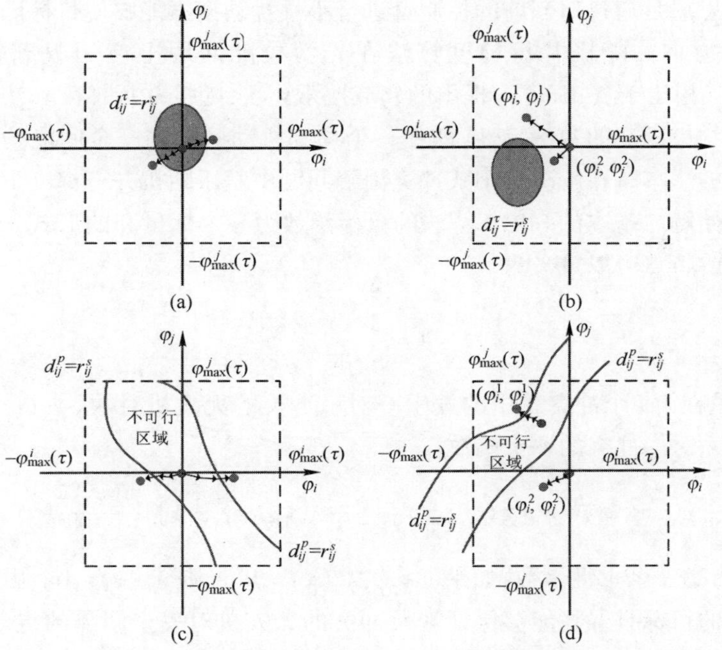

图3.3　两机发生一对一冲突的初始解搜索图示

(a) 终点条件约束的既有冲突初始解搜索图示；(b) 终点条件约束的潜在冲突初始解搜索图示；(c) 切线条件约束的既有冲突初始解搜索图示；(d) 切线条件约束的潜在冲突初始解搜索图示。

针对多约束耦合问题，可采取在每步迭代过程中计算每个冲突对的梯度方向，然后根据多个梯度方向信息搜索能够保证每对无人机相互远离的搜索方向的办法。但这样计算可能由于迭代次数较多，对较多无人机重复计算梯度而使计算复杂度大幅提升。在每次迭代时都搜索一个保证所有无人机之间的冲突关系得到缓解的下降方向也会增加计算量，因此总体累计计算时间消耗较大。

Antonio 提出采用虚拟邻域搜索方法搜索可行方向调整冲突消解策略[59]。该方法的思想是在每个飞机当前的飞行方向附近邻域内进行离散的角度调整尝试来搜索能够保证飞机间安全间隔的可行解。这种方法的收敛效果较差，因为它没有考虑安全间隔约束函数的特性。随着随机搜索算法在处理较多数据和约束耦合的问题被广泛应用，它在解决多耦合问题上的优势逐渐引起研究人员的关注[122]。我们将 Antonio 提出的领域搜索的思想与安全间隔约束函数本身的特性相结合提出应用随机并行梯度下降(stochastic parallel gradient descent, SPGD)方法搜索能够使飞机之间保证安全间隔的可行解。

随机并行梯度下降方法最初应用于光学的波前相位校正。随机并行梯度算法的核心思想是通过对当前的控制量进行小幅扰动搜索能够使目标函数得到优化的调整方向。随机并行梯度算法在光学校准问题上应用收到很好的效果[123-124]。相比于 Antonio 等提出的领域搜索算法,随机并行梯度算法能够结合安全间隔约束函数的数学特性,即在一个局部机动区域内安全间隔约束函数是单调变化的。本章在解决集中式冲突消解问题中基于随机并行梯度下降搜索算法求解初始解。基本的 SPGD 算法的目标函数为一个标量和的形式。考虑冲突消解问题的特点可以定义为

$$J = \frac{1}{n_c^l}\sum_{k=1}^{n_l^c} c_k \tag{3.18}$$

其中,n_l^c 是在第 l 个冲突簇中的发生一对一冲突的无人机对数。$c_k(\varphi_i,\varphi_j)$ 为描述第 k 个一对一冲突的评价函数:

$$c_k(\varphi_i,\varphi_j)=\lambda_0[g(\varphi_i,\varphi_j)]+\{1-\lambda_0[g(\varphi_i,\varphi_j)]\}\frac{g(\varphi_i,\varphi_j)}{r_s^{ij}} \tag{3.19}$$

$\lambda_0(x)$ 是一个示性函数,如果 $x\geqslant r_s^{ij}$,$\lambda_0(x)=1$;否则 $\lambda_0(x)=0$。由于初始可行解搜索的目标是寻找能够保证涉及冲突的无人机对安全间隔的机动解,因此只要 A_i 与 A_j 能够保持安全间隔,$c_k(\varphi_i,\varphi_j)$ 的取值就为 1。也就是 $c_k(\varphi_i,\varphi_j)$ 的最大值通常不是一个孤立的取值点而是一片区域。这保证当机动动作对(φ_i,φ_j)能够保持 A_i 与 A_j 的安全间距时,$c_k(\varphi_i,\varphi_j)$ 的取值不再变化,而其他飞机对 A_m 与 A_s 的动作(φ_m,φ_s)如果尚未能保证它们之间的安全间隔,则搜索方向将会主要由(φ_m,φ_s)的取值影响。

经过介绍可知,冲突消解的初始可行解搜索问题与光学波前校正问题的不同点为问题的目标是找到确保所有无人机两两安全间隔的可行解,而不是达到某个标量最大值。式(3.18)所定义的优化目标函数虽然能够确保找到优化目标解,但是忽视了无人机冲突问题的特性,那就是多无人机的冲突总是可以归结为多个一对一的冲突关系。没有直接涉及一对一冲突的无人机对之间的机动动作只会间接地影响它们各自所面对的冲突问题。如果将优化目标笼统地考虑为一个标量和的形式,意味着目标函数平均考虑冲突簇中各个无人机之间的关系而忽略了无人机之间真实的需要继续进行机动调整消解的冲突关系,因此求解过程收敛效率较低。因此本文提出向量式的优化目标函数:

$$J^* = [J_1^*,\cdots,J_{n_l}^*] \tag{3.20}$$

$J_k^* = \sum_{i=1}^{n_{l,k}^c} c_{ik}$，$\forall k \in n_l$，其中 $n_{l,k}^c$ 是与无人机 A_k 发生冲突的无人机数量。如果所有与 A_k 相邻的无人机都能够和 A_k 保持安全间隔，则 J_k^* 将获得最优值。

向量式 SPGD 算法是一个迭代寻优算法。假设当前迭代的轮次为第 m 次迭代，对机动动作集 $\Phi^{(m)}$ 产生一个随机扰动 $\delta\Phi^{(m)} = \{\delta\varphi_k^{(m)}\}$。其中 $\delta\varphi_k^{(m)}$ 是一个服从随机规则的随机变量。在书中定义其为满足均值为 0，方差为 σ_k^2 的正态分布：

$$\delta\varphi_k^{(m)} \sim N(0, \sigma_k^2) \tag{3.21}$$

其中 σ_k^2 也被称为干扰幅值，它的取值基于其邻域内每个与其冲突的无人机的安全间隔 r_s^{ik} 以及 $g(\varphi_i, \varphi_k)$ 的取值。由 $\delta\Phi^{(m)}$ 得到向量式目标优化函数中每个元素的变动量为

$$\delta J_k^{*(m)} = J_k^*(\Phi^{(m)} + \delta\Phi^{(m)}) - J_k^*(\Phi^{(m)}) \tag{3.22}$$

目标优化向量的每一个元素 $\varphi_k^{(m)}$ 的更新为

$$\varphi_k^{(m+1)} = \varphi_k^{(m)} + \gamma_q^{(m)} \delta J_k^{*(m)} \delta\varphi_k^{(m)} \tag{3.23}$$

其中 $\gamma_q^{(m)}$ 是系统收益系数，$q = 1, 2, \cdots, n_l$ 代表了不同无人机对应的参数。$\gamma_q^{(m)}$ 的取值与迭代次数相关。迭代停止条件是 $J_k^{*(m)} = n_{l,k}^c$，$\forall k \in 1, n_l$，或是迭代次数 m 到达一个预设数值。

已有的 SPGD 算法在统计学意义上能够保证收敛到最优目标值。我们将标量目标函数扩展为向量形式的目标函数后，需要证明 V-SPGD 能够确保找到保证冲突消解的可行解。

引理 3.1　给定一个由 n_l 个无人机构成的冲突簇（$n_l > 2$），在局部单调空间中存在能够保证冲突簇中无人机安全间隔可行解区域的前提下，应用 V-SPGD 算法求解初始可行解可以保证收敛到该可行区域。

证明：首先假设在当前的搜索区域 D_o 内存在保证所有无人机安全间隔的子区域 D_o^f。为了不失一般性，假设冲突簇中有 n_l 个无人机。由于每个一对一冲突的安全约束函数都是局部单调的，因此可以认为能够保证任意无人机对 A_i 与 A_j 安全间隔的角度范围 $D_{i,j}^f$ 与 D_o^f 相连通。根据 V-SPGD 算法的迭代规则，在统计学意义上算法每次迭代时都会向使 J_k^* 取值增加的方向调整。由于每个约束函数都是局部单调的，因此搜索方向会保证 J_k^* 的取值持续增加。

假设在迭代过程中，冲突簇中有一个子集合 s_l^1 内数量为 n_l^1 的无人机之间相互保持安全间隔，另一个无人机集合 s_l^2 中数量为 $n_l - n_l^1$ 的无人机还没有搜索得到可行解。因此可以得到关系：

$$\begin{cases} c_k(\varphi_i, \varphi_j) = 1,\ i, j \in s_l^1 \\ c_k(\varphi_i, \varphi_j) < 1,\ i \notin s_l^1 \text{ 或 } j \notin s_l^1, k \in n_l^c \end{cases} \tag{3.24}$$

由于 s_l^1 集合中的无人机能够保持安全间隔,因此迭代的过程中它们的机动对(φ_i,φ_j)只要不导致新的冲突就不会影响搜索方向。而影响搜索方向的是尚没有找到可行解的冲突对,根据迭代规则,搜索算法将重点搜索能够使尚没有找到可行解的冲突对的函数 $c_{k_l}(\varphi_i,\varphi_j)$ 取值增加的方向,循环搜索直到找到可行解。

因此,在统计意义上,向量式随机并行梯度下降方法能够找到确保多个无人机安全间隔的初始可行解。

3.1.3 算法对比验证分析

为了验证算法的有效性,我们设计了验证算法的实例。由于初始解求解算法的目的是为了找到可行初始解。我们设计了多无人机飞行场景,并且收集了不同数量无人机(从 2 个无人机到 23 个无人机)涉及冲突时的冲突消解初始可行解求解时间,将基本的 SPGD 算法与向量式 SPGD 算法的计算时间进行比较,求解结果如图 3.4 所示。当涉及冲突的无人机数目较少时,应用基本的标量 SPGD 算法的计算效率高于应用向量式的 SPGD 算法。这是因为标量式 SPGD 算法的计算过程较简单,因此当涉及无人机数量较少时向量方法由于计算略复杂而显示不出优势。当涉及冲突的无人机的数量增多时,应用向量式方法求解避免冲突解将会获得更好的计算效果,这是因为基于向量式 SPGD 算法能够根据每个无人机面对的冲突状况确定搜索策略。

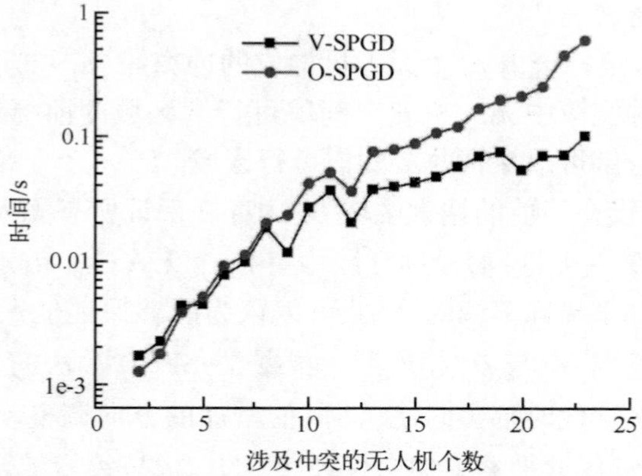

图 3.4 向量式 SPGD 算法与标量式 SPGD 算法的计算性能对比图

3.1.4 局部最优解求解策略研究

在得到初始解后,应用 SQP(sequential quadric programming)算法计算局部最优解。由于收益函数(2.71)是分段凸函数,因此 SQP 算法只能保证找到局部最优解。

3.1.1 节讨论了安全约束函数在整个空间是非凸函数,只是在局部是单调的。无人机之间冲突的复杂度由两个要素决定:第一是涉及冲突的无人机的个数,无人机数量越多,计算与分析越复杂;第二是每个冲突簇中一对一冲突的个数,冲突对数越多,冲突簇中需要考虑的约束就越多。每个冲突对都将涉及冲突的两个无人机的可行区间大致划分为两个子区域。

在图 3.5 中 A_i坐标点为(0,0),A_j坐标为(0.8,0.8)。在不同的条件下切线约束限制的可行解区域大致可以分为两个可行解子区域,中间由不可行区域完全分割开;而终点约束条件的可行解区域虽然是连续的,但却是非凸的。其可行解区域可以近似考虑为 3~4 个凸的子区域。如图 3.5(a)所示,在消解飞机间的冲突时,如果两个飞机搜索区域 3 或者区域 4 中的可行解存在的问题是:区域较小,难以求解,同时在大多数情况下两个飞机采用不同的偏转方向(相对自己当前的飞行方向)可能导致后续飞行为了返回目标点仍然需要解决相互靠近带来的冲突。但是图 3.5(b)与图 3.5(c)中所示的场景里,由于飞机当前的飞行方

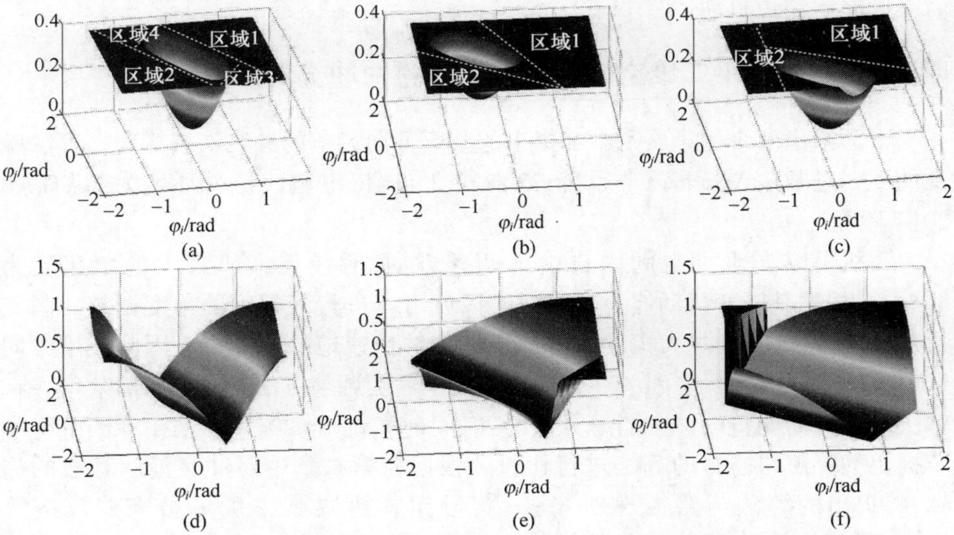

图 3.5 不同状态下根据终点约束和切线约束条件确定可行解范围

(a) 无人机速度比值为 2:1,初始方向为 $\varphi_i=\frac{1}{4}\pi,\varphi_j=-\frac{3}{4}\pi$;(b) 无人机速度比值为 10:9,初始方向为 $\varphi_i=\frac{3}{7}\pi,\varphi_j=-\frac{5}{6}\pi$;(c) 无人机速度比值为 1:1,初始方向为 $\varphi_i=\frac{1}{4}\pi,\varphi_j=\frac{\pi}{2}$;(d) 无人机速度比值为 2:1,初始方向为 $\varphi_i=\frac{1}{4}\pi,\varphi_j=-\frac{3}{4}\pi$;(e) 无人机速度比值为 10:9,初始方向为 $\varphi_i=\frac{3}{7}\pi,\varphi_j=-\frac{5}{6}\pi$;(f) 无人机速度比值为 1:1,初始方向为 $\varphi_i=\frac{1}{4}\pi,\varphi_j=\frac{1}{2}\pi$。

向不同,因此可行解区域也发生了变化。考虑在终点约束中根据当前的飞机的飞行状态将搜索区域也分为两个可行区域。在切线约束函数造成如图 3.5(e)、(f)中所示的平台将在后面的章节中进行讨论。

因此,如果要获得全局优化解,则区域内的算法需要搜索所有的子区域。考虑到涉及冲突的一对一冲突数量为 n_l^c 个,想要获得全局最优解需要搜索的子区域总计为 $2^{n_l^c}$。当无人机的数量增多时,求解冲突消解全局最优解的计算时间将会呈指数增长。为了保证计算时间,当涉及无人机数量较多时,我们将优化目标降低为搜索若干个子区域内的局部最优解。确定搜索子空间基于几方面的考虑:搜索空间保证得到解的概率较大;求解得到的解应该降低引发后续冲突的可能;求解子空间得到的解尽量接近最优解。搜索子区域的选择需要根据基本的机动规则和无人机冲突对的状态选择。在搜索局部最优解时主要考虑以下两个筛选条件:

(1) 能够使无人机 A_i 在当前的运动状态下靠近目标航线的方向。

(2) 所有的无人机同时向相同的方向机动的搜索策略,同时向右边机动或者是同时向左边机动。

3.1.5 水平二维空间应用方向调整的冲突消解算例

下面给出两个例子展示本节提出的基于方向调节的冲突消解算法。算法验证的平台是戴尔 Windows 7 系统,i5 双核 2.8GHz 电脑。仿真环境为 MATLAB 2014 环境。

飞机可以在水平空间内自由地调整方向,假设无人机最大的角速度为 5(°)/s,根据其转弯机动能力在短时间内就可以进行大幅度的角度调整。当飞机的速度较快时,经过大幅度的转弯机动能够快速地躲避冲突。因此应用方向调整方法解决无人机之间的冲突消解相比于速度调整方法具有较高的效率。在解决基于方向调整的冲突消解算法时,时间前瞻量 $\tau = 20\text{s}$。首先在算例中将本节提出的算法与已有的算法进行比较。根据在第 1 章中对冲突消解算法的综述,将提出的算法与路径规划方法[34]、分布式协调算法[88]和分布式反应算法[101]进行比较,如图 3.6 所示。

例 3.1 假设有 4 个无人机在空中飞行,这 4 个无人机会向同一个点(5km, 20km)汇聚。无人机的初始状态为:(0, 20km, 0, 0.1km/s),(1.818km, 16.818km, π/4, 0.09km/s),(1.5358km, 22km, −π/6, 0.08km/s),(8.5km, 20km, π, 0.07km/s)。与经典的汇聚问题不同的是,在此例设置的场景中无人机不是均匀地分布在一个圆环上,同时无人机的线速度也不相同。根据分布式协调算法的协调策略,每个无人机在冲突过程中执行相同的责任,由于每个无人机面临的冲突情景不同,将导致一些飞机飞行更多不必要的距离。

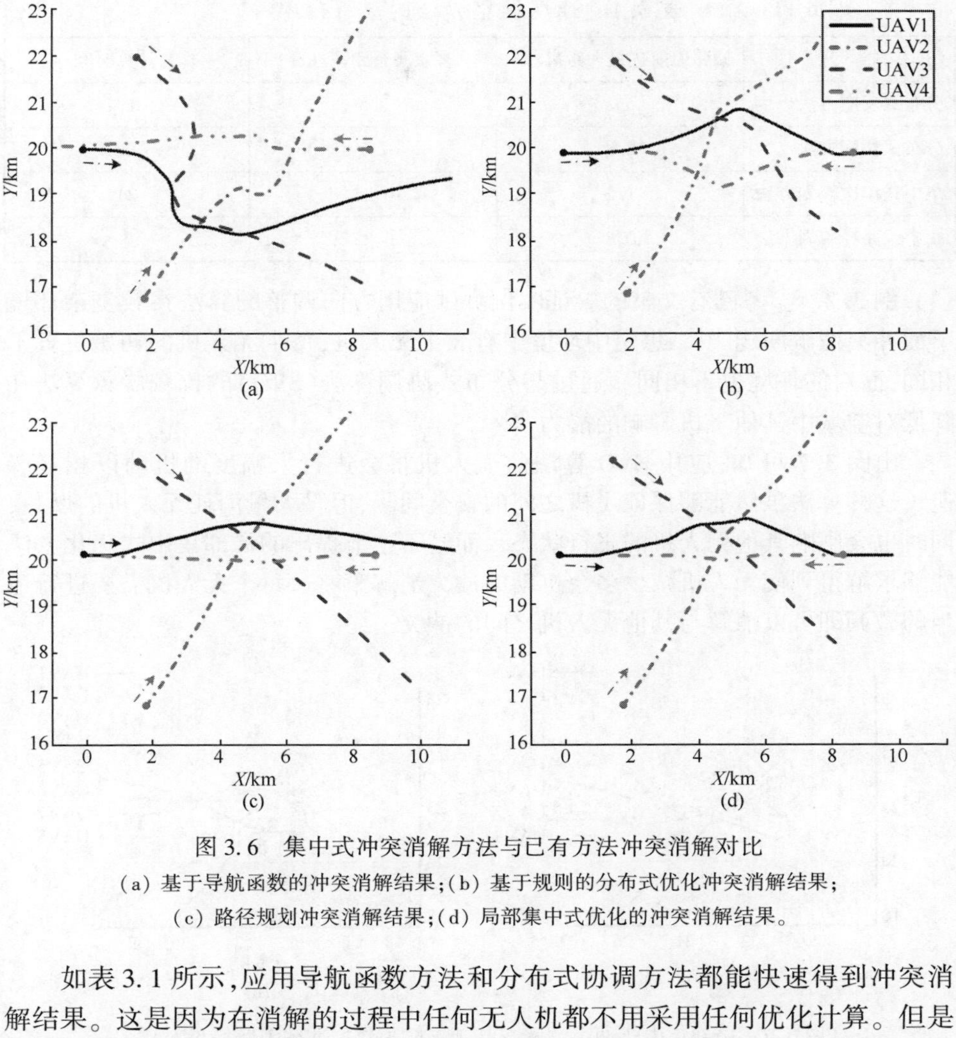

图 3.6　集中式冲突消解方法与已有方法冲突消解对比
(a) 基于导航函数的冲突消解结果；(b) 基于规则的分布式优化冲突消解结果；
(c) 路径规划冲突消解结果；(d) 局部集中式优化的冲突消解结果。

如表 3.1 所示，应用导航函数方法和分布式协调方法都能快速得到冲突消解结果。这是因为在消解的过程中任何无人机都不用采用任何优化计算。但是得到的结果却会导致飞机较大幅度地偏离原来的航向，飞行较多的路程以躲避冲突。而应用航迹优化方法则能够大幅度地降低无人机在冲突消解时过多的偏转，如图 3.6 所示。集中式路径规划方法能够得到较为光滑的冲突消解路径，但其优化计算时间为 24s，这难以满足实时规划的需求。

应用集中式单步优化方法也能够得到使无人机冲突消解机动消耗降低的解。同时因为在每次优化的过程中只考虑 $[0,\tau]$ 时间长度的安全间隔问题，因此算法具有较好的实时计算能力。由于在仿真计算的过程中算法需要不停地实时在线求解，因此整个仿真过程中算法针对 4 个无人机进行了几十次的微调规划，因而整个仿真时长为 3s。在调整每次的冲突时计算时间不到 0.1s。

表 3.1　速度调整方法的求解效率

算　法	偏移原航迹最大距离/km	多余飞行距离/km	总共计算时间/s
分布式反应方法	5	2.5	<0.1
分布式协调方法	2.8	1.1	<0.1
集中式单次规划方法	1.2	0.34	24
集中式路径规划方法	0.8	0.25	3

例 3.2　参考已有文献的验证实例测试应用方向调整的算法在较复杂环境下的冲突消解问题[14]。想定中环境中有 8 个无人机，每个无人机的初始位置不相同，面对的环境也不相同。通过与分布式协调算法（SVO）的比较展示算法在降低对空域中其他飞机影响的能力[14]。

由图 3.7 可知，应用 SVO 算法的无人机将会进行大幅度的机动以相互躲避。这种算法虽然能够保证飞机之间的安全间隔，但将大量消耗无人机的燃料，同时也会影响其他无人机的飞行状态。而基于本节提出的局部集中式优化方法能够求解得到使无人机减少多余机动的冲突消解策略。每个无人机需要进行适当的微调即可以消解与其他无人机之间的冲突。

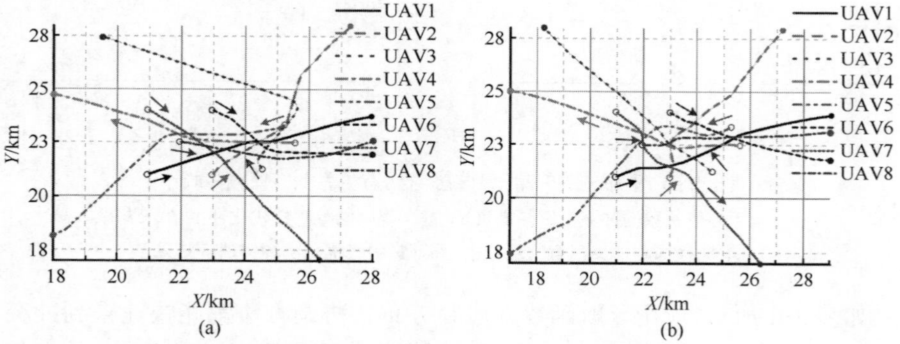

图 3.7　局部集中式冲突消解与基于导航函数的冲突消解结果对比
（a）基于 SVO 的分布式冲突消解方法；（b）基于局部集中优化方法的多无人机冲突消解场景。

例 3.3　为了检验应用方向调整的冲突消解算法，我们设计消解大量无人机聚集冲突的场景。由于方向调整能够解决在第 2 章中讨论的各种类型的冲突，定义一个随机生成的场景。环境为长、宽各 20km 的正方形区域中，有 36 个无人机。无人机的初始位置均匀分布在正方形区域中。飞行方向随机，初始速度服从均值为 50m/s，均方差为 5m/s 的均匀分布。运行仿真 500 次，采集涉及不同数量的无人机冲突消解所用时间。在其他条件不变的前提下将基于 SPGD 的局部集中式冲突消解算法与应用 SNOPT 算法的计算时间消耗进行比较,如图 3.8 所示。

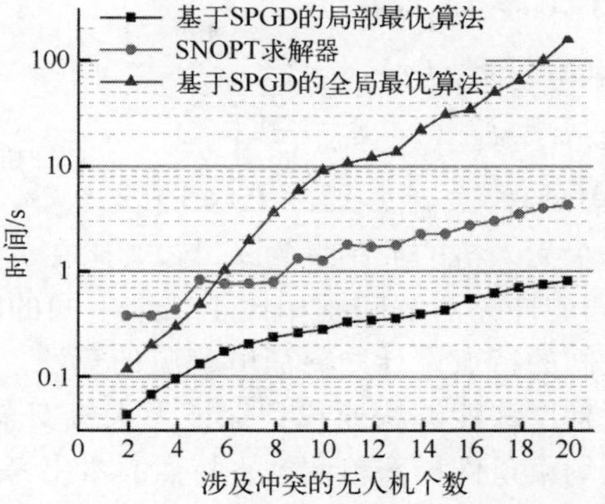

图 3.8　向量式 SPGD 算法计算效能评价图

图 3.8 所示为应用 SPGD 算法求解局部最优解、应用 SNOPT 求解器求解全局最优解以及应用 SPGD 算法的全局最优解算法求解不同数量无人机之间冲突的平均计算时间。由图可以发现,应用 SPGD 算法求解全局最优解能够解决两到三个无人机之间冲突的问题。当无人机数量增多之后,由于可行解子区间数量急剧增加导致求解时间呈指数上升。而 SNOPT 求解器的计算时间也随着无人机数量增加而快速上升。只有基于 SPGD 算法的局部最优算法能够在无人机数量较多时仍能快速地求出局部最优解,满足在线优化的需求。

3.2　三维空间应用方向调整的冲突消解优化方法

在第 2 章讨论了无人机在飞行过程中可能会根据飞行需要调整飞行高度,在这种情况下无人机之间可能出现三维空间内的冲突。由于速度调整可能会造成飞行不稳定,因此三维空间中的冲突消解主要考虑应用水平方向和竖直方向的飞行方向调整(φ_i,ξ_i)。

3.2.1　三维空间应用方向调整的冲突消解模型

3.2.1.1　三维空间应用方向调整的优化模型

第 2 章讨论了三维空间中的冲突消解约束,以及机动消耗评价函数。三维空间中的冲突消解问题是一个非线性优化问题。在第 l 个冲突簇中的冲突消解目标函数为

$$F = \sum_{i=1}^{n_l} f_{\text{fuel}}(\varphi_i,\xi_i,t) \times \rho_i \tag{3.25}$$

优化约束包括初始条件约束、无人机机动性能约束和安全间隔约束：

$$\begin{aligned}
&X_i(0)=X_{i0}, i\in 1, n_l \\
&\varphi_i\in[-\varphi^i_{\max}(\tau), \varphi^i_{\max}(\tau)] \\
&\xi_i\in[-\xi^i_{\max}(\tau), \xi^i_{\max}(\tau)] \\
&g(\varphi_i, \xi_i, \varphi_j, \xi_j)>r^{ij}_s, \quad i,j\in[1,2,\cdots,n_l]
\end{aligned} \tag{3.26}$$

在三维空间中每个无人机的控制量为 φ_i 与 ξ_i，比在二维空间中增加了一个控制量，因此三维空间的冲突消解问题相比于二维空间的问题分析起来更加复杂。需要根据三维空间的特点设计冲突消解相应的算法。3.1 节讨论了在二维空间中应用随机并行梯度法能够快速找到保证无人机安全间隔的可行解，这基于二维空间中的安全约束条件局部单调这一特点。本书考虑将随机并行梯度算法扩展到三维空间中。首先需要对三维空间中的终点约束条件和切线约束条件的特性进行分析。

3.2.1.2 终点约束条件

根据终点约束函数定义方程 f^{ij}_{td}：

$$f^{ij}_{\mathrm{td}}=(P^x_{i,0}-v^i_{ji}\tau)^2+(P^y_{i,0}-v^j_{ji}\tau)^2+(P^z_{i,0}-v^k_{ji}\tau)^2 \tag{3.27}$$

可将 $v^i_{ji}\tau$、$v^j_{ji}\tau$、$v^k_{ji}\tau$ 展开，令 $\phi'_j=\phi_j+\varphi_j$，$\phi'_i=\phi_i+\varphi_i$，$\gamma'_j=\gamma_j+\xi_j$，$\gamma'_i=\gamma_i+\xi_i$。对函数求偏导数可以得到 $\frac{\partial f^{ij}_{\mathrm{td}}}{\partial \phi'_i}, \frac{\partial f^{ij}_{\mathrm{td}}}{\partial \gamma'_i}, \frac{\partial f^{ij}_{\mathrm{td}}}{\partial \phi'_j}, \frac{\partial f^{ij}_{\mathrm{td}}}{\partial \gamma'_j}$ 四个偏微分方程。对四元偏微分方程的求解存在困难，本书参考在二维空间分析无人机的终点条件约束方法进行分析。通过与二维空间的冲突消解问题相对应的对终点约束进行分析以确定函数 f^{ij}_{td} 的性质。如图 3.9 所示，当两个无人机之间的距离较小时，函数(3.27)有三种极值情况，前两种是两个无人机相向和相背飞行时会产生局部极大值，如图 3.9(a)与图 3.9(b)所示，对应角度值分别是 $(\phi'_{i,1}, \phi'_{j,1}, \gamma'_{i,1}\gamma'_{j,1})$ 与 $(\phi'_{i,2}, \phi'_{j,2}, \gamma'_{i,2}\gamma'_{j,2})$。第三种情况是当 $v_j\tau$ 的终点在图 3.9(c)所示的极值取值圆上时，总存在一个 $-v_i\tau$ 使得 $\boldsymbol{S}_{ji}$ 的终点落于 A_i 的坐标点。因此前两个极值点是极大值点，第三种情况对应的极值点是极小值点。在冲突消解中，当无人机之间的距离较近时由于应用切线约束条件，此时在实数范围内不存在第三种情况的极值。因此在三维环境中两个无人机初始距离满足 $\|\boldsymbol{d}_{ij}(0)\|>v_i\tau+v_j\tau$ 时终点约束条件是双峰函数，其中 $(\phi'_{i,1}, \phi'_{j,1}, \gamma'_{i,1}\gamma'_{j,1})$ 对应极小值点，$(\phi'_{i,2}, \phi'_{j,2}, \gamma'_{i,2}\gamma'_{j,2})$ 对应极大值点。进一步考虑当无人机之间能够保持安全间距时，如果终点距离达到安全半径 r^{ij}_{s}，将函数定义为

$$f^{ij}_{\mathrm{td}}=\begin{cases} f^{ij}_{\mathrm{td}}, & f^{ij}_{\mathrm{td}}<r^{ij}_{\mathrm{s}} \\ r^{ij}_{\mathrm{s}}, & \text{其他} \end{cases} \tag{3.28}$$

式(3.28)对原来的终点距离函数的取值进行重新调整后，f^{ij}_{td} 取值只会在靠

近极小值点附近不能保证无人机安全间隔的区域内发生变化，只要两个无人机飞行方向能保证它们的安全间隔，f_{td}^{ij}取值将不发生变化。

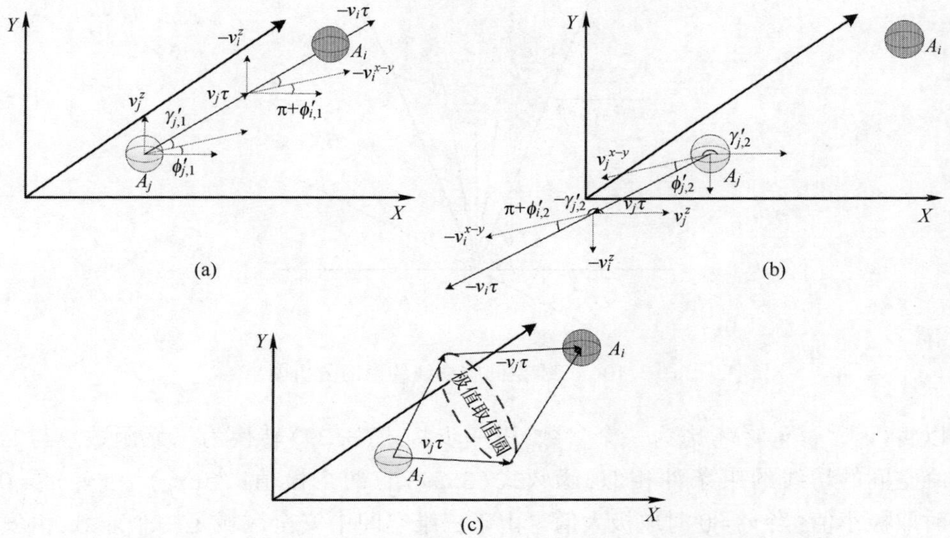

图 3.9　三维空间两无人机初始距离过小时终点约束条件判断极值情况

(a) 两个无人机相向飞行，在$[0,\tau)$内两个无人机已发生碰撞冲突，根据函数判断$\|\boldsymbol{d}_{ij}(\tau)\|$为局部极大值；(b) 两个无人机相背而行；(c) 根据函数判断两无人机距离最小场景。

3.2.1.3　切线约束条件分析

进一步分析在三维空间中的切线约束条件。与二维空间的切线约束相似，三维切线约束条件要求A_j的相对速度$\boldsymbol{v}_{ji}$不能与安全空域$D_i(P_i(0), r_s^{ij})$相割。由于相切关系存在旋转不变性，因此在局部坐标系中可以对A_i与A_j的坐标和运动状态进行坐标转换，如图 3.10 所示。在三维空间中点到直线的表述形式为向量之间叉乘的形式，在经过坐标系旋转后式(2.51)可以表示为

$$d_{ij}^{p}(\varphi_i,\xi_i,\varphi_j,\xi_j)=\frac{\left\|\begin{matrix} i & j & k \\ \boldsymbol{v}_{ji}^{i} & \boldsymbol{v}_{ji}^{j} & \boldsymbol{v}_{ji}^{k} \\ 0 & 0 & P_{i,0}^{z} \end{matrix}\right\|}{\sqrt{(\boldsymbol{v}_{ji}^{i})^2+(\boldsymbol{v}_{ji}^{j})^2+(\boldsymbol{v}_{ji}^{k})^2}}=\frac{\|\boldsymbol{v}_{ji}^{j}P_{i,0}^{z},-\boldsymbol{v}_{ji}^{i}P_{i,0}^{z}\|}{\sqrt{(\boldsymbol{v}_{ji}^{i})^2+(\boldsymbol{v}_{ji}^{j})^2+(\boldsymbol{v}_{ji}^{k})^2}}$$

$$=P_{i,0}^{z}\frac{\sqrt{(\boldsymbol{v}_{ji}^{j})^2+(\boldsymbol{v}_{ji}^{i})^2}}{\sqrt{(\boldsymbol{v}_{ji}^{i})^2+(\boldsymbol{v}_{ji}^{j})^2+(\boldsymbol{v}_{ji}^{k})^2}} \tag{3.29}$$

由$d_{ij}^{p}(\varphi_i,\xi_i,\varphi_j,\xi_j)$的表达式可知其是相对速度的分量$\boldsymbol{v}_{ji}^{i}$、$\boldsymbol{v}_{ji}^{j}$与$\boldsymbol{v}_{ji}^{k}$的函数。通过分析图 3.10 可知，切线关系实际上是$\boldsymbol{v}_{ji}^{i}$与$\boldsymbol{v}_{ji}^{j}$的合速度与$\boldsymbol{v}_{ji}^{k}$的关系，因此可

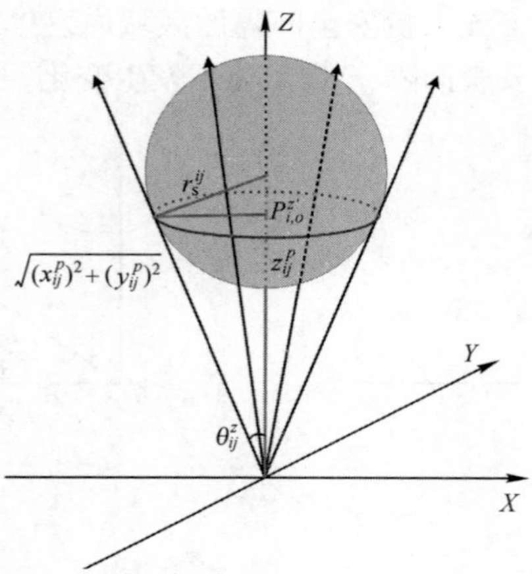

图 3.10　三维空间中切线约束的分析图

以将$(\boldsymbol{v}_{ji}^j)^2+(\boldsymbol{v}_{ji}^i)^2$考虑为一个参数,进一步将式(3.29)转换为二元函数。与二维空间的切线约束条件相似,函数式(3.29)有两个极值:当$(\boldsymbol{v}_{ji}^j)^2+(\boldsymbol{v}_{ji}^i)^2=0$时取极小值;当$\boldsymbol{v}_{ji}^k=0$时取极大值。由于三维空间中安全区域是一个球域,由安全区域定义的$\boldsymbol{v}_{ji}$的不可行区域为一个圆锥面包含着$D_i(P_i(0),r_s^{ij})$的这一部分(另一半是可飞区域,与在二维空间中的问题相似)。相对速度$\boldsymbol{v}_{ji}$由4个变量决定。在三维空间中避免飞机之间冲突的关键问题是相对速度$\boldsymbol{v}_{ji}$在$X-Y$坐标系上的分量与在Z轴上的分量之间的关系。相对速度在$X-Y$坐标轴上的速度分量为

$$(v_{ji}^i)^2+(v_{ji}^j)^2=v_j^2\cos\boldsymbol{\gamma}_j(t)^2+v_i^2\cos\boldsymbol{\gamma}_i(t)^2-2v_iv_j\cos\boldsymbol{\gamma}_i(t)\cos\boldsymbol{\gamma}_j(t)\cos[\boldsymbol{\phi}_i(t)-\boldsymbol{\phi}_j(t)] \tag{3.30}$$

由此可知,在$X-Y$平面上的速度分量不但由飞机的俯仰角确定,还与A_i和A_j的航迹倾角之差$\boldsymbol{\phi}_i(t)-\boldsymbol{\phi}_j(t)$有关系。为了对这个影响要素进行分析,将$\boldsymbol{\phi}_i(t)-\boldsymbol{\phi}_j(t)$定义为变量$\boldsymbol{\phi}_{ij}$。因此式(3.30)被转化为三元函数:

$$(v_{ji}^i)^2+(v_{ji}^j)^2=v_j^2\cos\boldsymbol{\gamma}_j(t)^2+v_i^2\cos\boldsymbol{\gamma}_i(t)^2-2v_iv_j\cos\boldsymbol{\gamma}_i(t)\cos\boldsymbol{\gamma}_j(t)\cos\boldsymbol{\phi}_{ij} \tag{3.31}$$

$\cos\boldsymbol{\phi}_{ij}$的取值在$[-1,1]$范围内。当$\cos\boldsymbol{\phi}_{ij}$的取值为1时,

$$(v_{ji}^i)^2+(v_{ji}^j)^2=[v_j\cos\boldsymbol{\gamma}_j(t)-v_i\cos\boldsymbol{\gamma}_i(t)]^2 \tag{3.32}$$

此时三维空间中的切线问题与二维空间的问题相同,满足在二维空间中分析得到的切线约束条件的一切属性。

当$\cos\boldsymbol{\phi}_{ij}\neq1$时,$\cos\boldsymbol{\phi}_{ij}$的存在会增加速度$\boldsymbol{v}_{ji}$在$X-Y$坐标系上的分量,函数式(3.29)仍然为部分单调的函数。

三维空间中切线约束不会构成在二维空间上那样间断的可行解域。在三维

空间可以将问题转移到 $\boldsymbol{v}_{ji}$ 在 $X-Y$ 平面上的分量与在 Z 坐标轴上的分量之间的关系。根据无人机之间在初始时刻的间距和安全球域的半径可以计算得到当前飞机之间距离与安全间距构成的夹角。

$$\theta_{ij}^{z}=\arcsin\frac{r_{\mathrm{s}}^{ij}}{z_{ij}^{P}} \tag{3.33}$$

进一步得到相对速度飞行的冲突圆锥的 Z 轴分量和 $X-Y$ 平面的坐标分量的比例系数：

$$c_{ij}^{t}=\tan(\theta_{ij}^{z}) \tag{3.34}$$

因此由切线约束定义的圆锥为

$$x^{2}+y^{2}-(c_{ij}^{t})^{2}z^{2}=0 \tag{3.35}$$

因此，根据切线约束得到约束条件为

$$(\boldsymbol{v}_{ji}^{i})^{2}+(\boldsymbol{v}_{ji}^{j})^{2}-(c_{ij}^{t})^{2}(\boldsymbol{v}_{ji}^{k})^{2}>0 \tag{3.36}$$

3.2.2　三维空间冲突消解策略搜索算法

基于 3.2.1 节中对终点约束条件和切线条件的分析，可以将在 3.1 节中提出的二维空间中的向量式随机并行梯度下降算法扩展到三维空间。在三维空间中，每个无人机的调整变量包括水平方向的调整量和竖直俯仰角的调整量。在向量式随机并行梯度算法搜索的过程中对 A_i 两个控制量同时进行搜索，然后求解。应用随机并行梯度算法求解，系统设计的搜索目标函数为

$$J^{*}=[J_{1}^{*},\cdots,J_{n_l}^{*}] \tag{3.37}$$

其中每个元素定义为：$J_{k}^{*}=\sum_{i=1}^{n_{l,k}^{c}}c_{ik}$，$\forall k\in n_{l}$。评价函数 c_{ik} 定义为

$$c_{ik}(\varphi_{i},\xi_{i},\varphi_{k},\xi_{k})=\lambda_{0}[g(\varphi_{i},\xi_{i},\varphi_{k},\xi_{k})]+\{1-\lambda_{0}[g(\varphi_{i},\xi_{i},\varphi_{k},\xi_{k})]\}\frac{g(\varphi_{i},\xi_{i},\varphi_{k},\xi_{k})}{r_{\mathrm{s}}^{ik}} \tag{3.38}$$

在三维空间中无人机的初始解搜索策略与二维空间的搜索策略相同。当通过随机并行梯度算法得到能够消解无人机冲突的可行解后，再应用 SQP 算法求解局部最优解。

与二维空间中存在的不同是，在三维空间中无论是由终点约束条件还是切线约束条件所构成的冲突消解可行区域是连续非凸的区域。由于 A_i 的存在，将 A_j 的相对速度的选择分解为若干个凸的区域。当飞机的数量较小时，可以在求解时搜索不同子区域内的局部最优解以求得全局最优解。但当无人机的数量增加后，由于三维机动空间的冲突消解问题涉及 4 个控制变量，因此三维空间中的可行局部子区域的数量将会大幅增加，求解全局最优解的计算量相比于同样数

量的二维冲突消解问题将会更大。因此本书讨论根据当前无人机之间的相对速度在三维空间中的初始位置选择三维空间中的初始解。

初始解求解搜索方向也是考虑两个准则:通过所有无人机向相对自己速度同一方向机动来使无人机保持一个趋势;根据当前飞机飞行轨迹与目标航迹之间的关系。在三维空间上初始搜索值需要考虑 φ_i 与 ξ_i。在水平面上可以根据速度方向确定一个相对的调整方向:向右或者向左。但是在竖直面上没有能够描述相对方向的方法。因此本书考虑在第一个准则里 A_i 的初始搜索方向选择相同符号的 φ_i,而 ξ_i 的取值根据当前的机动范围随机生成。在获得初始可行解后,进一步采用 SQP 算法优化求解冲突消解局部最优解。

3.2.3 三维空间无人机空域运行冲突消解算例

下面给出一个算例验证本节提出的在三维空间中基于水平方向与竖直方向调整的冲突消解算法。算例验证环境与第 3.1.5 节中应用的环境相同。

例 3.4 大量无人机在空中飞行,在进入任务区域之前的飞行队形与任务执行过程中的队形不同,因此在进入任务区域时需要变换队形。此时可能出现在调整的过程中无人机之间的距离过近的问题。图 3.11 所示为 8 个无人机组成的任务群在空域中进行队形变换的过程。在姿态变换过程中会发生无人机之间距离过近的情形,8 个飞机之间在每个时间点的最小距离如图 3.13 中的点画线所示。在调整队形时为了保证无人机之间的安全间隔需要调整无人机的飞行方向,包括水平航迹倾角和俯仰角。

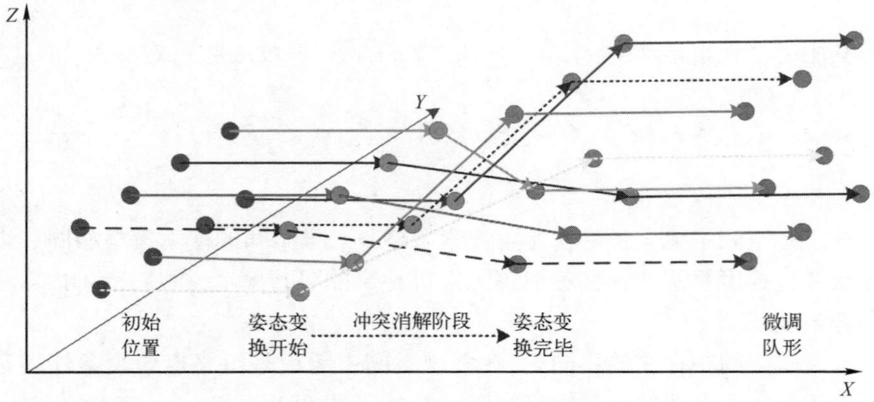

图 3.11 三维空间无人机群飞行过程中队形变换想定

8 个无人机组成的无人机群在队形变换的过程中的安全飞行路径如图 3.12 所示,应用航迹角和俯仰角调整能保证无人机之间的安全间隔。在调整过程中,无人机的飞行路径没有大幅度的偏离预定的航线,飞机经过冲突消解调整之后迅速返回原定的航线，保证了冲突消解过程的稳定性和可靠性。如图 3.13 所示，在调整前和调整后，飞机之间的间距都是 1km。

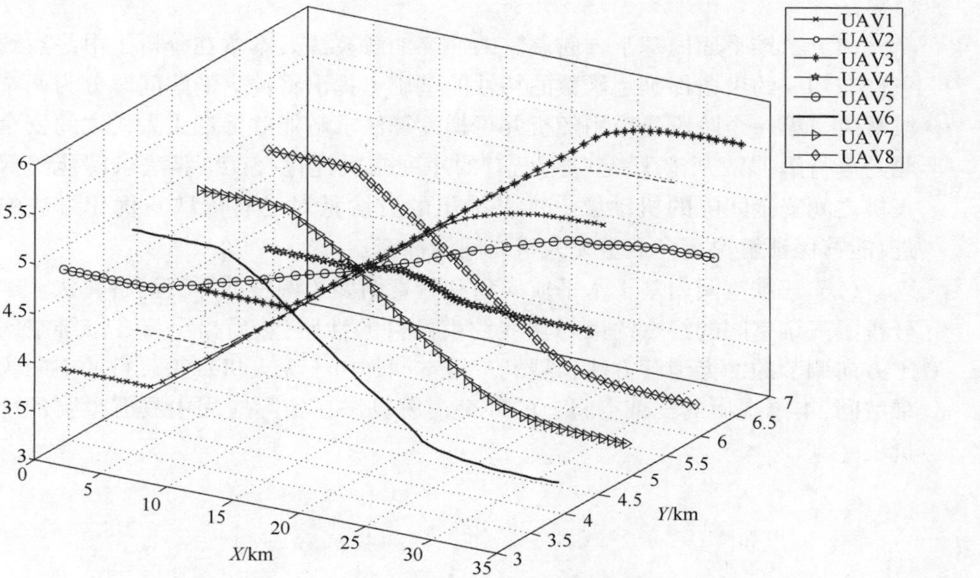

图 3.12　三维空间应用方向调整消解冲突示意图

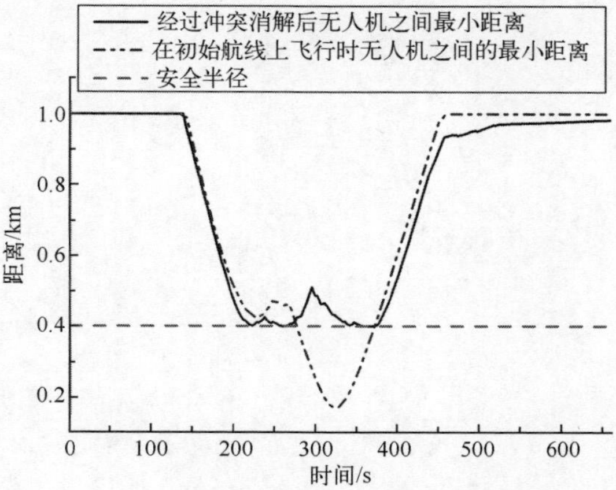

图 3.13　三维空间应用方向调整消解多无人机队形变换中的冲突效果图

3.3　小　　结

局部集中式冲突消解方法是一种在多无人机之间内部通信良好，具备一个集中协调单元的情况下或者是有地面管理控制中心的条件下解决无人机冲突的可行方案。本章在集中式冲突消解框架下,提出了基于速度障碍模型的冲突消解算法。

(1) 二维平面内基于方向调整的冲突消解算法。本章在分析了由终点约束条件与切线约束条件确定函数的特性的基础上提出将冲突消解问题分为两个阶段解决。第一个阶段是应用随机并行梯度算法求解能够保证无人机之间安全间隔的可行解;第二个阶段是应用已有的序列二次优化(SQP)算法求解能够保证飞机之间安全间隔的机动解。本书提出的方法是对已有离散式优化方法的改进,能够保证解决更多数量无人机之间的冲突。

(2) 三维空间内基于水平航向角和竖直俯仰角调整的冲突消解算法。本章分析了三维空间的终点约束与切线约束条件的性质,然后提出将在二维空间基于方向调节的冲突消解方法扩展到三维空间。由于无人机真正飞行的空间为三维空间,本书提出的三维空间上的冲突消解算法在实际应用中具有重要的应用价值。

第4章　基于混合整数线性规划模型的集中式冲突消解算法

4.1　二维空间应用方向调整的冲突消解优化方法

4.1.1　基于碰撞锥模型的安全间隔约束条件分析

在第3章中讨论了基于速度障碍模型的多无人机冲突消解问题，由于安全间隔约束函数与目标函数都是非线性的，因此冲突消解问题为非线性优化问题。本章讨论基于碰撞锥模型构建冲突消解问题的线性优化模型。前文对碰撞锥约束的特点进行了深入讨论。在此基础上本节进行进一步的讨论。

仍然在局部坐标系中讨论无人机 A_i 与 A_j 的相互运动问题。假设无人机 A_j 位于局部坐标系原点，则基于碰撞锥模型的切线准则安全限制条件为关于参数 k_{ij} 的不等式：

$$|-k_{ij}P_{ix}+P_{iy}|/\sqrt{1+k_{ij}^2}\geqslant r_s^{ij} \tag{4.1}$$

根据限制条件式(4.1)定义安全限制边界等式：

$$k_{ij}^2[P_{ix}^2-(r_s^{ij})^2]-2k_{ij}^2P_{ix}P_{iy}+P_{iy}^2-(r_s^{ij})^2=0 \tag{4.2}$$

得到式(4.2)的判别式：

$$\Delta=4(r_s^{ij})^2[P_{ix}^2+P_{iy}^2-(r_s^{ij})^2] \tag{4.3}$$

假设在发现两个飞机冲突的初始时间点两架飞机的距离大于安全距离，有 $P_{ix}^2+P_{iy}^2>(r_s^{ij})^2$，因此 $\Delta>0$。由此可得式(4.2)的两个实数解：

$$\begin{cases}k_{ij}^1=(2P_{ix}P_{iy}-\sqrt{\Delta})/2[P_{ix}^2-(r_s^{ij})^2]\\k_{ij}^2=(2P_{ix}P_{iy}+\sqrt{\Delta})/2[P_{ix}^2-(r_s^{ij})^2]\end{cases} \tag{4.4}$$

满足安全分离条件的斜率 k_{ij} 由 k_{ij}^1 和 k_{ij}^2 决定。根据二次方程解的特性可知，由于 $P_{ix}^2-(r_s^{ij})^2$ 的正负号的关系，可行解有两种不同的形式：

(1) 当 $P_{ix}^2\leqslant(r_s^{ij})^2$ 时，可行解的范围为

$$k_{ij}^{\text{feasible}}\in(k_{ij}^2,k_{ij}^1) \tag{4.5}$$

(2) 当 $P_{ix}^2>(r_s^{ij})^2$ 时，可行解的范围为

$$k_{ij}^{\text{feasible}} \in \{k \mid k \in (-\infty, k_{ij}^1) \cup (k_{ij}^2, +\infty)\} \tag{4.6}$$

根据二次方程求解规则,情形(1)与情形(2)定义了完全不相交的两个范围。这是对斜率取值范围的限制,由于函数 $\tan x$ 的定义域为 $\left[-\dfrac{\pi}{2}, \dfrac{\pi}{2}\right]$,而相对速度的方向角度范围是$[0,2\pi]$。因此将可行解的取值范围映射到$[0,2\pi]$的角度空间上可以发现由式(4.5)或式(4.6)所规范的角度值只描述了$[0,2\pi]$范围内一半的可行解范围,而与之关于原点对称的区域也是相对速度方向的可行解区域。同时,考虑只在 $\boldsymbol{v}_{ji}$ 与 $\boldsymbol{OP}_i^o$ 构成的射线成锐角时两个无人机才有可能发生相互碰撞,因此与包含着 A_i 的非可行区域[式(4.5)或式(4.6)所定义区域的补集]关于原点对称的区域是相对速度调整的可行区域。将以上分析的可行解区域描述在几何构型上可以得到图 4.1 所示的可行解区域。图 4.1(a)展示的是情形(1)中描述的可行解区域,图 4.1(b)展示情形(2)中描述的情况。由图分析可以得出结论,图 4.1(a)与图 4.1(b)中的可行解区域在几何学上是相似的,其不同点就是可行解域的相对位置上有一定角度的旋转。根据几何旋转不变性可以将图 4.1(b)中的原有坐标系进行适当的角度变换,使经过变换后 A_i 在新的坐标系中 X 坐标为 0,Y 坐标为正。

首选需要计算坐标轴旋转的角度。如图 4.1(b)所示,由坐标位置(P_{ix},P_{iy})可计算得到 Y 的正向坐标轴到向量 $\boldsymbol{OP}_i^o$ 的角度 σ_{ij},以顺时针为正,以逆时针为负。坐标系需要旋转的角度值为 σ_{ij}。由此可以得到坐标变换矩阵:

$$\boldsymbol{T} = \begin{bmatrix} \cos\sigma_{ij} & -\sin\sigma_{ij} \\ \sin\sigma_{ij} & \cos\sigma_{ij} \end{bmatrix} \tag{4.7}$$

经过旋转的坐标系中,A_i 的坐标为

$$\begin{bmatrix} P'_{ix} \\ P'_{iy} \end{bmatrix} = \boldsymbol{T}^{-1} \begin{bmatrix} P_{ix} \\ P_{iy} \end{bmatrix} \tag{4.8}$$

A_i 与 A_j 的运动方向在新的坐标系中为

$$\begin{cases} \phi'_i = \phi_i - \sigma_{ij} \\ \phi'_j = \phi_j - \sigma_{ij} \end{cases} \tag{4.9}$$

经过旋转之后,在新的局部坐标系 $X'OY'$ 中,满足切线约束的 k_{ij} 的可行解服从式(4.5)的约束。

如图 4.1(a)所示,完整的可行解区域由区域 1 和区域 2 组成,它们组成了一个连续的角度范围,这个可行解范围扩大了单纯由约束式(4.5)确定的范围。然而,虽然区域 1 和区域 2 是相连的,但是在求解的过程中对区域 1 和区域 2 这个完整的可行解区域进行连续的表示存在困难,这主要与 k_{ij} 函数的周期性相关。因此,需要将 k_{ij} 的可行解拆分为两个子区域。

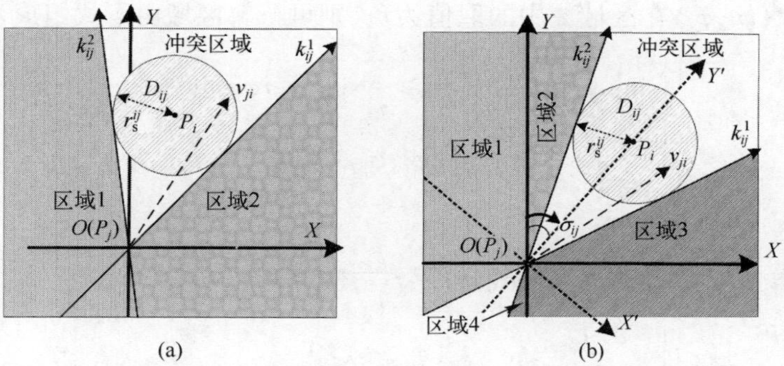

图 4.1　由切线条件临界 k_{ij} 值确定的安全分离可行解区域

(a) 对应情形(1)下的可行区域;(b) 对应情形(2)下的可行区域。

当两个飞机同时调整方向时,相对速度 $\boldsymbol{v}_{ji}$ 的斜率为

$$k_{ij}(\varphi_i,\varphi_j)=\frac{v_j\sin(\phi_j+\varphi_j)-v_i\sin(\phi_i+\varphi_i)}{v_j\cos(\phi_j+\varphi_j)-v_i\cos(\phi_i+\varphi_i)} \tag{4.10}$$

对等式(4.10)进行整理可得处于边界条件下的 k_{ij} 值条件下 φ_i 与 φ_j 之间的关系:

$$v_j\sin[\phi_j+\varphi_j-\delta(k_{ij})]=v_i\sin[\phi_i+\varphi_i-\delta(k_{ij})] \tag{4.11}$$

其中 $\delta(k_{ij})=\arcsin(k_{ij}/\sqrt{1+k_{ij}^2})$。

函数 k_{ij} 是一个分式函数而不是线性函数。虽然可以通过通分将分式函数的分母项去掉,但是由于函数在分母项取零的点是奇异的,而分母函数在发生正负值变化时可能会造成 k_{ij} 取值正负的变化,乃至由 k_{ij} 确定的不等式的方向发生变化。为了分析分母函数,单独定义分母函数 $f_\varphi^d(\varphi_i,\varphi_j)$:

$$f_\varphi^d(\varphi_i,\varphi_j)=v_j\cos(\phi_j+\varphi_j)-v_i\cos(\phi_i+\varphi_i) \tag{4.12}$$

由于 $f_\varphi^d(\varphi_i,\varphi_j)$ 在图 4.1(a)中所示的两个区域内的取值不同,可行区域 1 在切线函数的一个周期,而可行区域 2 在切线函数的另一个周期。对 $f_\varphi^d(\varphi_i,\varphi_j)$ 的取值约束可以实现分别在切线函数 $k_{ij}(\varphi_i,\varphi_j)$ 的不同周期进行搜索满足约束函数的取值。因此两个无人机同时调整方向时,对 φ_i 与 φ_j 的约束条件如下:

(1) $f_\varphi^d(\varphi_i,\varphi_j)$ 在区域 1 内的取值为负,可行解空间由下式组成:

$$\begin{cases}\sin[\phi_j+\varphi_j-\delta(k_{ij}^1)]\leqslant\dfrac{v_i}{v_j}\sin[\phi_i+\varphi_i-\delta(k_{ij}^1)]\\ f_\varphi^d(\varphi_i,\varphi_j)>0\end{cases} \tag{4.13}$$

及

$$\begin{cases}\sin[\phi_j+\varphi_j-\delta(k_{ij}^2)]\leqslant\dfrac{v_i}{v_j}\sin[\phi_i+\varphi_i-\delta(k_{ij}^2)]\\ f_\varphi^d(\varphi_i,\varphi_j)<0\end{cases} \tag{4.14}$$

(2) $f_{\varphi}^{d}(\varphi_i,\varphi_j)$在区域2中的取值为负,则可行解区域由下式组成:

$$\begin{cases}\sin[\phi_j+\varphi_j-\delta(k_{ij}^1)]\geqslant\dfrac{v_i}{v_j}\sin[\phi_i+\varphi_i-\delta(k_{ij}^1)]\\ f_{\varphi}^{d}(\varphi_i,\varphi_j)<0\end{cases}\tag{4.15}$$

及

$$\begin{cases}\sin[\phi_j+\varphi_j-\delta(k_{ij}^2)]\geqslant\dfrac{v_i}{v_j}\sin[\phi_i+\varphi_i-\delta(k_{ij}^2)]\\ f_{\varphi}^{d}(\varphi_i,\varphi_j)>0\end{cases}\tag{4.16}$$

4.1.2 安全间隔约束线性化讨论

上节由碰撞锥模型推导确定了应用方向调整的约束条件。当两个飞机同时调整方向时,除了在一些特殊情况(如飞机的飞行速度相同)下可将约束条件转化为线性条件之外,其余条件下无人机间的冲突条件是非线性的。在优化求解时存在计算复杂度高,不适合解决大规模冲突的问题。本节讨论分析更加简单的约束描述模式以提高计算效率。

4.1.2.1 角度空间向正弦取值空间映射

两个飞机同时进行方向调整的约束函数等式包含三角函数项,如式(4.13)和式(4.14)所示。这个约束条件决定了可行解区域是非仿射的。考虑到约束函数的形式已知,如果将正弦项 $\sin[\phi_i+\varphi_i-\delta(k_{ij}^b)]$与 $\sin[\phi_j+\varphi_j-\delta(k_{ij}^b)]$分别视作独立的变量,则约束函数可被视作是线性约束条件。基于此构想,本书提出应用空间映射的方法将角度空间的角度值化为正弦函数值空间中的数值。将在$[0,2\pi]$的角度数值 $\phi_i+\varphi_i-\delta(k_{ij}^b)$与 $\phi_j+\varphi_j-\delta(k_{ij}^b)$通过正弦函数映射到$[-1,1]$范围内的数值。映射函数如下:

$$\begin{cases}x_s^{i,b}=\sin[\phi_i+\varphi_i-\delta(k_{ij}^b)]\\ y_s^{j,b}=\sin[\phi_j+\varphi_j-\delta(k_{ij}^b)]\end{cases}\tag{4.17}$$

其中,k_{ij}^b是 k_{ij}值在式(4.4)中的两个阈值解。正弦函数的特征确定了 $x_s^{i,b}$ 与 $y_s^{j,b}$ 的值域在$[-1,1]$内。经过空间映射可得 $y_s^{j,b}$ 和 $x_s^{i,b}$ 的线性关系:

$$v_j y_s^{j,b}=v_i x_s^{i,b}\tag{4.18}$$

为了便于问题讨论,本书在笛卡儿坐标系上讨论方向调整映射可行解空间、初始状态和调整需求间的关系,如图4.2所示。可行区域在正弦值空间如下:

(1) $f_{\varphi}^{d}(\varphi_i,\varphi_j)$在区域1内的取值为负,可行解区域为

$$\begin{cases}v_j y_s^{j,1}\leqslant v_i x_s^{i,1}\\ f_{\varphi}^{d}(\varphi_i,\varphi_j)>0\end{cases}\tag{4.19}$$

及

$$\begin{cases} v_j y_s^{j,2} \leqslant v_i x_s^{i,2} \\ f_\varphi^d(\varphi_i,\varphi_j) < 0 \end{cases} \tag{4.20}$$

(2) $f_\varphi^d(\varphi_i,\varphi_j)$在区域 1 内的取值为正,可行解区域为

$$\begin{cases} v_j y_s^{j,1} \geqslant v_i x_s^{i,1} \\ f_\varphi^d(\varphi_i,\varphi_j) < 0 \end{cases} \tag{4.21}$$

及

$$\begin{cases} v_j y_s^{j,2} \geqslant v_i x_s^{i,2} \\ f_\varphi^d(\varphi_i,\varphi_j) > 0 \end{cases} \tag{4.22}$$

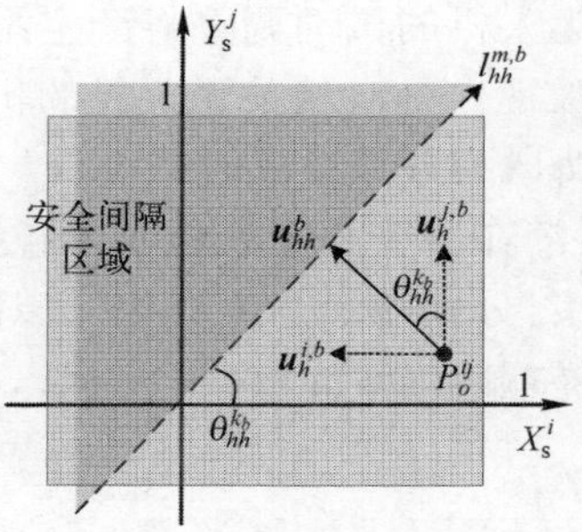

图 4.2　根据空间映射确定冲突消解任务分配示意图

如图 4.2 所示,经过空间映射后得到满足安全间隔的 x_s^i 和 y_s^j 的线性可行区域,将其定义为 $FR_{hh,b}^{ij}$,虚线 $l_{hh}^{m,b}$ 为可行解边界约束条件,其表达式为 $v_j y_s^{j,b} = v_i x_s^{i,b}$。$x_{s,o}^{i,b} = \sin[\phi_i - \delta(k_{ij}^b)]$,$y_{s,o}^{j,b} = \sin[\phi_j - \delta(k_{ij}^b)]$。初始点为 $P_o^{ij}(x_{s,o}^{i,b}, y_{s,o}^{j,b})$,$\theta_{hh}^{k_b}$是 $l_{hh}^{m,b}$与 $X_s^{i,b}$ 的夹角,可知 $\theta_{hh}^{k_b} = \arctan(v_j/v_i)$。为了保证飞机的安全间隔,需要得到调整向量使得 A_i、A_j的状态在坐标系 $X_s^i O Y_s^j$ 中的映射点由 P_o^{ij} 调整至可行解区间 $FR_{hh,b}^{ij}$中。令 $\boldsymbol{u}_{hh}^b$为从 P_o^{ij} 到 $FR_{hh,b}^{ij}$边界的垂线向量。

$$\boldsymbol{u}_{hh}^b = \underset{P_{hh} \in FR_{hh,b}^{ij}}{\operatorname{argmin}} \| P_{hh} - P_o^{ij} \| - P_o^{ij} \tag{4.23}$$

$\boldsymbol{u}_{hh}^b$的范数为从 P_o^{ij} 到可行域 $FR_{hh,b}^{ij}$的最小距离。根据边界线 $l_{hh}^{m,b}$的斜率能够计算得到 A_i应当负担的方向调整量在映射空间中的取值 $u_h^{i,b}$ 和 A_j应当负担的方向调整量在映射空间中的取值 $u_h^{j,b}$。

经过空间映射后,非线性约束条件变为线性约束条件,非仿射可行域区间在映射空间内变为仿射的可行域区间。定义向量 $\boldsymbol{m}_{on}^{ij,b}$ 为$(m_{on}^{i,b}, m_{on}^{i,b})$,$m_{on}^{i,b} = x_{s,n}^{i,b} - x_{s,o}^{i,b}$,$m_{on}^{j,b} = y_{s,n}^{j,b} - y_{s,o}^{i,b}$。在图 4.2 所示的情况下,为保证无人机间安全间隔,应满足约束:

$$\boldsymbol{m}_{on}^{ij,b} \cdot \boldsymbol{u}_{hh}^{b} \geqslant \|\boldsymbol{u}_{hh}^{b}\|^2 \tag{4.24}$$

已知 $\boldsymbol{u}_{hh}^{b}=(u_h^{i,b},u_h^{j,b})$。定义冲突消解责任解耦规则：

A_i与 A_j的机动角度在正弦值空间的映射需分别满足 $\boldsymbol{u}_{hh}^{b}$在各坐标系上映射分量的约束。

基于此规则，涉及既有冲突的 A_i与 A_j应满足如下约束：

（1）$u_h^{i,b}>0 \wedge u_h^{j,b}<0$，

$$m_{on}^{i,b} \geqslant u_h^{i,b} \wedge m_{on}^{j,b} \leqslant u_h^{j,b} \tag{4.25}$$

（2）$u_h^{i,b}<0 \wedge u_h^{j,b}>0$，

$$m_{on}^{i,b} \leqslant u_h^{i,b} \wedge m_{on}^{j,b} \geqslant u_h^{j,b} \tag{4.26}$$

4.1.2.2 潜在冲突约束

无人机间潜在冲突对无人机的机动调整将产生不同的影响：潜在约束构成的其中一个约束条件可以被视作是对相关无人机的机动策略的静态限制条件，而另一个约束可以被等同为既有冲突造成的约束。

与既有冲突相似，涉及潜在冲突的无人机对由碰撞锥的存在而对无人机的可机动区域会产生两个约束，分别由 k_{ij}^1与 k_{ij}^2确定。以两个无人机的初始相对位移 S_{ji}在由 A_i构成的碰撞锥右侧为例，如图 4.3 所示。

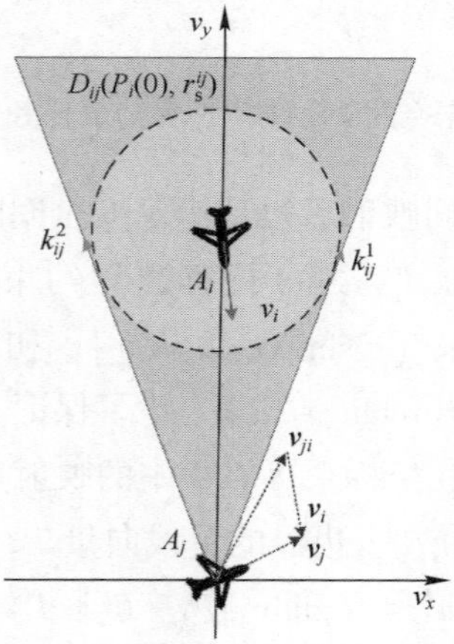

图 4.3 潜在冲突约束示意图

由 k_{ij}^1确定的约束条件的意义是两个飞机的机动方向在一定的范围内能够确保两机的安全，因此 k_{ij}^1确定了 A_i与 A_j在没发生冲突之前能够机动的最大角度范围，如图 4.4 所示。由 k_{ij}^2确定的约束条件的意义是两个飞机的运动角度调整达到一定的条件才能实现在碰撞锥另一侧的相互安全隔离。因此这个安全约束是对 A_i与 A_j不能机动角度的限制。因此将由 k_{ij}^2引起的机动角度范围限制视为与既有冲突相同的约束条件。由图 4.3 知，由 k_{ij}^2引起的与既有冲突相同的约束可以

应用与既有冲突的机动约束相同的求解方法,此处不再进一步讨论。下文讨论由潜在冲突引发对可机动范围的另一类约束,即飞机根据潜在冲突确定在当前运动状态周围的可机动区域。由图 4.4 知,与既有冲突相同,可以在直角坐标系中应用空间映射分析每个涉及潜在冲突的无人机受到的机动限制。

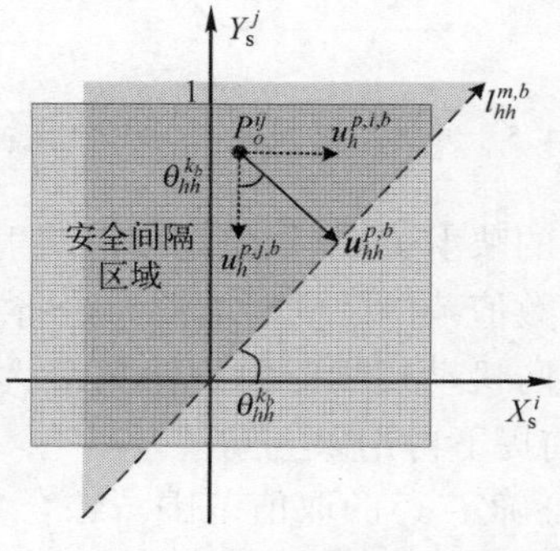

图 4.4　潜在冲突对可调节量的限制分析

涉及潜在冲突的无人机在机动范围内如果进行了不合适的机动会造成既有冲突。因此,讨论潜在冲突的目的是确定每一对潜在冲突关联的无人机调整方向时允许调整的范围。如图 4.4 所示,在考虑涉及潜在冲突的无人机对时,定义 $\boldsymbol{u}_{hh}^{p,b}=(u_h^{p,i,b},u_h^{p,j,b})$,

$$\boldsymbol{u}_{hh}^{p,b}=\underset{P_{hh}\notin FR_{hh,b}^{ij}}{\operatorname{argmin}}\|P_{hh}-P_o^{ij}\|-P_o^{ij} \tag{4.27}$$

$\boldsymbol{u}_{hh}^{p,b}$ 的范数为从 P_o^{ij} 到不可行域的最小距离。根据边界线 $l_{hh}^{m,b}$ 的斜率能够计算得到 A_i 方向调整的最大可调整量 $u_h^{p,i,b}$ 与 A_j 方向调整的最大可调整量 $u_h^{p,j,b}$。因此得到由潜在冲突造成的约束条件具有不同的性质。在图 4.4 所示的情况下,为保证无人机间安全间隔,应满足约束:

$$\boldsymbol{m}_{on}^{ij,b}\cdot\boldsymbol{u}_{hh}^{p,b}\leqslant\|\boldsymbol{u}_{hh}^{p,b}\|^2 \tag{4.28}$$

已知 $\boldsymbol{u}_{hh}^{p,b}=(u_h^{p,i,b},u_h^{p,j,b})$。定义冲突消解责任解耦规则:无人机之间存在潜在约束时应满足下面的不等式:

(1) $u_h^{p,i,b}>0\wedge u_h^{p,j,b}<0$,

$$m_{on}^{i}\leqslant u_h^{p,i,b}\wedge m_{on}^{j}\geqslant u_h^{p,j,b} \tag{4.29}$$

(2) $u_h^{p,i,b}<0\wedge u_h^{p,j,b}>0$,

$$m_{on}^{i}\geqslant u_h^{p,i,b}\wedge m_{on}^{j}\leqslant u_h^{p,j,b} \tag{4.30}$$

4.1.2.3　映射关系一致性

前文分析了进行空间映射的基本原理与方法。本小节讨论进行空间变化时由角度空间向数值空间的映射计算和由数值空间向角度空间的映射计算问题。

在[0,2π]范围内的正弦运算映射到[−1,1]不是双射,如图 4.5 所示。

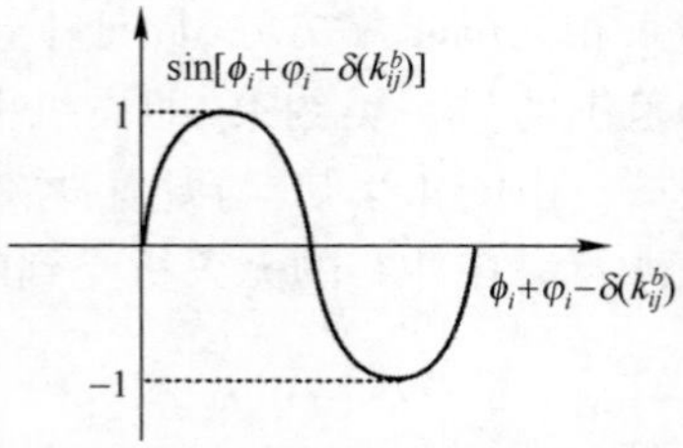

图 4.5　冲突消解问题空间映射示意图

因此在求解不是双射的映射关系时,将角度值映射为[-1,1]范围内的数值需根据正弦函数特征确定数值范围。同时需要讨论将求解得到的数值量映射到角度值。第 2 章中讨论方向机动规划时将近距离最大可跟踪角度 $\varphi_{\max}^i(\tau)$ 的取值限制为 $\pi/2$,本章在此前提下讨论以上问题。

首先讨论根据 $\varphi_{\max}^i(\tau)$ 确定 x_s^i 的取值范围。综合参数 $\delta(k_{ij}^b)$ 及 ϕ_i 可知 $\phi_i+\varphi_i-\delta(k_{ij}^b)$ 能够达到的角度范围为

$$[\phi_i-\varphi_{\max}^i(\tau)-\delta(k_{ij}^b),\phi_i+\varphi_{\max}^i(\tau)-\delta(k_{ij}^b)] \tag{4.31}$$

考虑正弦函数的特征,图 4.6 所示为将角度范围式(4.31)映射到 $x_s^{i,b}$ 的 3 种情况,在计算中可根据具体情况分析 $x_s^{i,b}$ 的取值范围。

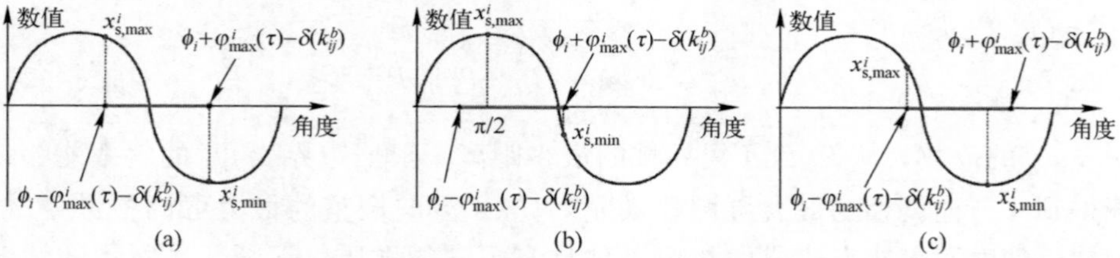

图 4.6　$x_s^{i,b}$ 取值范围确认图

(a) 一般情况;(b) 最大值不由终点确定;(c) 最小值不由终点确定。

进一步讨论当确定 $x_s^{i,b}$ 的调整量 $u_h^{i,b}$ 后将在正弦值空间的调整量映射到角度空间以确定 A_i 的角度调整范围。

第一步:将 $x_s^{i,b}$ 调整量映射到角度空间,求解过程如下:

在已知调整变量 $u_h^{i,b}$ 后,得到映射在 X_s^i 坐标轴上的坐标为

$$x_{s,n}^{i,b}=u_h^{i,b}+\sin[\phi_i-\delta(k_{ij}^b)] \tag{4.32}$$

将 $x_{s,n}^{i,b}$ 的数值映射到角度空间:

$$\theta_i^{u,1,b}=\arcsin(x_{s,n}^{i,b}) \tag{4.33}$$

由于正弦函数的周期性,在角度坐标轴上可能有临近的两个角度满足正弦值约束,如图 4.7(b)所示。通过反正弦函数的计算只能得到一个角度。为了避免因为遗漏角度值项而造成机动角度范围的误差,在计算中补入补角。

$$\theta_i^{u,2,b}=\pi-\theta_i^{u,1,b} \tag{4.34}$$

通过计算下式得到角度 $\varphi_i^{u,1,b}$ 与 $\varphi_i^{u,2,b}$：

$$\varphi_i^{u,1,b}=\theta_i^{u,1,b}-[\phi_i-\delta(k_{ij}^b)],\ \varphi_i^{u,2,b}=\theta_i^{u,2,b}-[\phi_i-\delta(k_{ij}^b)] \tag{4.35}$$

由于反正弦函数计算得到的角度值为 $[-\pi,\pi]$，而 $\phi_i+\varphi_i-\delta(k_{ij}^b)$ 的取值范围因为 $\phi_i-\delta(k_{ij}^b)$ 的关系扩大到 $[-2\pi,2\pi]$，需对 $\varphi_i^{u,1,b}$、$\varphi_i^{u,2,b}$ 进行角度转换处理。

第二步：确定 A_i 在以斜率 k_{ij}^b 为约束的条件下可机动的角度范围。

首先考虑既有冲突约束下的可调整范围。以需要增加映射 $x_{s,n}^{i,b}$ 的取值为例。如图 4.7(a)所示，如果 $\varphi_i^{u,1,b}$ 与 $\varphi_i^{u,2,b}$ 两个角度值只有一个在角度可调整范围 $(-\varphi_{\max}^i(\tau),\varphi_{\max}^i(\tau))$ 内，假使其为 $\varphi_i^{u,1,b}$，由约束 k_{ij}^b 确定的可行区域为 $[-\varphi_{\max}^i(\tau),\varphi_i^{u,1,b}]$。如图 4.7(b)所示，如果 $\varphi_i^{u,1,b}\in(-\varphi_{\max}^i(\tau),\varphi_{\max}^i(\tau))$ 且 $\varphi_i^{u,2,b}\in(-\varphi_{\max}^i(\tau),\varphi_{\max}^i(\tau))$，假设 $\varphi_i^{u,1,b}<\varphi_i^{u,2,b}$，则可行区域为 $[\varphi_i^{u,1,b},\varphi_i^{u,2,b}]$。

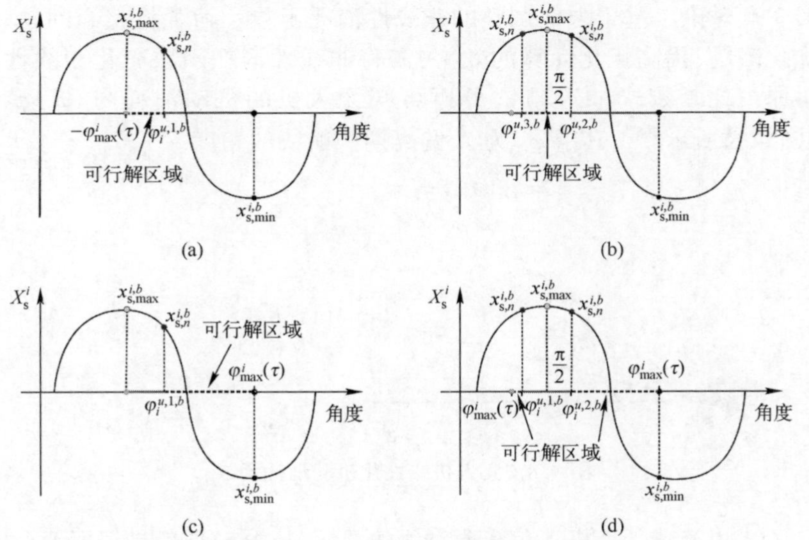

图 4.7　方向调整可行范围映射图

(a) 既有冲突中只有一个边界值在可机动区域内；(b) 既有冲突中有两个边界值在可机动区域内；(c) 潜在冲突中有一个边界值在可机动区域内；(d) 潜在冲突中有两个边界值在可机动区域内。

进一步讨论由潜在冲突约束确定的方向可调整区间。当得到潜在冲突造成的约束调整量 $u_h^{p,i,b}$ 后，将 $u_h^{p,i,b}$ 值向角度值空间映射。如果 $\varphi_i^{u,1,b}$ 与 $\varphi_i^{u,2,b}$ 两个角度值只有一个在角度可调整范围 $(-\varphi_{\max}^i(\tau),\varphi_{\max}^i(\tau))$ 内，令其为 $\varphi_i^{u,1,b}$，则在潜在冲突的约束下可机动空间为 $[\varphi_i^{u,1,b},\varphi_{\max}^i(\tau)]$。如图 4.7 所示，当 $\varphi_i^{u,1,b}\in(-\varphi_{\max}^i(\tau),\varphi_{\max}^i(\tau))$ 且 $\varphi_i^{u,2,b}\in(-\varphi_{\max}^i(\tau),\varphi_{\max}^i(\tau))$，假设 $\varphi_i^{u,1,b}<\varphi_i^{u,2,b}$，则可行区域为 $[-\varphi_{\max}^i(\tau),\varphi_i^{u,1,b}]$ 和 $[\varphi_i^{u,2,b},\varphi_{\max}^i(\tau)]$。

4.1.2.4 一对一冲突约束的相关讨论

通过使用空间映射方法与解耦机制,局部集中式规划单元能够获得由 k_{ji}^1 与 k_{ji}^2 确定的可行区域集合。本书将其标记为 $S_{1,i}=\{s_{1,i}^1,\cdots,s_{1,i}^{n_{i,s}^1}\}$,$S_{1,j}=\{s_{1,j}^1,\cdots,s_{1,j}^{n_{j,s}^1}\}$,$S_{2,i}=\{s_{2,i}^1,\cdots,s_{2,i}^{n_{i,s}^2}\}$,$S_{2,j}=\{s_{2,j}^1,\cdots,s_{2,j}^{n_{j,s}^2}\}$,其中 $n_{i,s}^1$、$n_{j,s}^1$、$n_{i,s}^2$、$n_{j,s}^2$ 是每个集合中的可行解区域数量。可行解区域被定义为 $s_{b,i}^{n_{ri}}=[\varphi_{i,n_{ri}}^{u,1,b},\varphi_{i,n_{ri}}^{u,2,b}]$ 或 $s_{b,j}^{n_{rj}}=[\varphi_{j,n_{rj}}^{u,1,b},\varphi_{j,n_{rj}}^{u,2,b}]$,其中 $n_{r_i}\in n_{i,s}^b$,$n_{rj}\in n_{j,s}^b$。(φ_i,φ_j) 的组合可行域集合分别是 $S_{ij}^1=S_{1,i}\times S_{1,j}$ 以及 $S_{ij}^2=S_{2,i}\times S_{2,j}$,其中"×"是笛卡儿乘积。每个组合中可行解的数量为 $n_{ij}^{s,1}$ 和 $n_{ij}^{s,2}$。我们定义 $S_{ij}=\{S_{ij}^1,S_{ij}^2\}$,$S_{ij}$ 中元素的个数为 $n_{ij}^s=n_{ij}^{s,1}+n_{ij}^{s,2}$。

4.1.3 模型建立

4.1.3.1 无人机机动消耗函数

第 3 章讨论了基于方向调整的非线性消耗函数。为了将整个问题建模为线性优化问题,提高优化计算的效率,需将非线性消耗函数简化为线性函数。根据对原消耗函数式(2.71)的分析可知无人机的机动消耗与 $|\varphi_i+\varphi_d^i|$ 正相关,如图 4.8 所示[65],其中 φ_d^i 为 A_i 偏离期望航线的角度。

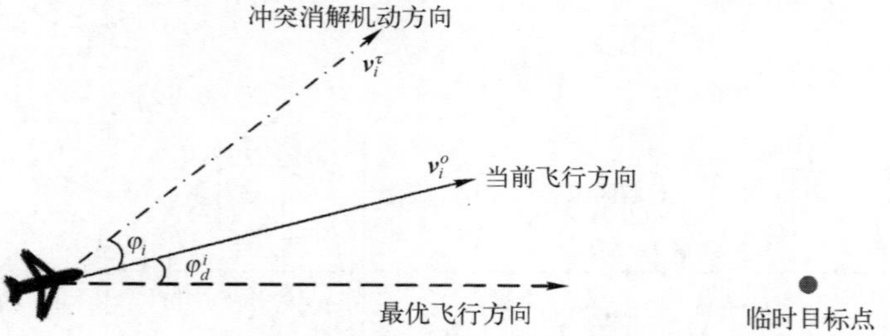

图 4.8 无人机线性化机动消耗函数

定义 ρ_i 以衡量无人机 A_i 偏离原航线的消耗,其中 ρ_i 取值是根据无人机执行的任务确定的,则 A_i 采用机动角度造成的损失定义为

$$f_i=\rho_i|\varphi_i+\varphi_d^i| \tag{4.36}$$

为消去绝对值带来的非线性特性,将目标函数定义为[125]

$$f_i=\rho_i(\varphi_i^1+\varphi_i^2) \tag{4.37}$$

其中 $\varphi_i^1\geqslant 0$,$\varphi_i^2\geqslant 0$,且满足 $\varphi_i^1-\varphi_i^2=\varphi_i+\varphi_d^i$,$\varphi_i^1+\varphi_i^2=|\varphi_i+\varphi_d^i|$。它们满足约束:

$$\varphi_i^1-\varphi_i^2\geqslant-\varphi_{\max}^i(\tau)+\varphi_d^i,\varphi_i^1-\varphi_i^2\leqslant\varphi_{\max}^i(\tau)+\varphi_d^i \tag{4.38}$$

4.1.3.2 混合整数线性规划模型

应用在正弦值空间定义的向量可将非线性约束转化为解耦的线性约束。由于两个无人机的冲突可行解区域分布在 k_{ji} 的两个周期中,每个周期内有 φ_i 与 φ_j

的一到两个可行解区间。最优方向调整解需在多个独立可行解区间中搜索。

多无人机发生冲突时，对每个一对一冲突 A_i 与 A_j 可行解区间的选择会影响它们与其他无人机构成冲突对的优化解的搜索。因此多无人机冲突可以看作是多个相互耦合的一对一冲突。在计算时，每个冲突对 A_i 与 A_j 都会生成可行解区域组合集 S_{ij}。本书应用混合整数线性规划方法求解多无人机冲突消解问题。

将多无人机集中式方向调整冲突消解问题建模为混合整数线性规划问题。目标函数为降低所有无人机的机动角度之和：

$$\min: \sum_{i=1}^{n_l} \rho_i (\varphi_i^1 + \varphi_i^2) \tag{4.39}$$

s. t.

$$\begin{cases} -\varphi_i^1 - \varphi_i^2 + \varphi_{i,n_r}^{u,1} \leqslant (1 - s_{n_r}^{ij}) M \\ \varphi_i^1 + \varphi_i^2 - \varphi_{i,n_r}^{u,2} \leqslant (1 - s_{n_r}^{ij}) M \\ -\varphi_j^1 - \varphi_j^2 + \varphi_{j,n_r}^{u,1} \leqslant (1 - s_{n_r}^{ij}) M \\ \varphi_j^1 + \varphi_j^2 - \varphi_{j,n_r}^{u,2} \leqslant (1 - s_{n_r}^{ij}) M \\ \{(\varphi_{i,n_r}^{u,1}, \varphi_{i,n_r}^{u,2}), (\varphi_{j,n_r}^{u,1}, \varphi_{j,n_r}^{u,2})\} \in S_{ij} \\ \sum_{l=1}^{n_{ij}^s} s_l^{ij} = 1, e_{ij} \neq 0 \ \forall n_r \in n_{ij}^s, \forall i,j \in n_l \\ \varphi_i^1 \geqslant 0, \varphi_i^2 \geqslant 0 \\ \varphi_i^1 - \varphi_i^2 \in [-\varphi_{\max}^i(\tau) + \varphi_d^i, \varphi_{\max}^i(\tau) + \varphi_d^i], \forall i \in n_l \end{cases} \tag{4.40}$$

M 是一个较大的数值。$s_{n_r}^{ij}$ 是布尔变量以建模安全约束的条件。它可以被用来标示优化时选择了哪个约束，也就是在集合 S_{ij} 的哪个子区间中搜索最优解。由于目标函数和安全约束都是选定的参数的线性约束，整个问题就是一个标准化的混合整数线性规划模型，可应用高效的求解器求解。

4.1.4　仿真验证

本书设置了两个场景展示算法对复杂冲突场景的处置效果。仿真计算的平台条件为 Intel Core i5 2. 8GHz，4GB RAM。软件平台为 Microsoft Windows 7 Professional 系统，采用 MATLAB 2014 编程求解。求解混合整数线性规划的求解器为 CPLEX。空中交通管理要素持续监视无人机的状态，过程中不存在时延或丢包现象。仿真二维环境中消解无人机的冲突。无人机的速度范围为 40~60m/s。考虑到无人机的速度，空中交通管理系统对无人机的监视距离为 2. 5km。τ 取值为 35s。无人机 $A_i(i \in N)$ 的安全空域半径为 $8 * v_i$。在仿真中设定 $w_{\max}^i$ 为 5(°)/s。在实际场景中每个无人机的方向调整可能不同。

例 4.1 交叉场景的冲突消解

第一个验证场景是一个平面交叉穿过的场景,无人机的初始状态记录在表4.1中。这种场景可能出现在应用无人机在城市附近输送快递的场景中。12个无人机被分为两组,这些无人机的速度大致相同(在48~54m/s的范围内变动),根据原定的飞行计划,它们将在点位(20km,20km)的位置附近发生空域冲突,图4.9展示了应用本节提出的混合整数线性规划模型消解无人机之间冲突的无人机飞行航线。由于无人机的速度存在差异,可以看到归属于同一组的无人机也会出现处于前方的无人机被后方的无人机超越的情况。运用本节提出的算法,能够保证场景中的无人机之间的安全间隔。

表 4.1 无人机的初始状态

UAV ID	初始状态 (km,km,rad,m/s,rad/s)	UAV ID	初始状态 (km,km,rad,m/s,rad/s)
A_1	(20,15,1.57,50,0)	A_7	(14.84,20,0,52,0)
A_2	(20,14,1.57,50,0)	A_8	(13.84,20,0,52,0)
A_3	(20,12.68,1.57,54,0)	A_9	(12.84,20,0,52,0)
A_4	(20,12,1.57,50,0)	A_{10}	(12.16,20,0,48,0)
A_5	(20,10.84,1.57,52,0)	A_{11}	(11.16,20,0,48,0)
A_6	(20,9.84,1.57,52,0)	A_{12}	(9.68,20,0,54,0)

例 4.2 汇聚型冲突场景的冲突消解

第二个场景是汇聚型场景。多无人机汇聚场景经常被用于在检验一个算法的有效性。汇聚场景中各个无人机之间的运动方向夹角相同,同时它们在飞行过程中将会向同一点汇聚。因为在汇聚场景中每个无人机都与其他无人机存在冲突,因此总共的一对一冲突个数为$N(N-1)/2$,此时的冲突场景可以建模为一个无向全联通图。很多研究人员展示了他们的算法在处理同构无人机汇聚场景中的表现,实际上这种条件下的安全间隔约束是线性约束,计算容易。在本场景中将本小节提出的混合整数线性规划算法(MILP)与VNS(variable neighborhood search)进行比较[59]。对比的案例设置为2~12个无人机的汇聚型冲突,包括速度相同的无人机(Ho-UAVs)与速度不相同(He-UAVs)的无人机的冲突场景。比较的参数主要有两个:在消解冲突时无人机总的机动角度Angle和求解冲突消解策略的计算时间t。经过对计算结果分析发现VNS算法的有效性取决于多个参数,并且经过多次尝试才能找到表现较好的参数组合。表4.2展示我们提出的算法能够解决相同速度无人机的汇聚冲突与不同速度无人机的汇聚冲突。经过参数调优后的VNS算法也能够找到表现优秀的冲突消解策略,但是会消耗更长时间。同时我们发现VNS算法在求解不同速度无人机之间的冲突时的时

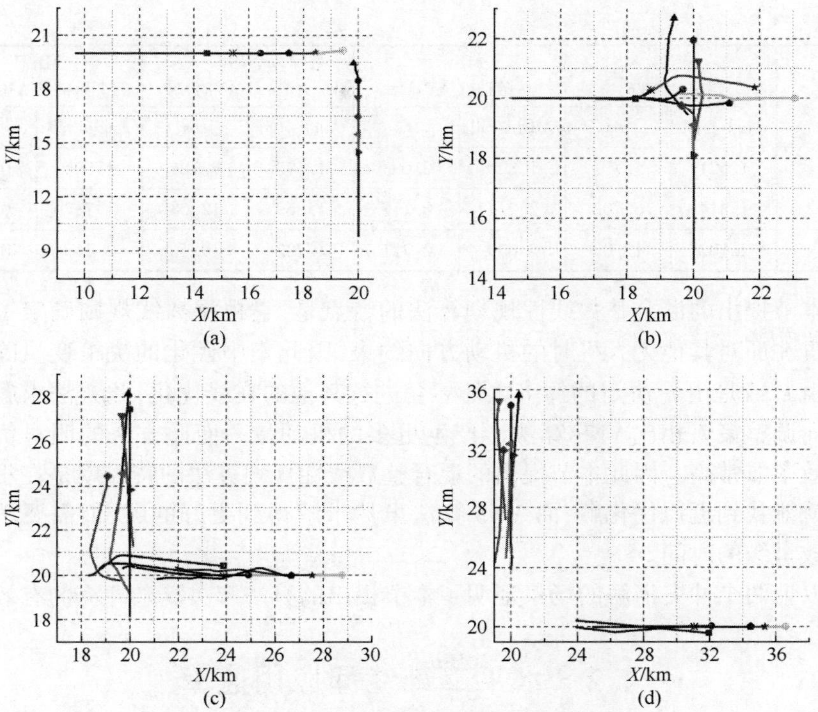

图 4.9　在交叉场景中经过冲突消解的无人机的飞行轨迹
（a）无人机飞行航线[1~90s]；（b）无人机飞行航线[91~160s]；
（c）无人机飞行航线[161~270s]；（d）无人机飞行航线[271~420s]。

间消耗明显更多。

表 4.2　对两个算法消解汇聚型场景冲突的效果比较

UAV	VNS (Ho-UAVs)		MILP (Ho-UAVs)		VNS (He-UAVs)		MILP (He-UAVs)	
	Angle/rad	$\bar{t}$/s	Angle/rad	$\bar{t}$/s	Angle/rad	$\bar{t}$/s	Angle/rad	$\bar{t}$/s
2	0.160	0.102	0.160	0.006	0.162	0.301	0.160	0.005
3	0.220	0.202	0.214	0.009	0.226	0.270	0.217	0.007
4	0.301	0.503	0.296	0.010	0.290	0.315	0.285	0.009
5	0.453	0.923	0.450	0.016	0.425	0.762	0.443	0.014
6	0.604	1.223	0.644	0.020	0.545	1.550	0.552	0.020
7	0.816	2.134	0.868	0.029	0.621	2.140	0.699	0.038
8	1.020	3.078	1.145	0.038	0.732	4.009	0.930	0.043
9	1.287	4.534	1.470	0.065	0.922	6.028	1.092	0.061

续表

UAV	VNS (Ho-UAVs)		MILP (Ho-UAVs)		VNS (He-UAVs)		MILP (He-UAVs)	
	Angle/rad	$\bar{t}$/s	Angle/rad	$\bar{t}$/s	Angle/rad	$\bar{t}$/s	Angle/rad	$\bar{t}$/s
10	1.521	5.723	1.820	0.093	1.390	9.186	1.596	0.090
11	1.814	6.702	2.211	0.118	1.569	12.68	1.787	0.119
12	2.102	12.09	2.679	0.221	1.722	19.66	2.713	0.163

本节提出的混合整数线性规划算法的特点是,它根据离线规则确定了每个无人机在面对其他无人机时的机动方向约束,因此集中优化的决策变量除了选择是由 k_{ij}^1 或是由 k_{ij}^2 决定的约束之外不会进行其他的在线优化,此方法求解得到的方向调整策略相比 VNS 算法会产生更多的机动量。而此方法的明显优势是计算效率非常高。因此本节提出的混合整数线性规划算法的特点就是在很短时间内就能找到近似优化解,而 VNS 算法虽然求解得到更好的解,但需要消耗近两个数量级的时间。

以上两个冲突消解的场景证明了本节提出的算法解决复杂冲突的有效性。

4.2 水平二维空间应用速率调整的冲突消解优化方法

当无人机之间发生冲突时,可能由于飞机的任务需求而不宜使无人机偏离原来的航线。为了确保飞机间的安全分离,只能对无人机的飞行速率进行调整。

飞机的速率调整与方向调整有很大不同。因为飞机在高空中飞行其速率应当保持在飞行包线以内。在近距离的调整中,速率的调整很难在短时间内产生很大的位移调整量,从而导致冲突消解失败。因此我们认为在进行速率调整时,一旦系统发现需要靠速率调整的飞机之间发生冲突,则必须采用基于碰撞锥模型产生的约束消解飞机间的冲突。Pallottino 等研究学者提出了经典的 VC 模型[55]。A. Alonso-Ayuso 在他的基础上进一步补充并有所发展[57]。基于他们的已有研究成果,本节考虑对 VC 模型进行进一步的改进。

4.2.1 无人机安全间隔约束条件分析

首先讨论一对一冲突中速率调整的约束条件。由于速率的变化不是瞬间达到的,为了简化讨论,假设应用平均速率 $\hat{v}_i$ 计算冲突消解的速率调整量。速率变化差值 $\Delta\hat{v}_i$ 就是速率调整问题中的控制变量。在基于速率调整情况下 k_{ij} 的表达

式为

$$k_{ij}=\frac{\sin\phi_j(v_o^j+\Delta\hat{v}_j)-(v_o^i+\Delta\hat{v}_i)\sin\phi_i}{\cos\phi_j(v_o^j+\Delta\hat{v}_j)-(v_o^i+\Delta\hat{v}_i)\cos\phi_i} \tag{4.41}$$

函数 k_{ij} 是一个分式函数而不是线性函数。虽然可以通过通分将分式函数的分母项去掉,但由于函数在分母项取零的点是奇异的,而分母函数在发生正负值变化时可能会造成 k_{ij} 取值正负的变化,乃至由 k_{ij} 确定的不等式的方向发生变化。为了分析分母函数,我们单独定义分母函数:

$$f_v^d(\Delta\hat{v}_i,\Delta\hat{v}_j)=\cos\phi_j(v_o^j+\Delta\hat{v}_j)-(v_o^i+\Delta\hat{v}_i)\cos\phi_i \tag{4.42}$$

当 S'_{ji} 的方向为 $\pi/2+k\pi,k\in Z$ 时,$f_v^d(\Delta\hat{v}_i,\Delta\hat{v}_j)$ 的取值为零。因此正是 $f_v^d(\Delta\hat{v}_i,\Delta\hat{v}_j)$ 的取值确定了 k_{ij} 函数的周期性,并且决定了可行解被划分为两个相邻但是却被 $f_v^d(\Delta\hat{v}_i,\Delta\hat{v}_j)$ 的取值隔断的子区域。在讨论速率调整问题时,与 4.1 节中讨论的问题类似,需要认为对坐标系进行旋转以在图 4.1(a)所示的条件下讨论速率调整问题。已知区域 1 和区域 2 中 $f_v^d(\Delta\hat{v}_i,\Delta\hat{v}_j)$ 的取值是相反的,由于 $f_v^d(\Delta\hat{v}_i,\Delta\hat{v}_j)$ 是一个线性函数,因此其取值具有连续性。它描述的函数在三维空间是一个平面,所以在 k_{ij} 函数的每个周期中 $f_v^d(\Delta\hat{v}_i,\Delta\hat{v}_j)$ 的正负号不变。当 $f_v^d(\Delta\hat{v}_i,\Delta\hat{v}_j)$ 的正负号发生了变化时,说明此时相对速度的方向角度值在 k_{ij} 函数的另一个周期中。基于 $f_v^d(\Delta\hat{v}_i,\Delta\hat{v}_j)$ 的这一性质,与对方向讨论类似,我们应用 $f_v^d(\Delta\hat{v}_i,\Delta\hat{v}_j)$ 的符号取值界定 k_{ij} 函数取值范围并且界定区域 1 与区域 2。

首先讨论边界条件。假设 k_{ij} 取值已定,可由关系式(4.41)推导出 $\Delta\hat{v}_i$ 和 $\Delta\hat{v}_j$ 之间的关系。

$$\Delta\hat{v}_j(a_1(k_{ij}))-\Delta\hat{v}_i(a_2(k_{ij}))=a_3(k_{ij}) \tag{4.43}$$

其中,

$$\begin{aligned}a_1(k_{ij})&=k_{ij}\cos(\phi_j)-\sin(\phi_j)\\a_2(k_{ij})&=k_{ij}\cos(\phi_i)-\sin(\phi_i)\\a_3(k_{ij})&=-a_1(k_{ij})v_o^j+a_2(k_{ij})v_o^i\end{aligned} \tag{4.44}$$

由于 $f_v^d(\Delta\hat{v}_i,\Delta\hat{v}_j)$ 在区域 1 和区域 2 两个区域的取值相反,因此可结合 $f_v^d(\Delta\hat{v}_i,\Delta\hat{v}_j)$ 的取值符号与式(4.43)将保证安全分离的条件分为互斥的两组条件。

第一种条件:当函数 $f_v^d(\Delta\hat{v}_i,\Delta\hat{v}_j)$ 在区域 1 取负值,可行解可以定义为如下的两组不等式。

$$\begin{cases}\Delta\hat{v}_j a_1(k_{ij}^2)-\Delta\hat{v}_i a_2(k_{ij}^2)\geqslant a_3(k_{ij}^2)\\ f_v^d(\Delta\hat{v}_i,\Delta\hat{v}_j)<0\end{cases}\quad \text{或} \quad \begin{cases}\Delta\hat{v}_j a_1(k_{ij}^1)-\Delta\hat{v}_i a_2(k_{ij}^1)\geqslant a_3(k_{ij}^1)\\ f_v^d(\Delta\hat{v}_i,\Delta\hat{v}_j)>0\end{cases} \tag{4.45}$$

第二种条件:当函数 $f_v^d(\Delta\hat{v}_i,\Delta\hat{v}_j)$ 在区域 2 取负值,则可行解可以定义为如下的两组不等式。

$$\begin{cases}\Delta\hat{v}_j a_1(k_{ij}^2)-\Delta\hat{v}_i a_2(k_{ij}^2)\leqslant a_3(k_{ij}^2)\\ f_v^d(\Delta\hat{v}_i,\Delta\hat{v}_j)>0\end{cases} \text{或} \begin{cases}\Delta\hat{v}_j a_1(k_{ij}^1)-\Delta\hat{v}_i a_2(k_{ij}^1)\leqslant a_3(k_{ij}^1)\\ f_v^d(\Delta\hat{v}_i,\Delta\hat{v}_j)<0\end{cases} \tag{4.46}$$

由于根据上面的讨论，$f_v^d(\Delta\hat{v}_i,\Delta\hat{v}_j)$不可能在区域1或者是区域2内变号，因此利用$f_v^d(\Delta\hat{v}_i,\Delta\hat{v}_j)$的初始值和$k_{ij}$的初始值判断$f_v^d(\Delta\hat{v}_i,\Delta\hat{v}_j)$在区域1与区域2中的取值正负，即当$\Delta\hat{v}_i$和$\Delta\hat{v}_j$同时取零时$f_v^d(0,0)$的取值和$k_{ij}^o$的取值。

如果$f_v^d(0,0)*k_{ij}^o>0$，说明k_{ij}^o落在了区域1上且$f_v^d(0,0)$取负或者是k_{ij}^o落在了区域2上而$f_v^d(0,0)$取正。这两种情况都说明$f_v^d(0,0)$在区域1上取负。

如果$f_v^d(0,0)*k_{ij}^o<0$，说明k_{ij}^o落在了区域1上且$f_v^d(0,0)$取正或者是k_{ij}^o落在了区域2上而$f_v^d(0,0)$取负。这两种情况都说明$f_v^d(0,0)$在区域1上取正。

如果出现了$f_v^d(0,0)=0$，或者$\sin(\phi_j)v_o^j-\sin(\phi_i)v_o^i=0$，$f_v^d(0,0)*k_{ij}^o$的取值要么无意义要么为零，则可以给$\Delta\hat{v}_i$和$\Delta\hat{v}_j$赋以适当取值，以保证$f_v^d(0,0)*k_{ij}^o$取值有意义且非零，然后按照上面的判断准则确定$f_v^d(\Delta\hat{v}_i,\Delta\hat{v}_j)$在不同子区域上的取值正负。

Pallottino在文献[55]，Antonio Alonso-Ayuso在文献[57,59]中提出的搜索区间与本书提出的搜索空间确定方法的根本性区别是，他们提出通过坐标系变换将图4.1(a)描述的问题转换为图4.1(b)中的问题以避免出现在不可行区域中有$f_v^d(\Delta\hat{v}_i,\Delta\hat{v}_j)$取值为零造成的奇异值现象。由于他们分别搜索了$f_v^d(\Delta\hat{v}_i,\Delta\hat{v}_j)$不同号条件下的约束式(4.6)所描述的可行域范围，因此其算法需要为每对无人机搜索4个可行区域，这增加了子区间的个数。本书考虑的约束式(4.5)的状况则能有效地减少搜索分支。

4.2.2 基于混合整数梯度算法的速率调整冲突消解模型

根据上文的分析，本书将基于速率调整的多无人机冲突消解问题建模为混合整数线性规划(MILP)模型。目标函数为

$$\min:\sum_{i=1}^{n} f_{\text{consum}}^i(\Delta\hat{v}_i) \tag{4.47}$$

约束为

$$\begin{aligned}
&a_3(k_{ij}^1)-\Delta\hat{v}_j a_1(k_{ij}^1)+\Delta\hat{v}_i a_2(k_{ij}^1)\leqslant(1-s_1^{ij})M_1^{ij}\\
&-f_v^d(\Delta\hat{v}_i,\Delta\hat{v}_j)<(1-s_1^{ij})M_1^{ij}\\
&a_3(k_{ij}^2)-\Delta\hat{v}_j a_1(k_{ij}^2)+\Delta\hat{v}_i a_2(k_{ij}^2)\leqslant(1-s_2^{ij})M_2^{ij}\\
&f_v^d(\Delta\hat{v}_i,\Delta\hat{v}_j)<(1-s_2^{ij})M_2^{ij}\\
&\Delta\hat{v}_j a_1(k_{ij}^1)-\Delta\hat{v}_i a_2(k_{ij}^1)-a_3(k_{ij}^1)\leqslant(1-s_3^{ij})M_3^{ij}\\
&f_v^d(\Delta\hat{v}_i,\Delta\hat{v}_j)<(1-s_3^{ij})M_3^{ij}
\end{aligned}$$

$$
\begin{aligned}
&\Delta\hat{v}_i a_2(k_{ij}^2) - \Delta\hat{v}_j a_1(k_{ij}^2) - a_3(k_{ij}^2) \leqslant (1 - s_4^{ij}) M_4^{ij} \\
&-f_v^d(\Delta\hat{v}_i, \Delta\hat{v}_j) < (1 - s_4^{ij}) M_4^{ij} \\
&\sum_{k=1}^{2} s_k^{ij} = 1, \quad \mathrm{d}s_{ij} > 0, \forall i,j \in n_l, g_{ij} \neq 0 \\
&\sum_{k=3}^{4} s_k^{ij} = 1, \quad \mathrm{d}s_{ij} < 0, \forall i,j \in n_l, g_{ij} \neq 0 \\
&a_{k_f,i} \cdot \hat{s}_i + b_{k_f,i} \leqslant e_i, \forall i \in n_l, k_f \in l_i \\
&\Delta\hat{v}_i \in (v_i - \hat{v}_i^{\min}, \hat{v}_i^{\max} - v_i), \forall i \in n_l
\end{aligned}
\tag{4.48}
$$

M_k^{ij} 被定义为足够大的数值。由于在搜索最优解时必须要确定一个可行解区域,因此 s_k^{ij} 被定义为选择变量。在前文中已经讨论过包括目标函数和约束函数都是线性条件,而选择变量为布尔变量值。因此基于速率调整的冲突消解问题是一个标准的 MILP 问题。由于本书中对可行解约束条件进行了进一步的讨论,相比于已有的算法将每个一对一的冲突对的子区间数量由 4 个减少到了 2 个,是原来搜索区间数的 1/2。相比于已有算法,本书的方法在消解多无人机冲突时将搜索空间数是已有算法的 $1/2n_l^c$,n_l^c 为一对一冲突的个数。

4.2.3 水平二维空间应用速率调整的冲突消解算例

下面给出两个案例以展示本节提出的基于速率调节的冲突消解算法。算法验证的平台是 Windows 7 系统,i5 双核 2.8GHz 计算机。仿真环境为 MATLAB 2014 环境。

例 4.3 假设空域中有 n_l(n_l 为奇数)个无人机在空中按照预定的计划飞行。在执行任务的过程中所有无人机需要穿过一个中心点。如图 4.10 所示,多无人机的初始构型和目标构型分别是两个环形。由于速率调整方法无法解决相向而行的冲突,因此在环形中分布的无人机数量为奇数个以保证不会出现相向而行的冲突。

无人机的初始速率为 50m/s。为了确保无人机的飞行稳定性,所有无人机的速率范围被设定在[30m/s,70m/s]的范围内,考虑最大正向和负向加速度均为 $2.5\mathrm{m/s^2}$。飞机的安全空域为半径 400m 的圆形空域。无人机初始位置均匀分布在半径为 20km 的圆环上,如图 4.10 (a)所示。由于速率调整方法受到无人机飞行包线的约束,为了保证能够及时地检测到无人机之间的冲突并保证它们的安全间隔,假设在 $t=0$ 时刻系统就能够检测到所有无人机之间的冲突,应用 MATLAB 优化工具箱中的混合整数线性规划函数 intlinprog 函数求解无人机之间的冲突问题。假设在圆环上分布了 19 个同构的无人机。经过速率调整后的冲突消解结果如图 4.11 所示。

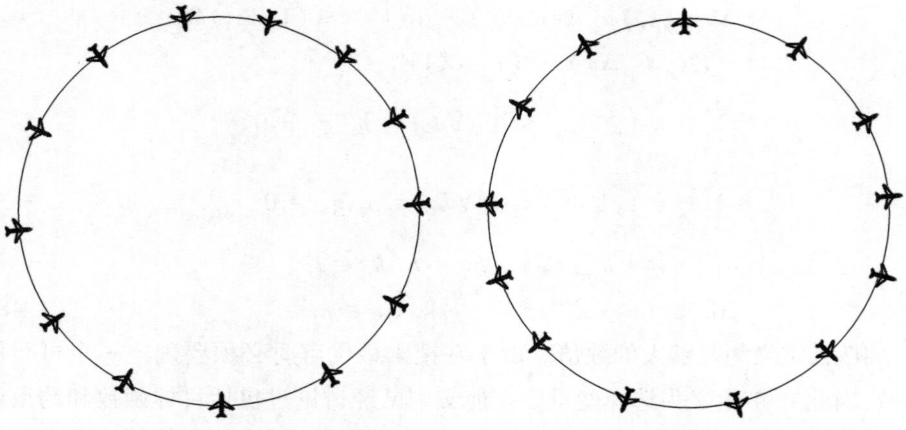

图 4.10　多无人机中心汇聚式冲突想定

(a) 初始构型;(b) 目标构型。

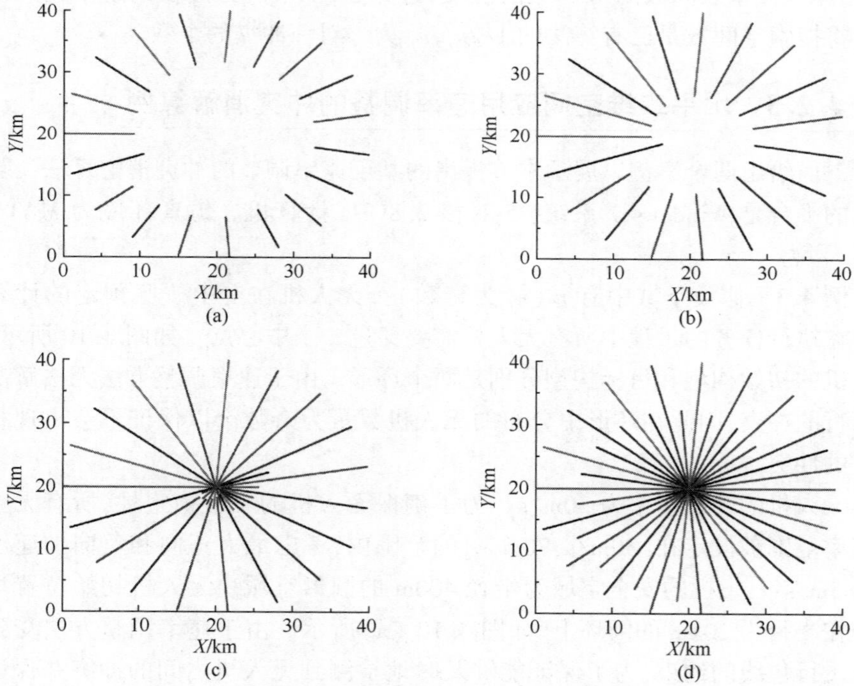

图 4.11　基于速率调整的冲突消解结果示意图

(a) T=160s;(b) T=260s;(c) T=450s;(d) T=740s。

由图 4.11 所示的冲突消解过程可知,在应用速率调整方法解决汇聚式冲突问题的最优策略是相邻的无人机调整速率依次飞过中心点。根据冲突消解的原理可知，飞机的飞行速率如图4.12所示。

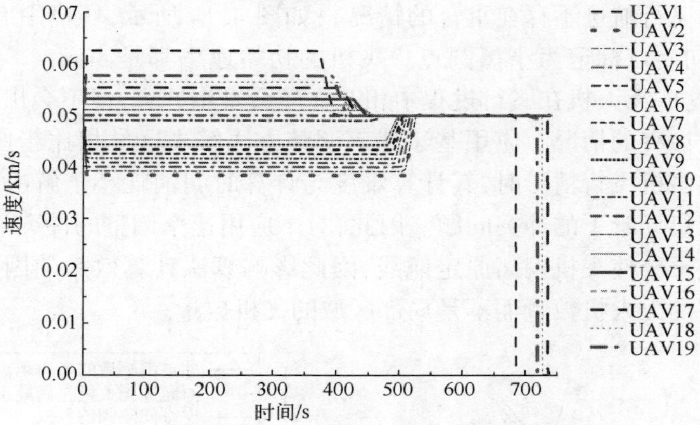

图4.12 中心汇聚式场景下速率调整过程示意图

混合整数线性规划方法求解速率调整策略消耗的时间与参与冲突的无人机因为一对一冲突构成的求解分支相关。当涉及冲突的无人机数量增多时有以下两个原因会影响计算效率：第一是无人机飞行方向的夹角变小，导致速率调整难以找到合适的可行解；第二是涉及冲突的无人机数量增多导致可行解分支增多，从而影响了计算效率。缓解第一个影响因素的方法是将延长速率调整的时间以提供足够的机动空间。缓解第二个影响因素的方法是降低解的质量，将求解最优解降低为求解可行解。图4.13所示为求解汇聚场景时全局最优解与求解局部可行解（求解限制为两个可行解中的更优解）的计算时间比较。可以看出，降低解的质量能够在一定程度上保证算法能够解决更多的冲突，但由于机动时间的限制，随着涉及冲突的无人机数量增多，计算效率仍将会大幅下降。

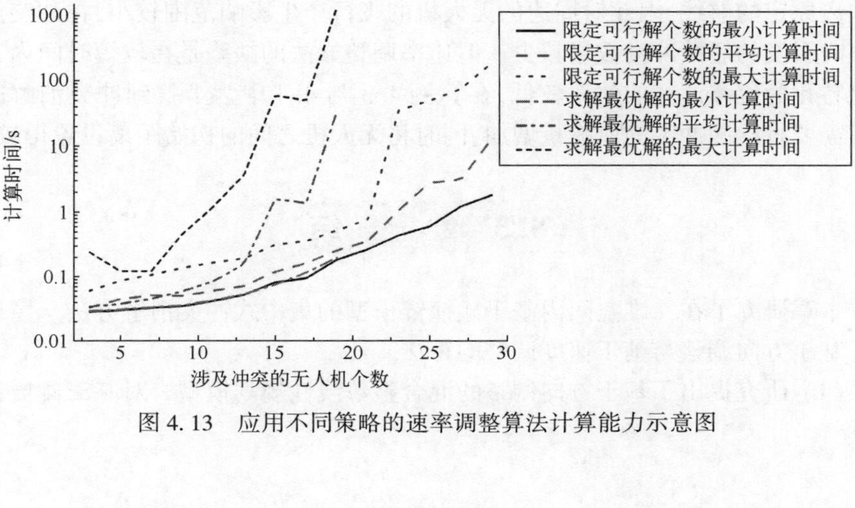

图4.13 应用不同策略的速率调整算法计算能力示意图

例 4.4 应用速率调整方法解决无人机之间的冲突问题的难度与涉及冲突的无人机数量直接相关。在环境中随机设置较多数量的无人机飞行的场景(这些无人机的飞行航迹不存在重合的情况),如图 4.14 所示,环境中有 36 个无人机,飞机的初始点标记为小黑圆点。飞机的初始速率都是 50m/s。根据初始的运动状态,这些无人机在飞行过程中相互之间会发生冲突,但不会出现大量无人机同时发生冲突的情况。应用基于速率调整方法解决这类相比于图 4.10 更加杂乱无章的多机飞行情形时,其计算难度与计算时间消耗小于解决相同数量无人机环形聚集场景下的冲突问题。因此,对于应用速率调整的冲突消解方法,因为速率调整不会使飞机偏离原定航线,因此影响算法计算效率的因素主要是每次涉及冲突的无人机数量而不是局部区域的飞机数量。

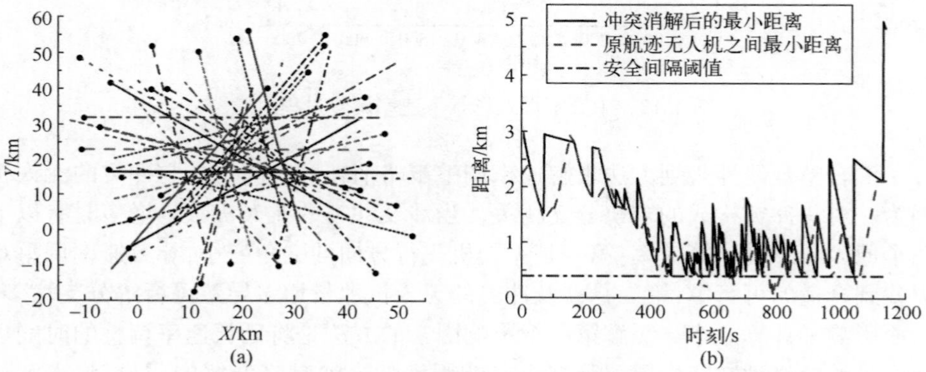

图 4.14 36 个无人机在混乱场景下的冲突消解图

(a) 基于速度调整的复杂冲突想定;(b) 速度调整后无人机在每个时刻最小间距。

基于速率调整的冲突消解问题因为被建模为混合整数线性优化问题,所以求解效率较高。相比于方向调整方法,基于速率调整的方法的优势是无人机不会偏离原定的航线,因此对周边的无人机的飞行产生影响范围较小,在冲突消解调整时引发的后续冲突数量较少。但速率调整方法的缺陷是在较短时间内速率变化转化为位移调整的效率较低,在算例 4.3 与 4.4 中为了找到冲突消解的可行解需要将检测冲突的前瞻量增加,同时将无人机之间的初始距离设置得较大。

4.3 小 结

本章研究了在二维空间内基于碰撞锥模型的集中式冲突消解方法。主要研究了基于方向调整与基于速度调整的算法。

(1) 研究提出了基于方向调整的混合整数线性规划模型。对基于碰撞锥模型的方向调整约束条件进行了推导整理,将一对一冲突中两个无人机的变量进行解耦,提出了基于空间映射方法的冲突消解责任划分策略。进一步在角度变换空间整理了涉及冲突的无人机机动条件约束集合,基于约束集合的性质建立了混合整数线性规划模型。相比于第3章中的方法,本方法能够快速寻找到符合模型优化条件的优化解,其不足在于缺少了对无人机机动策略的深度协调,造成无人机的机动量偏大。

(2) 研究提出了基于速度调整的混合整数线性规划模型。在已有的研究成果基础上,对基于碰撞锥模型的切线约束条件进行了深入分析,根据切线计算函数的特点将由飞机的位置与安全间隔区域确定的可行解区域分解为两个部分。进一步对基于速度调整的约束函数进行分析,发现了其线性特性。然后提出应用混合整数线性规划方法求解无人机的速度调整最优方案。相比于已有算法,本书将每对无人机由切线约束而形成的可行解区域个数减少了一半,提高了问题求解效率。

第5章 基于分布式优化方法的冲突消解方法研究

由于无人机的运用门槛低，环境多样，从经济与空间利用的角度分析，大面积建设基于地面管理系统的无人机空域运行管理设施将难以实施，另外在局部环境中飞行的无人机不可能总是隶属于同一个用户，因此很难由一架无人机对周边无人机进行集中式协调。集中式的冲突消解方法解决大量无人机之间的冲突时缺乏可靠性。因此未来对无人机的空域运行管理应因地制宜地采取灵活的管理模式。分布式冲突消解方法由于其去中心化的特点，可扩展能力强而受到研究人员的关注。与集中式优化方法的应用环境不同的是，在分布式环境下不存在一个特殊的个体在优先级和控制权上高于其他的个体，也不需要无人机具有很强的计算处理能力。分布式环境中每个无人机仅需要有限的计算能力以保证分布式计算的需要[118]。在一些同类型无人机聚集的运行环境中，例如快递无人机密集使用的区域，无人机可能隶属于同一家快递运营公司，也可能隶属于日常交互频繁的不同快递运营公司。在同一个区域固定运营的无人机的用户间有良好的沟通，因此具备为这些运营类无人机设计一些较复杂的依赖于相互之间合作的分布式冲突消解算法的基础。

5.1 采用基于分布式优化的消解冲突问题分析

固定运营于同一区域的大量无人机虽然由于缺乏一个集中式管理控制单元而无法应用集中式的优化方法协调所有无人机的飞行，但这些无人机的用户由于长期在同一区域开展业务，因此相互之间合作性较高。同时无人机之间的空间距离较近，邻近的无人机间可以应用一些能够保障通信带宽的通信设备。本书提出应用分布式优化的冲突消解方法解决多无人机间的冲突。在设计分布式的冲突消解算法之前，首先分析需要满足的一些基本的前提假设。

5.1.1 分布合作式冲突消解基本假设

（1）通信通畅条件。无人机相互之间保持接近，它们之间应当能够保持可信的通信。只有通信通畅条件下无人机间才能进行较高水平的协调，以保证无人机在选择冲突消解方案时采取高度配合的调整方案。

(2) 每个无人机需具备自主冲突消解模块。在分布式环境中没有集中式单元协调涉及冲突的无人机，每个无人机必须具备自主的冲突消解辅助决策模块。在冲突消解过程中每个无人机与其他的无人机之间保持高频的通信交互，机载冲突消解模块应能够根据其他无人机的机动策略实时调整自己的冲突消解策略。

5.1.2　分布式冲突消解的基本原理分析

分布式环境中没有集中的控制中心单元，也不存在任何一个无人机的优先级高于其他的无人机。在这种情况下可以依靠无人机间进行分布式合作消解相互间的冲突，可以将分布式系统看作一个网络模型[117]。Javier Alonso-Mora 等研究了多无人机遭遇障碍时所有无人机进行分布式优化解决航线规划和冲突消解问题。根据他们提出的算法，每个无人机都需进行单独的全局规划，然后根据全局规划的结果确定自己的规划结果[99]。由于所有无人机首先通过协调建立了全部无人机认识一致的局部凸空间，因此虽然每个无人机都孤立的规划自己的结果，但是凸规划的良好特性保证了所有无人机的独立式全局规划会得到一致性的解。此方法建立在每个无人机的计算能力足够强大且无人机处于凸环境的前提下，实际上缺乏可扩展性。随着涉及冲突的无人机的规模扩大，无人机的数量增加，每个无人机机载计算能力有限。本章考虑每个无人机只有局部信息感知能力，只能与在自己的通信感知范围内的局部无人机交互。

分布式环境中每个无人机作为独立个体将会以最大化自己的利益为目标。但大量无人机为了保证冲突消解的目标能够实现，个体必须考虑一定范围内的社会利益。Hill 等基于满足式博弈理论(satisfying game theory)将分布式冲突消解问题建模为满足式博弈问题。这是一种分布式优化方法，它的思想是每个无人机都能够采取和其他的无人机合作的行动。在分布式环境中每个智能体都是理智的个体，也就是它们采取什么样的行为完全取决于每个智能体的效用函数。为了确保无人机之间采取合作式协调，需要设计合理的效用函数。Hill 提出的博弈方法中冲突消解策略是离散的机动值，在复杂的环境中可能导致无人机难以找到可行的冲突消解策略。本书借鉴满足式博弈理论的思想，考虑分布合作式冲突消解问题中为了实现涉及冲突的无人机通过合作寻找到优化的冲突消解解决方案，每个无人机必须能够在寻优搜索中考虑与自己发生冲突的无人机的利益。为了找到局部优化的冲突消解策略，每个无人机都需要构建合理的效用函数，从而将冲突消解问题建模为分布式优化问题。

在分布式环境中，每个无人机只能感知到自己周边与自己直接发生冲突的无人机，无法在自己的世界中构建一个完整的冲突簇。从另一方面分析，由于每个无人机都能感知并考虑所有与自己有直接冲突的其他无人机，存在冲突关联关系的无人机能够因采取合作式的冲突消解策略而达成一个局部合作式寻优的效果，因此在分布式冲突消解问题中仍然可以应用冲突簇描述局部相关联的无人机群体的冲突。下文分析在一个冲突簇中进行分布式冲突消解优化的问题。

$A=\{A_1,A_2,\cdots,A_{n_l}\}$是第 l 个冲突簇中的所有无人机，$X=\{x_1,x_2,\cdots,x_{k_l}\}$是机动方向变量集。在二维空间中每个无人机的控制变量为水平航迹倾角，因此为 A_i 规划的调整变量是 $\varphi_i(t)$。在三维空间中，A_i 可以调整其水平航迹倾角和竖直俯仰角，因此可以为 A_i 规划的调整变量包括 $\xi_i(t)$ 和 $\varphi_i(t)$。在二维空间中 $k_l=n_l$，在三维空间中 $k_l=2n_l$。$D=\{D_1,D_2,\cdots,D_{k_l}\}$是变量定义域集。$U=\{U_1,U_2,\cdots,U_{n_l}\}$是函数集，函数用来描述无人机的效用。分布式优化的目标是找到一个解集合 X^* 以最大化无人机簇的收益。本章定义分布合作式冲突消解的目标与集中式冲突消解的目标相同，即分布合作式冲突消解的目标也是搜索可降低涉及冲突的无人机簇的机动消耗总和的机动方案。为实现此优化目标，进一步需考虑的是为无人机设计驱动它们采取合作策略的效用函数。

因子图(factor graph)是一个双向的图，其中包含了两类节点：参数节点和函数节点[119]。因子图可以被用来描述控制参数和约束函数间的关系。在多无人机冲突消解问题中，飞机的冲突约束是成对的。使用基于效用的因子图描述涉及冲突的无人机的优化目标能够清晰地描述分布式优化中每个无人机的效用函数与其他无人机间的关系。为了保证所有飞机最终能够找到优化全局目标的解决方案，需要将冲突簇的总体目标合理地分解到每个效用函数中。在分布式优化问题中，整个求解过程分为两步：第一步搜索安全间隔可行解；第二步根据可行解搜索能够降低机动消耗的优化解。不同求解阶段需要设计不同的效用函数。以在第一阶段搜索可行解为例讨论效用函数的定义。

在分布式环境中每个无人机考虑解决与多个其他无人机的冲突时，需要对每个一对一冲突单独考虑。因为每个一对一冲突里无人机的相互关系是一个二元关系，因此能够应用效用值函数直观地分解冲突消解的总体目标。如图 5.1 所示，当 3 个飞机之间存在冲突时，每个无人机的效用值函数只和与其直接相关联的无人机的控制变量相关。为了保证分布式优化过程中所有的无人机的效用函数之和为整个冲突簇的总体优化目标，可令每个无人机在确定其效用值函数时定义为它涉及的每个一对一冲突的冲突评价函数取值的 1/2 之和。例如，对 A_1 和 A_2，A_2 和 A_3 以及 A_1 和 A_3 之间的冲突的严重程度进行数值化度量，可以得到评价 $p(\varphi_1,\varphi_2)$、$p(\varphi_1,\varphi_3)$ 和 $p(\varphi_2,\varphi_3)$，效用函数可以被定义为

$$
\begin{cases}
U_1 = \dfrac{1}{2}[p(\varphi_1, \varphi_2) + p(\varphi_1, \varphi_3)] \\
U_2 = \dfrac{1}{2}[p(\varphi_1, \varphi_2) + p(\varphi_2, \varphi_3)] \\
U_3 = \dfrac{1}{2}[p(\varphi_1, \varphi_3) + p(\varphi_2, \varphi_3)]
\end{cases} \tag{5.1}
$$

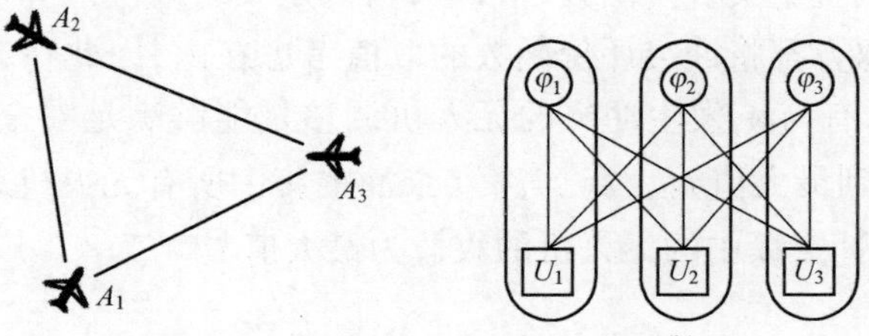

图 5.1　应用基于因子图描述分布式条件下无人机的效用函数

(a) 3 个无人机发生冲突的场景；(b) 基于效用函数描述的 factor graph。

所有无人机的效用函数之和为

$$
U = U_1 + U_2 + U_3 = p(\varphi_1, \varphi_2) + p(\varphi_1, \varphi_3) + p(\varphi_2, \varphi_3) \tag{5.2}
$$

这就是 3 个无人机面对自己所面对冲突的总体评价，与式(3.1)的结构相同。这种效用函数的定义为基于分布式优化求解得到整个冲突簇的整体优化目标构建了基础。

5.2　二维空间中应用分布式优化方法求解局部最优解

在缺乏较好的求解器的情况下求解应用速度调整的冲突消解策略的求解效率较低，本章研究应用方向调整方法解决分布式冲突消解问题。根据在 5.1 节中的讨论，分布式优化的优化目标为降低冲突簇内无人机机动消耗之和。因此分布式冲突消解问题仍可建模为 3.1 节中构建的非线性模型：在考虑无人机的安全间隔约束和机动性能约束的前提下降低无人机在转弯机动时的消耗。首先讨论效用函数的构建。算法的核心思想是首先获得可行的初始解，然后在初始解所在的连续区域上求解最优解。因此考虑分两步求解问题：第一步求解初始可行解；第二步求解局部最优解。首先讨论应用分布式优化方法求解初始可行解。

初始可行解应当保证无人机之间的安全间隔，后续的优化解在初始解附近进行搜索优化。在 5.1 节中讨论了求解初始可行解的效用函数。由于各个无人

机可以自行检测得到自己和临近无人机间的冲突关系，无人机 A_k 的效用函数可定义为

$$U_k(\boldsymbol{\Phi}_s^k) = \frac{1}{2}\sum_{i=1}^{n_{l,k}^c} c_{ik} \tag{5.3}$$

其中，$n_{l,k}^c$ 是与 A_k 面临的一对一冲突对数，$\boldsymbol{\Phi}_s^k = \{\varphi_k^1, \cdots, \varphi_k^{n_c^{l,k}}, \varphi_k\}$ 是 A_k 和与 A_k 相冲突的无人机的调整量集合。函数 $c_{ik}(\varphi_k^i, \varphi_k)$ 的定义与式(3.19)相同。由于每组一对一冲突的双方都将冲突评价函数的取值考虑在内，因此在 A_i 的效用函数前乘以 1/2。当所有与 A_k 发生冲突的无人机调整量能够满足安全间隔约束时，$U_k(\boldsymbol{\Phi}_s^k)$ 的取值达到最大值 $n_{l,k}^c/2$。当第 l 个冲突簇中所有无人机之间都能保证安全间隔时，整个冲突簇中的无人机的收益为最大值 $U_l^{\max}$ 为

$$U_l^{\max} = \sum_{k=1}^{n_l} \max U_k(\boldsymbol{\Phi}_s^k) = n_l^c \tag{5.4}$$

其中，n_l^c 为第 l 个冲突簇中一对一冲突的个数。

分布式优化中第 l 个冲突簇中所有无人机的效用函数 U_k 之和就是集中式优化中整个冲突簇的优化目标。A_k 的效用函数 $U_k(\boldsymbol{\Phi}_s^k)$ 考虑了所有与它冲突的其他无人机，能够确保无人机为了最大化各自的效用函数考虑其他无人机。由于同一冲突簇中所有无人机的冲突关系构成的图是连通图，通过通信与迭代，每个无人机的优化目标函数的局部极值就是整个冲突簇优化目标的局部极值。

当无人机通过分布式优化方法获得可行解后，进一步需基于可行解求解局部最优解。因此在进一步优化过程中，需设计能够让无人机合作式搜索降低机动消耗，且不会造成冲突的机动策略。此时的效用值函数设计相比于搜索初始可行解更加不明确，将在下文中进一步讨论。

5.2.1 分布式优化问题分析

在两个飞机相距距离较远的情况下终点约束条件是双峰函数，切线约束条件在 K 值函数连续的区域是单调函数。在集中式冲突消解过程中有集中控制单元可在每次迭代中对冲突簇中冲突相关的无人机进行微调，因此集中式冲突消解能够获得一次计算的所有数据。在分布式环境中，每个无人机只能与周边无人机保持通信，无法获得全局数据，因此保证算法的收敛性成为关键问题。

应用分布式优化方法求解凸问题能够得到较理想的解。因为分布式寻优过程中智能体间存在协调的问题，复杂的寻优搜索策略难以保证收敛性，而凸函数能够确保目标函数向最优收敛的趋势，因此对搜索算法本身的要求不用过于苛刻。在求解分布式优化问题时，基于梯度方法的分布式优化方法的应用较为普遍，梯度算法可以沿着函数下降或者上升的方向搜索最优值[120-121]。在第 3 章

中已经证明了安全间隔约束函数的非凸特性，但由于这些条件在较大范围内是单调的，同时能够保证无人机间安全间隔的可行解是一个连续区域内的解，因此应用分布式优化方法搜索可行解具有可行性。

5.2.1.1　连续性的证明

分布式优化求解需要问题具有较好的连续性。在分布式优化中需要确保约束集中的约束函数都是 Lipschitz 连续的。利普希茨连续性（Lipschitz continuity）条件是一个比一致连续更强的光滑性条件。

Lipschitz 连续性条件：若存在常数 K 使得对定义域 D 的任意两个不同的实数 x_1, x_2 均有 $\| f(x_1)-f(x_2) \| \leqslant K \| x_1-x_2 \|$ 成立，则称 $f(x)$ 在 D 上满足 Lipschitz 连续性条件。

如果终点约束条件和切线约束条件函数满足了 Lipschitz 连续性条件，则能够保证分布式优化方法求解冲突消解可行解的可行性。因此需要证明终点约束条件和切线约束条件的 Lipschitz 连续性条件。

(1) 终点约束条件的 Lipschitz 连续性证明。

证明：

A_i 与 A_j 的终点距离函数为

$$d_{ij}(\tau, \varphi_i, \varphi_j) = \| \boldsymbol{P}_{ij}(0) - \boldsymbol{v}_{ji}\boldsymbol{\tau} \| \tag{5.5}$$

假设在无人机 A_i 与 A_j 的可机动范围内有两个点 $(\varphi_i^1, \varphi_j^1)$ 和 $(\varphi_i^2, \varphi_j^2)$，函数式(5.5)在这两个点上取值的差值为

$$d_{ij}(\tau, \varphi_i^1, \varphi_j^1) - d_{ij}(\tau, \varphi_i^2, \varphi_j^2) = \| \boldsymbol{P}_{ij}(0) - \boldsymbol{v}_{ji}^1\boldsymbol{\tau} \| - \| \boldsymbol{P}_{ij}(0) - \boldsymbol{v}_{ji}^2\boldsymbol{\tau} \| \tag{5.6}$$

根据范数运算法则可得

$$\| \boldsymbol{P}_{ij}(0) - \boldsymbol{v}_{ji}^1\boldsymbol{\tau} \| - \| \boldsymbol{P}_{ij}(0) - \boldsymbol{v}_{ji}^2\boldsymbol{\tau} \| \leqslant \| P_{ij}(0) - \boldsymbol{v}_{ji}^1\boldsymbol{\tau} - (P_{ij}(0) - \boldsymbol{v}_{ji}^2\boldsymbol{\tau}) \| = \| \boldsymbol{v}_{ji}^2\boldsymbol{\tau} - \boldsymbol{v}_{ji}^1\boldsymbol{\tau} \| \tag{5.7}$$

已知 $\boldsymbol{v}_{ji} = \boldsymbol{v}_j - \boldsymbol{v}_i$，将等式(5.7)展开为

$$\| \boldsymbol{v}_{ji}^2\boldsymbol{\tau} - \boldsymbol{v}_{ji}^1\boldsymbol{\tau} \| = \| (v_i^2 - v_i^1)\boldsymbol{\tau} + (v_j^1 - v_j^2)\boldsymbol{\tau} \| < \| v_i^2\boldsymbol{\tau} - v_i^1\boldsymbol{\tau} \| + \| v_j^1\boldsymbol{\tau} - v_j^2\boldsymbol{\tau} \| \tag{5.8}$$

为了证明 Lipschitz 连续性，对不等式(5.8)右边的两个量分开讨论。$\| v_i^2\boldsymbol{\tau} - v_i^1\boldsymbol{\tau} \|$ 可以展开为

$$\| v_i^2\boldsymbol{\tau} - v_i^1\boldsymbol{\tau} \| = v_i\tau \| \cos(\phi_i + \varphi_i^2) - \cos(\phi_i + \varphi_i^1), \sin(\phi_i + \varphi_i^2) - \sin(\phi_i + \varphi_i^1) \| \tag{5.9}$$

为了讨论式(5.9)的取值，构建一个辅助单位圆。将 $\phi_i + \varphi_i^2$ 对应的坐标定义为 P_2 将 $\phi_i + \varphi_i^1$ 对应的坐标定义为 P_1，如图 5.2 所示。

由图 5.2 可知，式(5.9)描述的是 P_1 与 P_2 两点的直线距离，根据圆上两点的直线距离小于这两个点所对应劣弧的长度可知：

$$\| P_1P_2 \| < |\varphi_i^2 - \varphi_i^1| \tag{5.10}$$

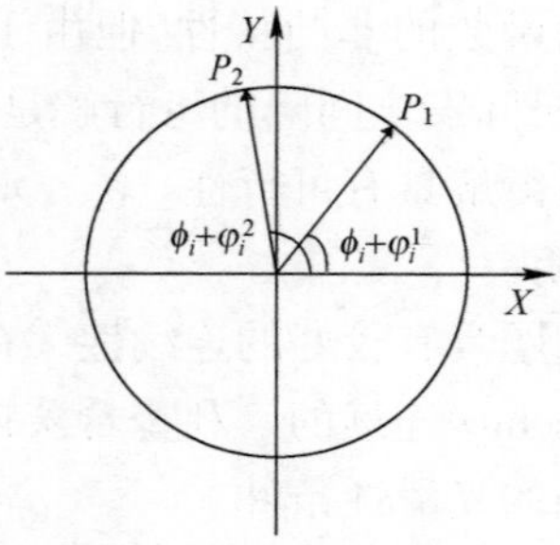

图 5.2 辅助单位圆

同理,对 $\phi_j+\varphi_j^2$ 与 $\phi_j+\varphi_j^1$ 也可以应用上述中的方法进行分析。因此可以得到关系式:

$$f(\varphi_i^1,\varphi_j^1)-f(\varphi_i^2,\varphi_j^2)<v_i\tau|\varphi_i^2-\varphi_i^1|+v_j\tau|\varphi_j^2-\varphi_j^1| \tag{5.11}$$

设 $K_{ij}=\max\{v_i\tau,v_j\tau\}$,则不等式(5.11)可以进一步推导为

$$\| d_{ij}(\tau,\varphi_i^1,\varphi_j^1)-d_{ij}(\tau,\varphi_i^2,\varphi_j^2)\|<K_{ij}(|\varphi_i^2-\varphi_i^1|+|\varphi_j^2-\varphi_j^1|)=K_{ij}\|\varphi_i^2-\varphi_i^1,\varphi_j^2-\varphi_j^1\|_1 \tag{5.12}$$

由此证明终点距离计算函数满足 Lipschitz 连续性条件。

(2) 切线约束的 Lipschitz 连续性条件证明。

证明:

由第 2 章中的分析可知,基于切线条件的最小距离函数为

$$d_{ij}^p(\varphi_i,\varphi_j)=\left\|\boldsymbol{P}_{ij}(0)-\frac{\boldsymbol{P}_{ij}(0)\cdot\boldsymbol{v}_{ji}}{\|\boldsymbol{v}_{ji}\|}\right\| \tag{5.13}$$

假设在无人机 A_i 与 A_j 的可机动范围内有两个点$(\varphi_i^1,\varphi_j^1)$和$(\varphi_i^2,\varphi_j^2)$,函数式(5.13)在这两个点上取值的差值为

$$d_{ij}^p(\varphi_i^2,\varphi_j^2)-d_{ij}^p(\varphi_i^1,\varphi_j^1)=\left\|\boldsymbol{P}_{ij}(0)-\frac{\boldsymbol{P}_{ij}(0)\cdot\boldsymbol{v}_{ji}^2}{\|\boldsymbol{v}_{ji}^2\|}\right\|-\left\|\boldsymbol{P}_{ij}(0)-\frac{\boldsymbol{P}_{ij}(0)\cdot\boldsymbol{v}_{ji}^1}{\|\boldsymbol{v}_{ji}^1\|}\right\| \tag{5.14}$$

根据范数运算法则可得

$$\begin{aligned}
&\left\|\boldsymbol{P}_{ij}(0)-\frac{\boldsymbol{P}_{ij}(0)\cdot\boldsymbol{v}_{ji}^2}{\|\boldsymbol{v}_{ji}^2\|}\right\|-\left\|\boldsymbol{P}_{ij}(0)-\frac{\boldsymbol{P}_{ij}(0)\cdot\boldsymbol{v}_{ji}^1}{\|\boldsymbol{v}_{ji}^1\|}\right\| \\
&\leqslant\left\|\boldsymbol{P}_{ij}(0)-\frac{\boldsymbol{P}_{ij}(0)\cdot\boldsymbol{v}_{ji}^2}{\|\boldsymbol{v}_{ji}^2\|}-\left(\boldsymbol{P}_{ij}(0)-\frac{\boldsymbol{P}_{ij}(0)\cdot\boldsymbol{v}_{ji}^1}{\|\boldsymbol{v}_{ji}^1\|}\right)\right\| \\
&=\left\|\frac{\boldsymbol{P}_{ij}(0)\cdot\boldsymbol{v}_{ji}^1}{\|\boldsymbol{v}_{ji}^1\|}-\frac{\boldsymbol{P}_{ij}(0)\cdot\boldsymbol{v}_{ji}^2}{\|\boldsymbol{v}_{ji}^2\|}\right\| \\
&=\left\|\boldsymbol{P}_{ij}(0)\cdot\left(\frac{\boldsymbol{v}_{ji}^1}{\|\boldsymbol{v}_{ji}^1\|}-\frac{\boldsymbol{v}_{ji}^2}{\|\boldsymbol{v}_{ji}^2\|}\right)\right\|
\end{aligned} \tag{5.15}$$

$$\leqslant \| \boldsymbol{P}_{ij}(0) \| \cdot \left\| \frac{\boldsymbol{v}_{ji}^1}{\| \boldsymbol{v}_{ji}^1 \|} - \frac{\boldsymbol{v}_{ji}^2}{\| \boldsymbol{v}_{ji}^2 \|} \right\|$$

已知$\boldsymbol{v}_{ji}^1 / \| \boldsymbol{v}_{ji}^1 \|$和$\boldsymbol{v}_{ji}^2 / \| \boldsymbol{v}_{ji}^2 \|$都是单位向量，令$\boldsymbol{e}_1 = \boldsymbol{v}_{ji}^1 / \| \boldsymbol{v}_{ji}^1 \|$，$\boldsymbol{e}_2 = \boldsymbol{v}_{ji}^2 / \| \boldsymbol{v}_{ji}^2 \|$，$\boldsymbol{e}_1 - \boldsymbol{e}_2$是单位圆上两个向量的差值，如图5.3所示。

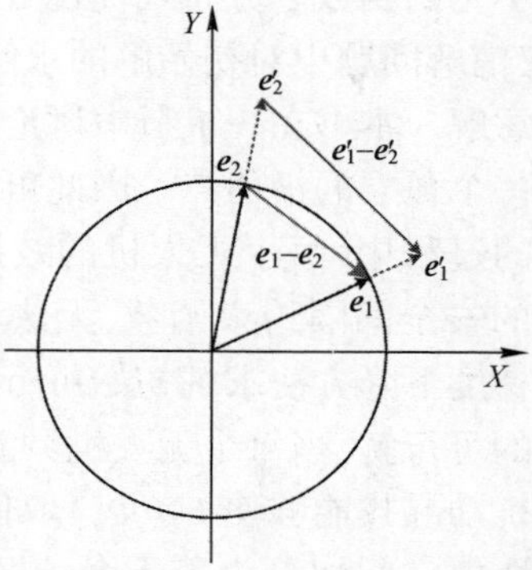

图5.3　切线约束条件证明辅助单位圆

根据范数运算法则可得到下列不等式组：

$$\begin{aligned} \| \boldsymbol{v}_{ji}^1 \| &= \| \boldsymbol{v}_j^1 - \boldsymbol{v}_i^1 \| \geqslant \| \boldsymbol{v}_j^1 \| - \| \boldsymbol{v}_i^1 \| = |v_j - v_i| \\ \| \boldsymbol{v}_{ji}^2 \| &= \| \boldsymbol{v}_j^2 - \boldsymbol{v}_i^2 \| \geqslant | \| \boldsymbol{v}_j^2 \| - \| \boldsymbol{v}_i^2 \| | = |v_j - v_i| \end{aligned} \tag{5.16}$$

对于向量$\boldsymbol{e}_1$，用$|v_j - v_i|$替换其分母$\| \boldsymbol{v}_{ji}^1 \|$没有改变向量的方向，只是改变了向量的幅值，变为$\boldsymbol{e}'_1$。因此对$\boldsymbol{e}_1$与$\boldsymbol{e}_2$的分母替换为$|v_j - v_i|$的效果是将向量$\boldsymbol{e}_1$与$\boldsymbol{e}_2$向外进行了一定幅度的延伸。$\| \boldsymbol{v}_{ji}^1 / \| \boldsymbol{v}_{ji}^1 \| - \boldsymbol{v}_{ji}^2 / \| \boldsymbol{v}_{ji}^2 \| \|$是$\boldsymbol{e}_1$与$\boldsymbol{e}_2$两个单位向量的差值。经过分母替换后由图5.3分析可得

$$\left\| \frac{\boldsymbol{v}_{ji}^1}{\| \boldsymbol{v}_{ji}^1 \|} - \frac{\boldsymbol{v}_{ji}^2}{\| \boldsymbol{v}_{ji}^2 \|} \right\| \leqslant \left\| \frac{\boldsymbol{v}_{ji}^1}{|\boldsymbol{v}_j - \boldsymbol{v}_i|} - \frac{\boldsymbol{v}_{ji}^2}{|\boldsymbol{v}_j - \boldsymbol{v}_i|} \right\| = \frac{\| \boldsymbol{v}_{ji}^1 - \boldsymbol{v}_{ji}^2 \|}{|\boldsymbol{v}_j - \boldsymbol{v}_i|} \tag{5.17}$$

在此应用与证明终点约束分析中相同的方法，由式(5.17)得到

$$\frac{\| \boldsymbol{v}_{ji}^1 - \boldsymbol{v}_{ji}^2 \|}{|\boldsymbol{v}_j - \boldsymbol{v}_i|} \leqslant \frac{\boldsymbol{v}_i |\varphi_i^2 - \varphi_i^1| + \boldsymbol{v}_j |\varphi_j^2 - \varphi_j^1|}{|\boldsymbol{v}_j - \boldsymbol{v}_i|} \tag{5.18}$$

因此可以得到

$$d_{ij}^p(\varphi_i^2, \varphi_j^2) - d_{ij}^p(\varphi_i^1, \varphi_j^1) \leqslant \frac{\boldsymbol{v}_i |\varphi_i^2 - \varphi_i^1| + \boldsymbol{v}_j |\varphi_j^2 - \varphi_j^1|}{|\boldsymbol{v}_j - \boldsymbol{v}_i|} \tag{5.19}$$

定义参数$K'_{ij} = \max\{\boldsymbol{v}_i, \boldsymbol{v}_j\}$，可得

$$\| d_{ij}^p(\varphi_i^2, \varphi_j^2) - d_{ij}^p(\varphi_i^1, \varphi_j^1) \| \leqslant \frac{K'_{ij} \| \varphi_i^2 - \varphi_i^1, \varphi_j^2 - \varphi_j^1 \|_1}{|\boldsymbol{v}_j - \boldsymbol{v}_i|} \tag{5.20}$$

由于$K'_{ij} / |\boldsymbol{v}_j - \boldsymbol{v}_i|$为已知常数，因此证明切线约束满足Lipschitz连续性条件。

5.2.1.2 可行解搜索问题和初始解确定

根据5.2.1.1节中的讨论,可知无人机安全间隔约束条件满足Lipschitz连续性条件。本书在3.1节分析了终点约束与切线约束单调性特性。由分析可知终点约束函数所描述的约束条件与切线约束函数为分区域单调函数。但是终点约束条件与切线约束条件不是凸函数。分布式优化方法在处理非凸问题时难以保证找到最优解,但在冲突消解问题中对初始解的求解不是为了找到最优解,而是寻找满足安全间隔的任意解。本书在3.1节中讨论了安全约束条件的可行解为若干个连续区域而不是一个孤立的极值点。因此可应用分布式优化方法求解冲突消解可行解。在寻优的过程中,每个无人机的效用函数只包含着与自己存在空域冲突的所有无人机的安全间隔约束函数,无法计算准确的梯度信息。因此每个无人机都应用随机梯度下降方法求解初始可行解。假设在局部区域有能够保证飞机之间安全间隔的可行解,当每个无人机只能控制一个变量时,随机梯度方法实际上是通过随机扰动寻找能够使 $U_k(\boldsymbol{\Phi}_s^k)$ 取值增大的偏微分方向。

由于非可行解将整个取值空间切分为若干个子区域,采用分布合作式求解只能搜索到局部最优解。每个无人机选择的搜索出发点就决定了应用梯度方法搜索的子区域范围。可行解搜索区域的选择主要考虑两个方面的问题:保证更快地搜索到可行初始解;降低飞机的机动消耗。根据这两个方面考虑,每个无人机需要自行分析当前面临的冲突形势。

5.2.1.3 初始可行解的求解过程

在分布合作式冲突消解过程中,无人机之间保持高频次的通信。每个飞机搭载的冲突消解模块工作过程如下:

在第 m 次的迭代过程中,A_k 首先接收自己邻居更新的角度机动量 $\boldsymbol{\Phi}_s^{k(m)}$。然后在自己的控制量 $\varphi_k^{(m)}$ 上产生一个随机波动 $\delta\varphi_k^{(m)}$。波动服从正态分布 $N(0,\sigma_k^2)$。其中 σ_k^2 是波动的方差,其取值决定于当前 A_k 涉及的所有冲突的严重程度 $U_k(\boldsymbol{\Phi}_s^k)/n_{l,k}^c$。$A_k$ 将计算效用函数新的取值 $U_k(\boldsymbol{\Phi}_s^{k(m)}+\delta\varphi_k^{(m)})$。因此,效用函数的变化量为

$$\delta U_k^{(m)}=U_k(\boldsymbol{\Phi}_s^{k(m)}+\delta\varphi_k^{(m)})-U_k(\boldsymbol{\Phi}_s^{k(m)}) \tag{5.21}$$

因此,根据 $\delta U_k^{(m)}$ 可得到 φ_k 在新一轮迭代中的取值为

$$\varphi_k^{(m+1)}=\varphi_k^{(m)}+\gamma_k^{(m)}\delta U_k^{(m)}\delta\varphi_k^{(m)} \tag{5.22}$$

其中,$\gamma_k^{(m)}$ 是第 k 个无人机的机动角度调整增益系数,其取值取决于迭代次数。当迭代次数增加时,$\gamma_k^{(m)}$ 的取值也会相应地增加。经过迭代后,A_k 将会向自己的邻居广播自己新的机动调整量。

当 A_k 的效用函数达到 $n_{l,k}^c/2(k\in n_l)$ 时,说明 A_k 可以与周围无人机能够保持安全间隔。A_k 将暂停对 φ_k 的更新,直到收到自己邻居的状态更新检测到新的冲突。当 A_k 周边的邻居不再更新它们的调整量时,说明系统中的冲突已经被消解

了，此时初始可行解的搜索过程结束。

多无人机在分布式环境中协调求解初始解时，无人机每次得到邻居的状态量后应充分提高独立计算的效率，尽量降低通信带宽的需求。因此需要对单个无人机独立计算的过程进行优化。由于安全间隔约束条件是分区域单调的，根据多变量微积分的特性可以得到以下结论：

若 $d_{ij}^{p}(\varphi_i,\varphi_j)$ 取值小于 $d_{ij}^{p}(\varphi_i+\delta\varphi_i,\varphi_j)$ 与 $d_{ij}^{p}(\varphi_i,\varphi_j+\delta\varphi_j)$，则 $d_{ij}^{p}(\varphi_i,\varphi_j)$ 的取值也小于 $d_{ij}^{p}(\varphi_i+\delta\varphi_i,\varphi_j+\delta\varphi_j)$。这说明 $(\delta\varphi_i,\delta\varphi_j)$ 是使 $d_{ij}^{p}(\varphi_i,\varphi_j)$ 取值下降的方向。

根据这个结论，无人机一对一冲突的涉及方可分别独立地搜索能够改进冲突状态的策略 φ_i 与 φ_j。我们提出应用自我更新的机制来改善对机间交互数据的利用效益。在式(5.21)与式(5.22)定义的更新算法中的运算可被划分为两个步骤：第一步，A_i 独立更新 φ_i，进行几轮的迭代计算。这个阶段被分为自我更新阶段，主要的计算被定义为：

在第 m 个迭代阶段，A_i 从邻居处获得了机动策略 $\boldsymbol{\Phi}_s^{i(m)}$。它将使用式(5.21)与式(5.22)定义的更新迭代策略更新自己的策略。在这个阶段中假设自己的邻居的机动策略是固定不变的，A_i 只更新自己的调整策略 $\delta\varphi_i^{(m)}$。

第二步，无人机向邻近的无人机公布自己的方向调整策略，以矫正每个无人机独立更新带来的偏差。

A_i 在自我更新阶段更新策略时，如图 5.4 所示。它将向自己的邻居广播 $\delta\varphi_i^{(m+1)}$ 的取值。自我更新机制会通过自我更新来提高对外部迭代更新数据利用的效率。因此无人机可以用较少的外部迭代获得可行解，以减少需要的通信带宽。

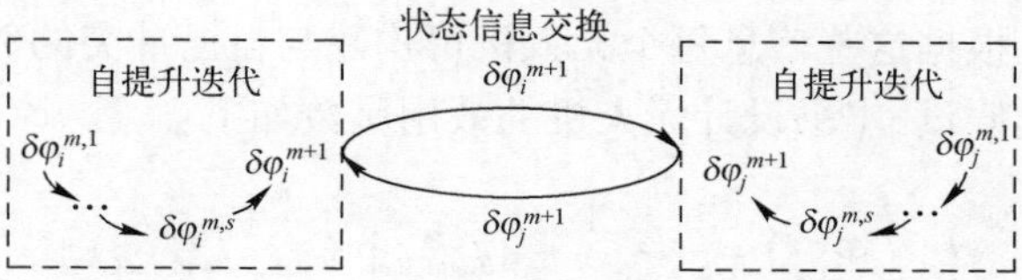

图 5.4　自我更新机制

为了验证自我更新机制的有效性，本书设计了大量复杂的仿真冲突场景，收集了异构的无人机涉及冲突时应用分布式的冲突消解算法获取可行解在飞机之间进行的通信次数。仿真场景中涉及冲突的无人机数量从 2 架到 48 架不等。实验设置每个无人机自己更新的阶段迭代次数为 15 次。无人机求解可行解的平均迭代次数如图 5.5 所示。结果说明每个无人机可以在不多于 5 次迭代中获得可行解。平均迭代次数会随着涉及冲突的无人机数量增加而缓慢地增加。这说明在一定数量范围内无人机的冲突消解不需要苛刻的通信带宽。

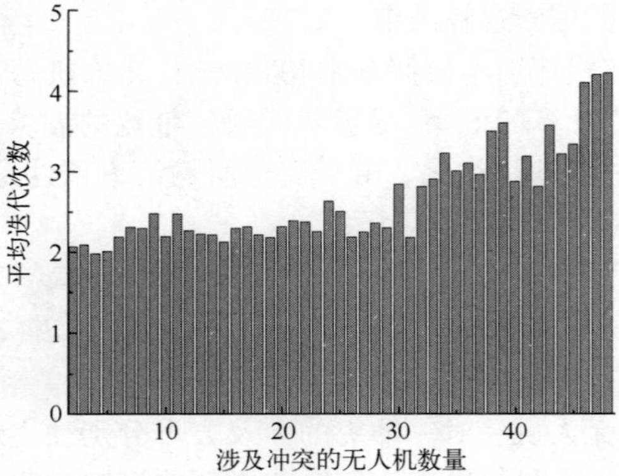

图 5.5　无人机求解可行解时的平均迭代次数

5.2.1.4　冲突消解策略的优化

得到初始可行解后,系统需进一步在可行解所在的局部区域搜索能够降低无人机消耗的局部优化解。每个无人机 A_i 只能控制自己的机动量。与初始解求解的问题不同在于无人机间缺乏一个能够明确描述单个无人机机动对整个冲突簇内其他无人机收益影响的关系描述,这导致在优化机动策略时涉及冲突的无人机无法根据直接的相互关联关系判断自己的机动对整体收益的影响。如果每个无人机以降低自己的机动消耗为目标,所有无人机必将会成为完全自私的智能体,造成局部极小。为了保证无人机在由初始可行解开始求解优化解决方案时考虑到集体的利益(自己周边的无人机的消耗),需要设计能够将所有无人机有机联系起来的效用函数。由于分布式优化的目标是优化整个冲突簇的收益,本书假设所有相互冲突的无人机都了解与自己发生冲突的无人机的目标点和目标航迹等信息。根据这些信息每个无人机可构建与自己冲突的邻居无人机的目标函数。基于此假设,本书设计无人机的效用函数如下:

$$U_k^*(\Phi_s^{k*}) = -\frac{1}{n_{l,k}^c + 1}\left(f_{\text{add_fuel}}^k + \sum_{i=1}^{n_{l,k}^c} f_{\text{add_fuel}}^i\right) \tag{5.23}$$

U_k^* 确定了每个无人机的目标是最小化自己的机动消耗和与自己冲突的邻居的机动消耗之和。如果所有无人机都以最小化自己的目标函数 $U_k^*(\Phi_s^{k*})$ 的取值为目标,最终优化效果就是冲突簇中无人机的机动消耗之和达到局部极小。

即便有了设定的目标函数 U_k^*,但存在的阻碍是每个飞机只能控制自己的调整角度而无法决定邻居的角度调整量。因此,若每个飞机在只考虑自己的调整量的条件下优化函数 U_k^*,冲突簇中的无人机将仍然不能达到相互合作,协调一致。其结果就是每个无人机的机动量可能重新导致自己与其他无人机发生冲突。为了保证多机协调的实现,必须为无人机定义一个共同认同的规则。5.1

节讨论了当无人机间发生冲突时每个无人机关注的不应当仅是自己的收益和损耗。为了实现社会效益，每个无人机应当采用合作式博弈方法。因此，本书定义在分布式的系统中每个无人机都有涉及冲突无人机会根据总体利益适度牺牲个人利益的信念。本书定义其为**虚拟干涉信念**。

为了降低整个冲突簇的机动消耗，如果 A_k 的优化策略 $\Delta\varphi_k$ 能降低相关联无人机的损耗，其代价是需要 A_k 临近的无人机 A_i 进行必要的机动以躲避与 A_k 相撞，那么 A_i 将采取合作式的机动来保证飞机之间的安全间隔。

无人机关于虚拟干涉的信念构成了它们独自搜索但能确保集体合作的前提条件。因为无人机间不存在优先级上的差别，因此飞机之间不可能自然形成相互协调的关系。由于每个无人机都有对邻居无人机关于相互协作的信念，因此 A_k 在搜索能够降低效用函数 U_k^* 的机动解时充分考虑到自己的机动对自己邻居的影响。例如，当 A_k 变动调整策略 $\delta\varphi_k^{(m)}$ 为 $\varphi_k+\delta\varphi_k^{(m)}$。假设调整前 A_k 与 A_i 之间能够保持安全间隔，但是 $\delta\varphi_k^{(m)}$ 可能导致 A_i 与 A_k 之间重新陷入冲突。此时 A_k 可以计算根据当前 A_i 与 A_k 的位置和运动状态信息，A_i 为了避让 A_k 需要机动的角度 $\delta\widetilde{\varphi}_i^{(m)}, i\in 1, n_{l,k}^c$。如此一来，$A_k$ 在变动自己的机动方向时就可以根据自己的机动对周边无人机的影响来估计其他的无人机可能的调整量。本书在变量上添加波浪线表示 A_k 对 A_i 需机动角度的估计量。定义 A_k 综合考虑 $\delta\varphi_k^{(m)}$ 和由 $\delta\varphi_k^{(m)}$ 引起邻居的调整量构成的调整向量为 $\delta\widetilde{\Phi}_s^{k(m)}=\{\delta\varphi_k^{(m)}, \delta\widetilde{\varphi}_i^{(m)}, i\in 1, n_{l,k}^c\}$。$\delta\widetilde{\Phi}_s^{k(m)}$ 导致 A_k 的效用函数值变化为

$$\delta U_k^{*(m)}=U_k^*(\Phi_s^{k(m)}+\delta\widetilde{\Phi}_s^{k(m)})-U_k^*(\Phi_s^{k(m)}) \tag{5.24}$$

基于对无人机相互合作特性的假设，$\delta\widetilde{\Phi}_s^{k(m)}$ 包括了 A_k 自己的调整量和从 A_k 的角度预测的其他无人机的调整量。由关系式(5.24)可得 $\delta U_k^{*(m)}$ 的取值。$\delta U_k^{*(m)}$ 为负意味着 $\delta\widetilde{\Phi}_s^{k(m)}$ 会导致 A_k 效用值增加，此时按照迭代原则 φ_k 应当向 $\delta\varphi_k^{(m)}$ 相反方向更新。但当 φ_k 向相反方向更新时，其估计的关于其他无人机的虚拟调整量可能有误。因此在迭代的过程中 A_k 需要在每次调整时都保证找到能够使 $\delta U_k^{*(m)}$ 为正的调整量 $\delta\widetilde{\Phi}_s^{k(m)}$ 才对 φ_k 进行更新迭代。

应用与式(5.22)相似的更新机制能够得到 A_k 的角度更新值为

$$\varphi_k^{(m+1)}=\varphi_k^{(m)}+\gamma_k^{(m)}\delta U_k^{*(m)}\delta\varphi_k^{(m)} \tag{5.25}$$

当迭代超过一定的次数后或角度调整带来的收益变化量 $\delta U_k^{*(m)}$ 降低到一个预定阈值之后停止迭代。

需要证明本书提出的局部优化算法能够找到比初始可行解消耗更小的解。直观分析可知，如果 A_k 的机动没有对其他飞机产生影响，则可以保证 A_k 的每次机动都能够优化自己的效用函数。只有当 A_k 的机动导致其他飞机与它产生冲突时其他的飞机才会进行机动。关键问题是需要限定在每次迭代优化时无人机

的机动调整量保持在微小调整量范围内，并采用随机并行梯度算法才能确保在迭代中能够优化冲突簇中的机动解。因此需要讨论由微小调整量 $\delta\varphi_k^m$ 引起的与其相关的无人机的调整量 $\delta\,\widetilde{\varphi}_i^{(m)}, i\in 1, n_{l,k}^c$ 的变动范围。

证明：如果 $(\delta\varphi_k^{(m)},0)$ 在一个较小的范围内，定义这个较小的范围为开球 $B_\delta(\varphi_k,\varphi_i)$，由 $(\delta\varphi_k^{(m)},0)$ 引起的变动为

$$\delta y = g(\varphi_k+\delta\varphi_k^{(m)},\varphi_i)-g(\varphi_k,\varphi_i) \tag{5.26}$$

根据连续函数的定义，δy 应当在一个由 $B_\delta(\varphi_k,\varphi_i)$ 限制的开球 $B_\varepsilon(d_o)$ 的范围内。

由于函数 $d=g(\varphi_k,\varphi_i)$ 在局部区域是单调的，因此在假设 $\varphi_k+\delta\varphi_k^{(m)}$ 是固定常值的条件下可以求出在局部区域中 $g(\varphi_k,\varphi_i)$ 的反函数 $\varphi_i(d)=g^{-1}(\varphi_k,\varphi_i)$。$\varphi_i$ 可以在局部区域被定义为 d 的连续函数。这个函数的意义可以解释如下：

在确定两个无人机之间间隔距离 d 的条件下，A_i 的角度调整量 φ_i 的取值。

根据函数的定义，d_o 代表在无人机 A_i 与 A_k 的机动调整量保持安全间距的最小距离，d' 是属于 $B_\varepsilon(d_o)$ 的不为 d_o 且不满足安全间隔的距离值，则 $\varphi_i(d')$ 是为了使 d' 调整到安全间距的角度调整值。

由第 3 章的分析可知，$g(\varphi_k,\varphi_i)$ 在局部区域是单调函数，由连续单调函数的性质可知反函数 $\varphi_i(d')$ 是局部单调连续的函数。再次使用连续函数的定义，当 d 的变动值在开球 $B_\varepsilon(d_o)$ 内时，相应 $\delta\varphi_i^m$ 也在一个由 $B_\varepsilon(d_o)$ 控制的开球 $B_v(\varphi_i)$ 范围内。由此递推得到，由 $B_\delta(\varphi_k,\varphi_i)$ 可以递推出 $B_v(\varphi_i)$。因此可以确定 $\delta\,\widetilde{\Phi}_i^{(m)}=\{\delta\varphi_i^{(m)},\delta\,\widetilde{\varphi}_k^{(m)},k\in 1,n_i\}$ 的范围由 $\delta\varphi_k^{(m)}$ 控制，不会发生突变。因此可以推理出在统计学条件下 $\delta\,\widetilde{\Phi}_k^{(m)}$ 可以保证飞机在优化的过程中能够达到局部极小值。

虽然每个无人机都考虑其他无人机会与自己合作，但每一次的迭代中 A_k 的机动微调量 $\delta\varphi_k^{(m)}$ 是独立产生的。因此虽然每个无人机在搜索降低目标函数的机动值的同时考虑了飞机间的安全间隔问题，仍然会出现在分布式搜索的过程中飞机的机动方向导致相互之间重新陷入冲突的可能。由于每次调整的幅度较小，因此飞机脱离可行区域的幅度也较小。因此当 A_k 发现当前自己的调整角度导致与其他飞机之间的冲突时进入可行解的求解过程。与 A_k 冲突的无人机 A_i 也会进入初值求解过程。在求解得到可行解后再次进入优化解搜索过程。

5.2.2 分布合作式冲突消解中的关键问题

在分布式的冲突消解算法中，除了需要在每步规划计算中应用分布式优化方法求解多个无人机的冲突消解方案之外，还需要考虑其他影响因素。

5.2.2.1 无人机间的冲突关系分析

大量在同一区域运营的无人机的合作程度较高,因此它们会相互配合。有一些同场密集飞行的无人机可能还需要协作完成相关联任务的无人机。在完成一些飞行任务的过程中,例如躲避障碍,交汇飞行时无人机之间可能会相互非常临近。但由于无人机之间有较好的协调机制能够保证它们之间实时协调。当无人机在局部空间内密集飞行时可以根据大量无人机飞行形成的趋势飞行特点将冲突检测和消解的要求适当放宽。如图5.6所示,A_i与A_j可能在向同一个方向飞行,如果用较大的前瞻时间量τ判断两个飞机的飞行状态,可以预见两个飞机在τ时间内会相互冲突。根据这一判断结果为A_i或者A_j规划冲突消解机动调整策略可能将在更大的范围内影响到其他飞机的飞行。因此在解决实际场景中遇到的问题时,可以在当飞机间保持一定的运动趋势时适当减小每个飞机安全间隔的前瞻时间量τ,同时在冲突检测中考虑每个无人机不产生较大幅度的调整,以保证有较多数量无人机在较狭小的空间内合作式飞行。

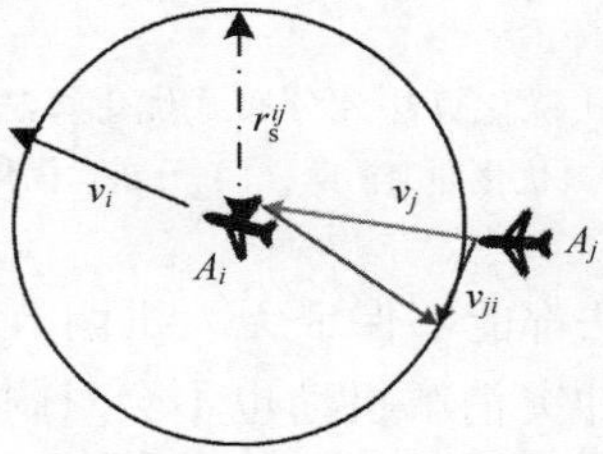

图5.6 两个无人机近似同向临近飞行示意图

5.2.2.2 无人机的机动方向选择

在集中式优化问题中,调节消解无人机的冲突时需要考虑每个无人机的目标,从若干个可行区域中选择一个能够最小化冲突簇中的无人机机动消耗之和的解作为全局最优解。在分布式环境中每个无人机无法与其他的无人机协调逐个搜索所有的可行子区域。因此在搜索可行解的过程中考虑所有的无人机同时向相同的方向调整,这样能够保证所有的无人机能够在其选择的机动区间里由于所有的无人机有共同的认知而能够找到较优的机动解。在大量无人机拥挤的环境中,所有无人机搜索从自己的飞行方向来判断的同一个机动方向从长远的角度看更能够保证所有的无人机最终能够保持安全间隔。

5.2.3 算例分析

本小节应用算例验证在上文中提出的二维空间多无人机分布合作式冲突消解的算法。算法验证的平台是Windows 7系统,i5双核2.8GHz计算机。仿真环境为MATLAB 2014环境。

例 5.1 首先对分布式冲突消解算法与集中式优化算法进行比较。仍然应用在第 3 章中的 8 个无人机在局部空域中飞行的例子。8 个无人机的初始位置和速度不变。飞机之间的安全间距仍然设定为 400m。应用集中式优化方法和分布式优化方法都能够确保飞机之间的安全间隔,经过冲突消解后的多无人机飞行路径如图 5.7 所示。

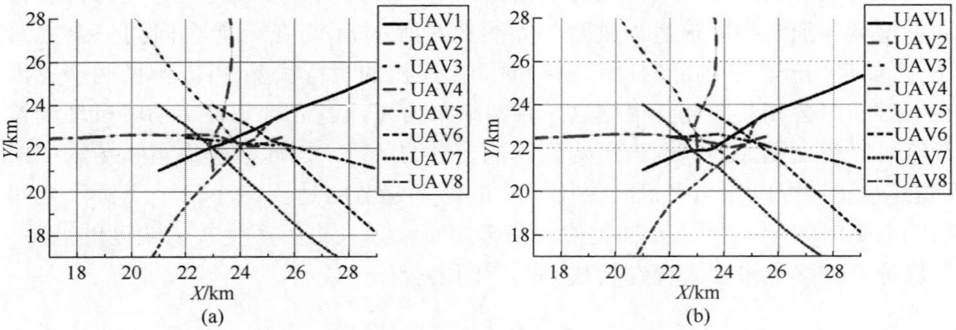

图 5.7 集中式优化算法和分布式优化算法效果比较图

(a) 局部集中式优化冲突消解;(b) 分布式优化冲突消解。

如图 5.8 所示,两种算法都能够保证无人机调节冲突的机动幅度不会过于剧烈,涉及冲突的无人机的冲突消解机动也不会对附近的无人机产生影响。相比于集中式优化算法,分布式冲突消解算法得到的冲突消解策略会导致飞机发生较大幅度的偏转。

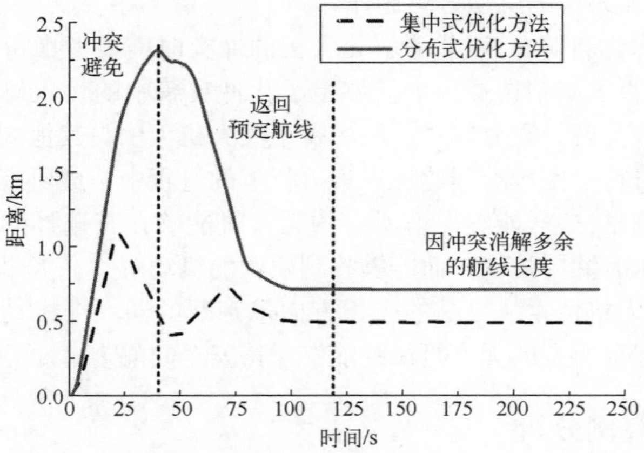

图 5.8 集中式优化和分布式优化算法对航迹影响比较图

在图 5.8 中,将飞机的冲突消解过程分为两个阶段:冲突规避阶段和航迹返回阶段。当所有无人机都返回预定航线后，图 5.8 所示的两条曲线的值将不再变化，此时的数值代表了基于两个算法分别造成无人机总体冲突消解多余的机动。局部集中优化方法在冲突规避阶段产生的航迹偏离量明显比分布式协调优化方法的小，因此其对局部空域的影响较小。例如，在图 5.7 (a) 中 A_1 与 A_7 由于在最初阶段没有涉及其余无人机之间的冲突，应用集中式调整策略可以保证其余无人机的优化策略不会对它们的飞行产生影响。应用分布式协调由于难以得到精确优化解，因此产生的机动策略幅度过大，会对 A_1 和 A_7 的飞行产生一定的干扰，如图 5.7 (b) 所示。但经过航迹恢复后可知，分布式与集中式算法求解的冲突消解机动策略并没有导致过长的路径。

在计算时间上，分布式算法的计算时长较短，在无人机之间的速度相等的情况下能够在 1s 之内完成整个仿真计算。

在解决较少无人机之间冲突问题时，分布式算法与集中式算法各有优缺点。当环境中的无人机数量较多时，集中式算法的计算速度大幅降低，甚至难以找到可行解。但是分布式算法却能够较快地计算得到冲突消解的策略。进一步应用在复杂场景下的冲突消解解决无人机之间的冲突。

例 5.2　大量无人机汇聚场景。在检验冲突消解算法效果时常使用环形汇聚场景检验算法的能力。这种场景虽然在实际场景中不常出现，但是却极为考验算法的能力。当无人机的速度相等时，应用方向调整策略产生的约束是线性约束，因此很多冲突消解算法在解决相同速度运动的环形场景能够得到非常好的效果。采用本书的算法也能得到非常平顺的多无人机无冲突飞行曲线。图 5.9所示为 48 个无人机从均匀分布的环形出发安全经过中间聚集区返回各自飞行航线示意图。每个飞机只考虑在自己探测范围内的邻居，由于无人机初始位置均匀分布在环上，同时所有的无人机具有相同的速度和机动能力。在选择机动策略时会选择相似的机动策略：向同一个方向机动。在这种极特殊的条件下只要确保无人机的初始位置能够保持合适的间隔能够解决任意数量的无人机之间的安全飞行问题。

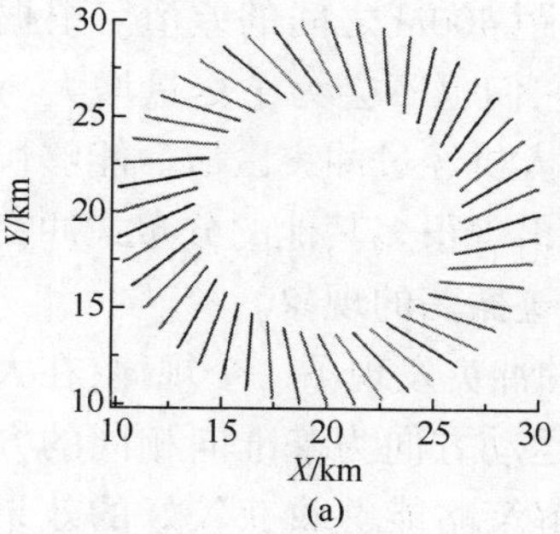

(a)

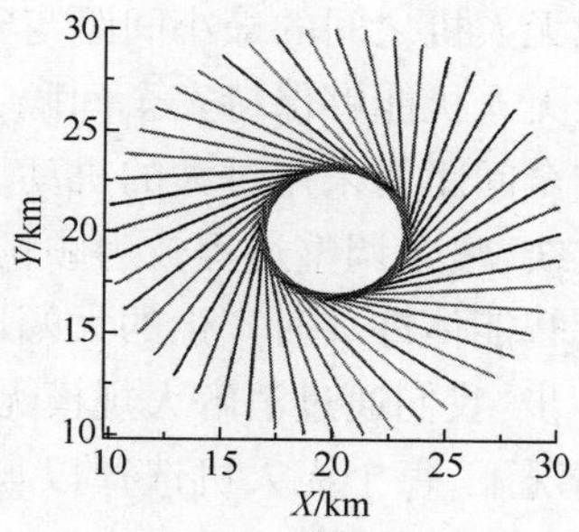

(b)

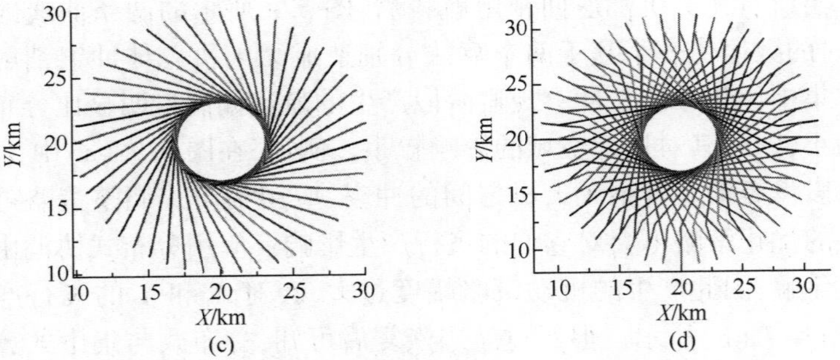

图 5.9　48 个无人机以相同速度汇聚场景中冲突消解示意图

(a) $t=80\text{s}$;(b) $t=160\text{s}$;(c) $t=240\text{s}$;(d) $t=450\text{s}$。

当无人机的速度不相同时,大量无人机聚集飞行的场景计算变得困难。如图图 5.10 所示,无人机在初始时刻并不均匀分布在一个环上,根据它们的运动状态它们到达中心位置(20km,20km)的时刻相同。假设每个飞机的感知范围为 5km,由于无人机并不是均匀分布在环境中,无人机无法保证同时感知到所有的可能冲突,因此不可能如在无人机具有相同速度时的场景所有的无人机保持相同的均势,从而达到一致的行动。同时,当涉及一对一冲突的无人机速度不同时,由方向调整产生的约束是非线性约束,这时速度相同时无人机之间良好的对等关系不复存在,此时在搜索一对一冲突时难以找到让所有无人机达到一致行动的解。因此计算复杂度更大。

图 5.10(a)~(e)展示了应用分布式协调算法进行冲突消解时在不同时间点无人机的航迹。由图可知,由于所有无人机选择向右边调整自己的飞行方向,最终无人机的运动能够构成一个与图 5.9 中速度相同无人机汇聚中冲突消解相似的趋势。相比于速度相同条件下的冲突消解问题,在无人机间的速度不相同时,无人机在调整自己的返回路径时需更长的时间,因此调整距离也需要更长。图 5.10 (f)展示了应用本书提出的算法调节冲突后 48 个无人机在整个飞行阶段与其他无人机之间的最小间距与安全间距 400m 之间的差值。根据图上数据可知各个无人机能够保持安全间隔,同时它们也不会为了尽量增大与其他飞机之间的安全间距而采用过大的机动。当无人机经过冲突区域后能够快速地返回原来的航线,整个调整过程较为顺畅,不会出现很多其他的分布式冲突消解算法处置大量智能体冲突时产生的大幅运动轨迹振荡的现象。

进一步,我们通过消解大规模无人机的冲突发现了一个规律,在大量无人机冲突的情况下,每个无人机选择以自己的运动方向为基准向相同的方向机动调节(集体向右或者集体向左)搜索冲突消解策略能够收获较好的效果。主要的原因是:所有无人机向相同方向运动保证了相邻无人机之间的相对速度较小;每

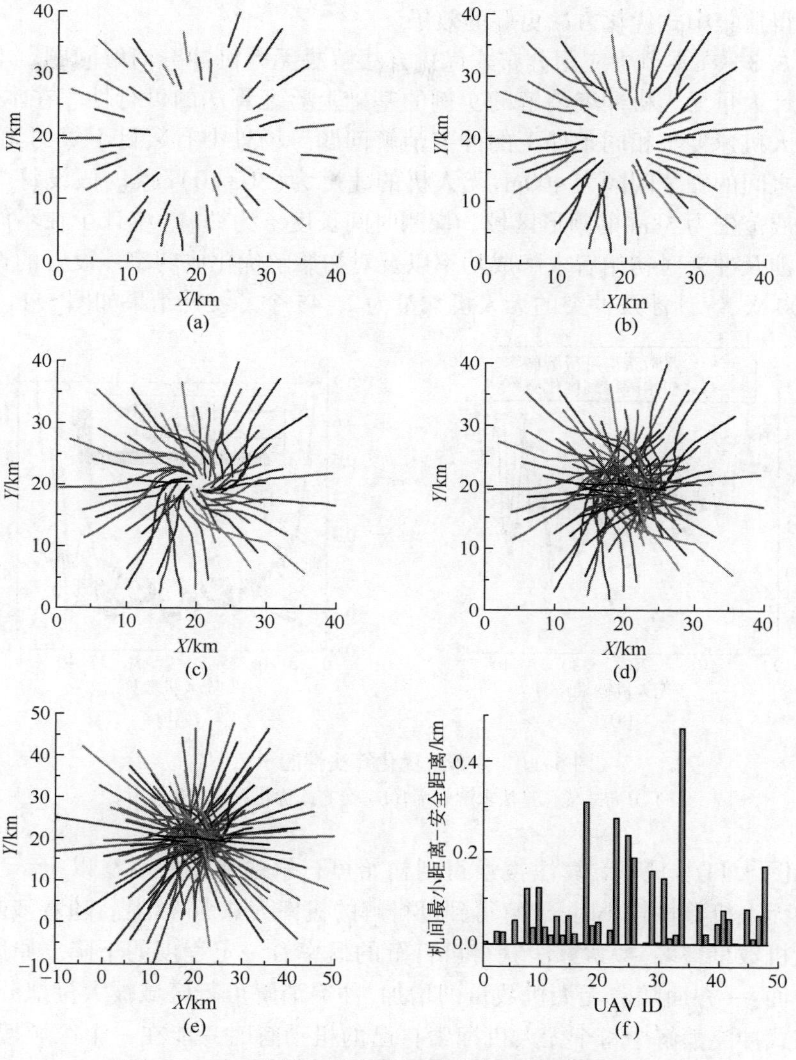

图 5.10 48个无人机以不相同速度聚集场景示意图

(a) $t=80$s;(b) $t=160$s;(c) $t=260$s;(d) $t=450$s;(e) $t=740$s;(f) 机间最小距离-安全距离。

个飞机之间实际存在相互协同与合作的协议。因此,向同一个方向机动这种方法虽然难以得到最优的求解策略,但这种策略由于构造了大量无人机运动的趋势,因此能够保证在线快速寻找能够保证飞机安全运行的可行解。需要更加注意的是,当局部空域无人机数量增多后,应用集中优化方法搜索大量子区域搜索最优解也难以保证飞机之间的安全间隔,这是由于短时间的冲突消解问题中冲突检测的探测距离有限,局部环境的最优不能保证在全局范围内是优化解。因此,随着局部空域内无人机数量的增多,通过向同一方向上机动的冲突消解策略能够取得比集中式优化方法更好的效果。

例 5.3 在本节中应用分布式优化方法解决无人机冲突消解问题。本例考虑在统计大量无人机冲突消解的实例的基础上验证算法的可行性。在本例中，考虑无人机速度不相同条件下的冲突消解问题。场景中有数目不等的无人机，无人机之间的安全间隔为400m，无人机的速度为(50±10)m/s。假设每个无人机的警戒范围为5km的圆形区域。探测时间长度τ为20s。统计了在不同数目无人机涉及冲突时初始解求解成功率以及对初始解优化成功率。设置的迭代次数为500次，统计涉及冲突的无人机数量为2~45个。统计结果如图5.11所示。

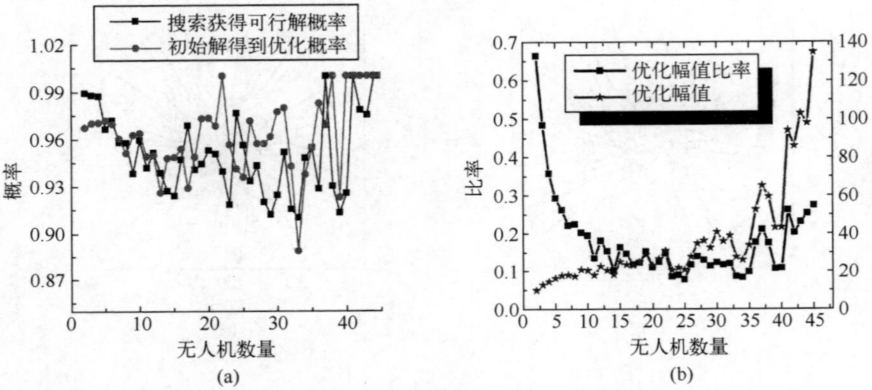

图 5.11 分布式优化算法性能示意图

(a) 分布式优化算法求解效率；(b) 分布式优化算法优化能力。

如图5.11(a)所示，算法搜索得到初始可行解的概率在0.9以上。当涉及冲突的无人机数量较小时，求解得到可行解的概率为0.96以上。随着涉及冲突的无人机数量增多，搜索算法获得可行解的概率有一定程度的下降。原因主要有两方面：一方面随着无人机数量的增加，冲突消解可行区域被大量地分割，由于分布式冲突消解中每个无人机搜索自己的机动解时只能在一个区域搜索，因此可能在一个子区域内难以找到可行解；另一方面是在飞行过程中当无人机的距离接近安全间隔距离时，根据算法的限制，在每次规划时无人机的可搜索机动范围逐渐缩小。此时可能存在有距离稍远的无人机与无人机发生冲突，但由于无人机的机动幅度受限，因此一时难以找到可行冲突消解机动解。根据搜索算法的求解策略，即便无法找到可行解，算法仍然会搜索保持无人机之间间隔最大化的解，以降低失距对无人机安全飞行造成的危害。图5.11 (a)中还展示了本节提出的优化搜索策略寻找到优化解的概率。优化迭代的次数为200次。如图所示，优化搜索算法改善初始解的概率为大于0.89。这个概率值与涉及冲突的无人机个数不呈直接的相关关系。如图5.11 (b)所示，随着无人机数量的增多,虽然初始解消耗均值与经过优化后的优化解消耗均值之间的差值逐渐增大,但由于可行机动空间减小,初始解的消耗均值与优化解的消耗均值之间的差值与初始解的消耗均值之间的比率逐渐下降。

5.3　三维空间中应用分布式优化方法求解局部最优解

5.3.1　三维空间约束函数连续性证明

第 3 章讨论了应用集中式优化条件方法解决三维空间中的冲突消解问题。在分布式条件下由于无人机之间只能通过通信进行简单的协调。因此只有在优化问题的目标函数和约束条件具有较好特性时才能得到较好结果。与在二维空间中的问题相同,需要分析在三维条件下安全间隔约束条件的性质。首先分析三维环境中的安全间隔约束条件的 Lipschitz 连续性。

(1) 终点约束条件的 Lipschitz 连续性证明。

应用向量描述在三维条件下的终点约束条件:

$$d_{ij}(\tau,\varphi_i,\xi_i,\varphi_j,\xi_j)=\|\boldsymbol{P}_{ij}(0)-\boldsymbol{v}_{ji}\tau\| \tag{5.27}$$

假设在无人机 A_i 与 A_j 的可机动范围内有两个点$(\varphi_i^1,\xi_i^1,\varphi_j^1,\xi_j^1)$与$(\varphi_i^2,\xi_i^2,\varphi_j^2,\xi_j^2)$。函数式(5.27)在这两个点上取值的差值为

$$d_{ij}(\tau,\varphi_i^1,\xi_i^1,\varphi_j^1,\xi_j^1)-d_{ij}(\tau,\varphi_i^2,\xi_i^2,\varphi_j^2,\xi_j^2)=\|\boldsymbol{P}_{ij}(0)-\boldsymbol{v}_{ji}^1\tau\|-\|\boldsymbol{P}_{ij}(0)-\boldsymbol{v}_{ji}^2\tau\| \tag{5.28}$$

根据范数运算法则可得

$$\|\boldsymbol{P}_{ij}(0)-\boldsymbol{v}_{ji}^1\boldsymbol{\tau}\|-\|\boldsymbol{P}_{ij}(0)-\boldsymbol{v}_{ji}^2\boldsymbol{\tau}\|\leqslant\|P_{ij}(0)-\boldsymbol{v}_{ji}^1\boldsymbol{\tau}-(P_{ij}(0)-\boldsymbol{v}_{ji}^2\boldsymbol{\tau})\|=\|\boldsymbol{v}_{ji}^2\boldsymbol{\tau}-\boldsymbol{v}_{ji}^1\boldsymbol{\tau}\| \tag{5.29}$$

已知 $\boldsymbol{v}_{ji}=\boldsymbol{v}_j-\boldsymbol{v}_i$,将等式展开为

$$\|\boldsymbol{v}_{ji}^2\boldsymbol{\tau}-\boldsymbol{v}_{ji}^1\boldsymbol{\tau}\|=\boldsymbol{\tau}\|v_i^2-v_i^1+(v_j^1-v_j^2)\|<\boldsymbol{\tau}\|v_i^2-v_i^1\|+\boldsymbol{\tau}\|v_j^1-v_j^2\| \tag{5.30}$$

为了证明 Lipschitz 连续性,对不等式(5.30)右边的两个量分开讨论。第一部分 $\boldsymbol{\tau}\|v_i^2-v_i^1\|$ 可以展开为

$$\boldsymbol{\tau}\|v_i^2-v_i^1\|=v_i\boldsymbol{\tau}\left\|\begin{matrix}\cos(\phi_i+\varphi_i^2)\cos(\gamma_i+\xi_i^2)-\cos(\phi_i+\varphi_i^1)\cos(\gamma_i+\xi_i^1)\\ \sin(\phi_i+\varphi_i^2)\cos(\gamma_i+\xi_i^2)-\sin(\phi_i+\varphi_i^1)\cos(\gamma_i+\xi_i^1)\\ \sin(\gamma_i+\xi_i^2)-\sin(\gamma_i+\xi_i^1)\end{matrix}\right\| \tag{5.31}$$

为了讨论式(5.31)的取值,考虑构建一个辅助单位球。式(5.31)描述的是在单位球上两点 $P_1=(\phi_i+\varphi_i^1,\gamma_i+\xi_i^1)$ 和 $P_2=(\phi_i+\varphi_i^2,\gamma_i+\xi_i^2)$ 的直线距离。在三维空间上单位球上两点的直线距离与劣弧长度之间的关系较为复杂,难以找到与二维空间中单位圆上两点直线距离与弧长之间类似的关系。因此需要应用其他方法讨论单位球上的关系。根据几何知识可知:

$$\|P_1P_2\|<|\varphi_i^2-\varphi_i^1|+|\xi_i^2-\xi_i^1| \tag{5.32}$$

得到关系式:

$$\tau\|v_i^2-v_i^1\|<v_i\tau(|\varphi_i^2-\varphi_i^1|+|\xi_i^2-\xi_i^1|) \tag{5.33}$$

同理,对不等式(5.30)的右边第二部分 $\tau\|v_j^1-v_j^2\|$ 也可以应用相同的方法得到不等式:

$$\tau\|v_j^2-v_j^1\|<v_j\tau(|\varphi_j^2-\varphi_j^1|+|\xi_j^2-\xi_j^1|) \tag{5.34}$$

综合式(5.33)与式(5.34)得到关系式:

$$\begin{aligned}&d_{ij}(\tau,\varphi_i^2,\xi_i^2,\varphi_j^2,\xi_j^2)-d_{ij}(\tau,\varphi_i^1,\xi_i^1,\varphi_j^1,\xi_j^1)<\\&v_i\tau(|\varphi_i^2-\varphi_i^1|+|\xi_i^2-\xi_i^1|)+v_j\tau(|\varphi_j^2-\varphi_j^1|+|\xi_j^2-\xi_j^1|)\end{aligned} \tag{5.35}$$

令 $K_{ij}=\max(v_i\tau,v_j\tau)$,不等式(5.35)可以进一步得到

$$\begin{aligned}&|d_{ij}(\tau,\varphi_i^2,\xi_i^2,\varphi_j^2,\xi_j^2)-d_{ij}(\tau,\varphi_i^1,\xi_i^1,\varphi_j^1,\xi_j^1)|<\\&K_{ij}(|\varphi_i^2-\varphi_i^1|+|\xi_i^2-\xi_i^1|+|\varphi_j^2-\varphi_j^1|+|\xi_j^2-\xi_j^1|)\end{aligned} \tag{5.36}$$

由此三维空间的终点约束函数的 Lipschitz 连续性条件得到证明。

(2) 切线条件的 Lipschitz 连续性证明。

证明:

基于切线条件的最小距离函数为

$$d_{ij}^p(\varphi_i,\xi_i,\varphi_j,\xi_j)=\left\|\boldsymbol{P}_{ij}(0)-\frac{\boldsymbol{P}_{ij}(0)\cdot\boldsymbol{v}_{ji}}{\|\boldsymbol{v}_{ji}\|}\right\| \tag{5.37}$$

假设在无人机 A_i 与 A_j 的可机动范围内有两个点 $(\varphi_i^1,\xi_i^1,\varphi_j^1,\xi_j^1)$ 和 $(\varphi_i^2,\xi_i^2,\varphi_j^2,\xi_j^2)$,函数式(5.13)在这两个点上取值的差值为

$$\begin{aligned}d_{ij}^p(\varphi_i^2,\xi_i^2,\varphi_j^2,\xi_j^2)-d_{ij}^p(\varphi_i^1,\xi_i^1,\varphi_j^1,\xi_j^1)=&\left\|\boldsymbol{P}_{ij}(0)-\frac{\boldsymbol{P}_{ij}(0)\cdot\boldsymbol{v}_{ji}^2}{\|\boldsymbol{v}_{ji}^2\|}\right\|-\\&\left\|\boldsymbol{P}_{ij}(0)-\frac{\boldsymbol{P}_{ij}(0)\cdot\boldsymbol{v}_{ji}^1}{\|\boldsymbol{v}_{ji}^1\|}\right\|\end{aligned} \tag{5.38}$$

根据范数运算法则可得

$$\begin{aligned}
&\left\|\boldsymbol{P}_{ij}(0)-\frac{\boldsymbol{P}_{ij}(0)\cdot\boldsymbol{v}_{ji}^{2}}{\|\boldsymbol{v}_{ji}^{2}\|}\right\|-\left\|\boldsymbol{P}_{ij}(0)-\frac{\boldsymbol{P}_{ij}(0)\cdot\boldsymbol{v}_{ji}^{1}}{\|\boldsymbol{v}_{ji}^{1}\|}\right\| \\
\leqslant&\left\|\boldsymbol{P}_{ij}(0)-\frac{\boldsymbol{P}_{ij}(0)\cdot\boldsymbol{v}_{ji}^{2}}{\|\boldsymbol{v}_{ji}^{2}\|}-\left(\boldsymbol{P}_{ij}(0)-\frac{\boldsymbol{P}_{ij}(0)\cdot\boldsymbol{v}_{ji}^{1}}{\|\boldsymbol{v}_{ji}^{1}\|}\right)\right\| \\
=&\left\|\frac{\boldsymbol{P}_{ij}(0)\cdot\boldsymbol{v}_{ji}^{1}}{\|\boldsymbol{v}_{ji}^{1}\|}-\frac{\boldsymbol{P}_{ij}(0)\cdot\boldsymbol{v}_{ji}^{2}}{\|\boldsymbol{v}_{ji}^{2}\|}\right\| \\
=&\left\|\boldsymbol{P}_{ij}(0)\cdot\left(\frac{\boldsymbol{v}_{ji}^{1}}{\|\boldsymbol{v}_{ji}^{1}\|}-\frac{\boldsymbol{v}_{ji}^{2}}{\|\boldsymbol{v}_{ji}^{2}\|}\right)\right\| \\
\leqslant&\|\boldsymbol{P}_{ij}(0)\|\cdot\left\|\frac{\boldsymbol{v}_{ji}^{1}}{\|\boldsymbol{v}_{ji}^{1}\|}-\frac{\boldsymbol{v}_{ji}^{2}}{\|\boldsymbol{v}_{ji}^{2}\|}\right\|
\end{aligned} \tag{5.39}$$

已知 $\boldsymbol{v}_{ji}^1/\|\boldsymbol{v}_{ji}^1\|$和 $\boldsymbol{v}_{ji}^2/\|\boldsymbol{v}_{ji}^2\|$是单位向量，令 $\boldsymbol{e}_1=\boldsymbol{v}_{ji}^1/\|\boldsymbol{v}_{ji}^1\|$，$\boldsymbol{e}_2=\boldsymbol{v}_{ji}^2/\|\boldsymbol{v}_{ji}^2\|$，$\boldsymbol{e}_1-\boldsymbol{e}_2$ 是单位球上两个向量的差值，如图 5.12 所示。

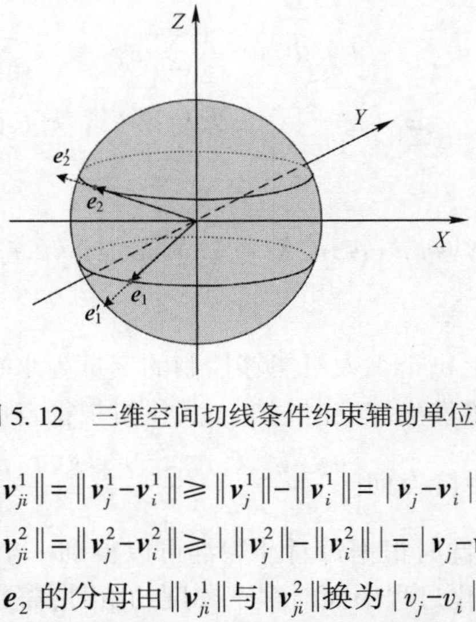

图 5.12 三维空间切线条件约束辅助单位球

$$\begin{cases}\|\boldsymbol{v}_{ji}^1\|=\|\boldsymbol{v}_j^1-\boldsymbol{v}_i^1\|\geqslant\|\boldsymbol{v}_j^1\|-\|\boldsymbol{v}_i^1\|=|\boldsymbol{v}_j-\boldsymbol{v}_i|\\ \|\boldsymbol{v}_{ji}^2\|=\|\boldsymbol{v}_j^2-\boldsymbol{v}_i^2\|\geqslant|\,\|\boldsymbol{v}_j^2\|-\|\boldsymbol{v}_i^2\|\,|=|\boldsymbol{v}_j-\boldsymbol{v}_i|\end{cases} \tag{5.40}$$

将单位向量 $\boldsymbol{e}_1$ 与 $\boldsymbol{e}_2$ 的分母由$\|\boldsymbol{v}_{ji}^1\|$与$\|\boldsymbol{v}_{ji}^2\|$换为$|v_j-v_i|$不会改变向量方向，只会影响向量幅值。其效果是将向量 $\boldsymbol{e}_1$ 与 $\boldsymbol{e}_2$ 由单位圆上向外延伸。由图 5.12 的分析可得

$$\left\|\frac{\boldsymbol{v}_{ji}^1}{\|\boldsymbol{v}_{ji}^1\|}-\frac{\boldsymbol{v}_{ji}^2}{\|\boldsymbol{v}_{ji}^2\|}\right\|\leqslant\left\|\frac{\boldsymbol{v}_{ji}^1}{|v_j-v_i|}-\frac{\boldsymbol{v}_{ji}^2}{|v_j-v_i|}\right\|=\frac{\|\boldsymbol{v}_{ji}^1-\boldsymbol{v}_{ji}^2\|}{|v_j-v_i|} \tag{5.41}$$

应用在证明三维空间的终点约束分析中使用的方法，由式(5.41)得到

$$\frac{\|\boldsymbol{v}_{ji}^1-\boldsymbol{v}_{ji}^2\|}{|v_j-v_i|}\leqslant\frac{v_i(|\varphi_i^2-\varphi_i^1|+|\xi_i^2-\xi_i^1|)+v_j(|\varphi_j^2-\varphi_j^1|+|\xi_j^2-\xi_j^1|)}{|v_j-v_i|} \tag{5.42}$$

定义参数 $K_{ij}'=\max\{v_i,v_j\}$，可以得到关系式：

$$|d_{ij}^{p}(\varphi_i^2,\xi_i^2,\varphi_j^2,\xi_j^2)-d_{ij}^{p}(\varphi_i^1,\xi_i^1,\varphi_j^1,\xi_j^1)|<\frac{K'_{ij}(|\varphi_i^2-\varphi_i^1|+|\xi_i^2-\xi_i^1|+|\varphi_j^2-\varphi_j^1|+|\xi_j^2-\xi_j^1|)}{|v_j-v_i|} \tag{5.43}$$

由于$K'_{ij}/|v_j-v_i|$为已知常数，可以证明切线约束满足 Lipschitz 连续性条件。

5.3.2 初始解搜索算法

与二维空间相同，在三维空间中的冲突消解问题分为两个步骤：第一步是每个无人机通过分布式优化方法求解能够保证飞机安全间隔的可行解；第二步是在可行解所在区域应用分布式优化方法求解优化解。首先讨论初始解搜索问题。

三维空间中搜索初始可行解时需要为每个无人机定义效用函数。为了保证冲突簇中每个无人机的效用函数只和为整个冲突簇集中优化的目标值，三维空间中每个无人机的效用函数与二维空间效用函数的形式相同。

$$U_k(\boldsymbol{\Phi}_s^k)=\frac{1}{2}\sum_{i=1}^{n_{l,k}^c}c_{ik} \tag{5.44}$$

其中 $\boldsymbol{\Phi}_s^k=\{\varphi_1,\xi_1,\cdots,\varphi_{n_{l,k}^c},\xi_{n_{l,k}^c}\}$，$n_{l,k}^c$为与第 k 个无人机发生冲突的无人机个数。c_{ik}的定义如下：

$$c_{ik}(\varphi_k,\xi_k,\varphi_j,\xi_j)=\lambda_0(g(\varphi_k,\xi_k,\varphi_j,\xi_j))+[1-\lambda_0(g(\varphi_k,\xi_k,\varphi_j,\xi_j))]\frac{g(\varphi_k,\xi_k,\varphi_j,\xi_j)}{r_s^{ki}} \tag{5.45}$$

由于在三维空间上每个无人机能够控制的变量为水平航迹倾角和竖直俯仰角。当只有两个无人机发生冲突时每个无人机可根据自己能控制的两个变量的偏微分方程得到最速下降方向$\left(\frac{\partial g(\varphi_k,\xi_k,\varphi_j,\xi_j)}{\partial\varphi_k},\frac{\partial g(\varphi_k,\xi_k,\varphi_j,\xi_j)}{\partial\xi_k}\right)$。当$A_k$与多个无人机发生冲突时，此时根据每对冲突都可以得到一个关于A_k的调节量(φ_k,ξ_k)的梯度方向。在优化过程中面对多个梯度约束时，需要综合考虑所有梯度方向确定一个搜索方向。这个搜索方向需要保证其与所有梯度方向的夹角为锐角。在三维空间的冲突消解初始解求解过程如下：

在第 m 个迭代周期，A_k根据上一周期收到的所有与自己冲突的无人机的调整策略 $\boldsymbol{\Phi}_s^{k(m)}=\{\varphi_1^{(m)},\xi_1^{(m)},\cdots,\varphi_{n_{l,k}^c}^{(m)},\xi_{n_{l,k}^c}^{(m)}\}$计算自己在第 $m+1$ 个周期的机动方向调整量$(\delta\varphi_k,\delta\xi_k)$，然后将更新的方向调整量$(\varphi_k^{(m)}+\delta\varphi_k,\xi_k^{(m)}+\delta\xi_k)$向周围的邻居发布。根据这个迭代策略搜索，直到搜索得到能够保证所有的无人机安全间隔的机动解。为了提高对机间通信的利用效率，同样可以使用自提升的内部迭代机制。经过多轮的自我迭代提升后，每个无人机再与周边其他无人机进行调整策略交互。

5.3.3 优化搜索算法

在得到初始可行解后，需要在可行解所在领域内搜索能够降低机动消耗的优化解。第2章讨论了三维空间中的优化目标是分区域局部单调函数。基于此性质可以确保分布式优化得到的解将是局部优化解。在分布式优化问题中，首先需要确定在优化搜索阶段每个无人机的效用函数。本书将在二维空间下的冲突消解效用函数扩展到三维空间中。在三维空间中无人机A_k的效用函数为

$$U_k^*(\boldsymbol{\Phi}_s^{k*})=-\frac{1}{n_{l,k}^c+1}\left(f_{\text{add_fuel}}^k+\sum_{i=1}^{n_{l,k}^c}f_{\text{add_fuel}}^i\right)\tag{5.46}$$

在三维空间中的冲突消解优化过程与在二维过程类似。每个无人机都有虚拟干涉的信念。因此所有无人机的行动就能够有机地融合在一起。三维空间与二维空间的不同是在二维空间中可以直接由A_k的角度机动微调值$\delta\varphi_k^{(m)}$得到需要A_i调整的唯一角度值$\delta\widetilde{\varphi}_i^{(m)}$。但是在三维空间中当$A_k$调整角度之后，为了保证$A_i$与$A_k$的安全间隔，$A_i$能够调整的角度值$(\delta\varphi_i,\delta\xi_i)$是满足函数约束的无穷个组合。因此，在三维空间中，为了确保对A_i的机动角度影响最小，A_k估计A_i需要调整的角度时考虑在由A_k调整$(\delta\varphi_k^{(m)},\delta\xi_k^{(m)})$之后$A_k$相对于$A_i$在$\tau$时刻内位移向量$\boldsymbol{S}_{ki}(\delta\varphi_k^{(m)},\delta\xi_k^{(m)},0,0)$与$A_k$和$A_i$在三维空间内的位置连线组成的平面内进行调整[95]，如图5.13所示。这个规则能够保证A_k计算得到的A_i的调整量使A_i在三维空间中的运动方向调整角度最小。

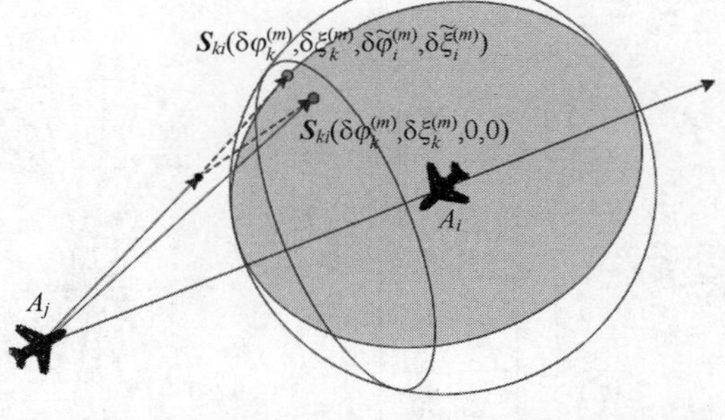

图5.13　三维空间分布式优化搜索时对临近无人机调整量估计示意图

5.3.4 算例

下面给出数值仿真算例，用以验证三维空间分布式冲突消解算法。

例 5.4 为了验证算法的有效性,在本例中考虑大规模无人机在三维空间中汇聚的场景。环境中共有 90 个无人机,它们的初始位置分布在一个球面上。这些无人机共分为 5 组,每组无人机分别均匀分布在圆的纬度为(-60,-30,0,30,60)的小圆上。它们向中心点汇聚然后又分别穿过中心点到达与中心点对称的位置。

由于将 90 个无人机在三维空间中的飞行轨迹展示在一张图上难以辨识,因此将冲突消解后无人机的飞行航迹分别展示在图 5.14(a)~(e)。由图中展示的无人机的轨迹可知,在飞行过程中每个无人机的航迹没有发生非常严重的偏转。在三维空间中密集飞行的无人机在冲突消解的过程中也能够构成向相同方向机动的趋势,经过调整之后无人机迅速地返回原来的飞行航线。图 5.14(f)展示了按照飞机最初的运动状态每个时间点所有无人机之间间隔的最小距离与经过冲突消解后每个时间点所有无人机之间的最短距离。图 5.14 所示信息表明,应用分布式优化方法能够保证无人机之间的安全间隔。

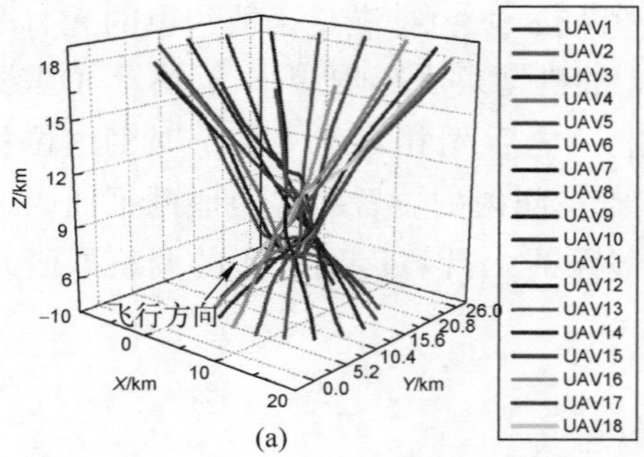

(a)

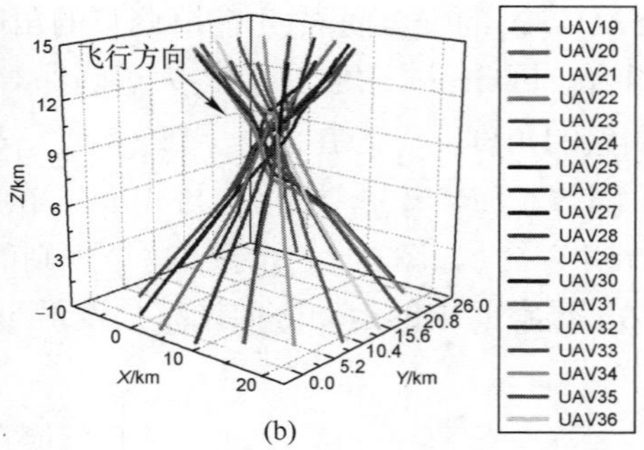

(b)

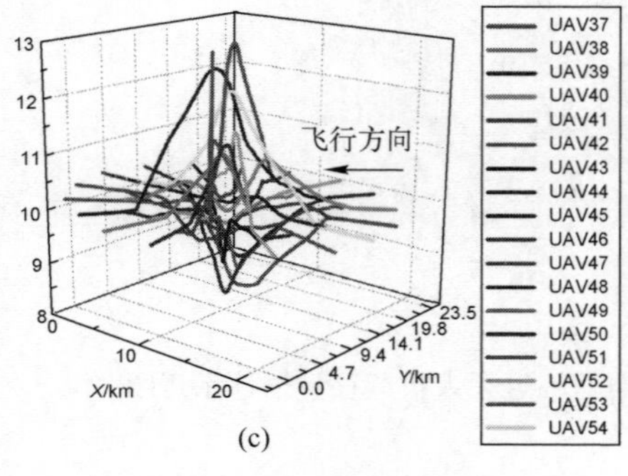

(c)

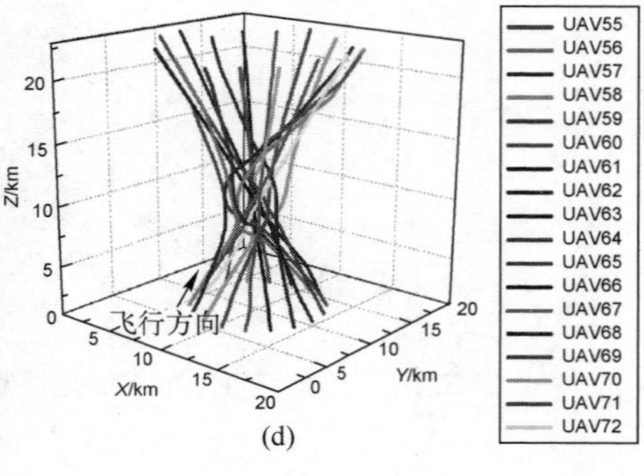

(d)

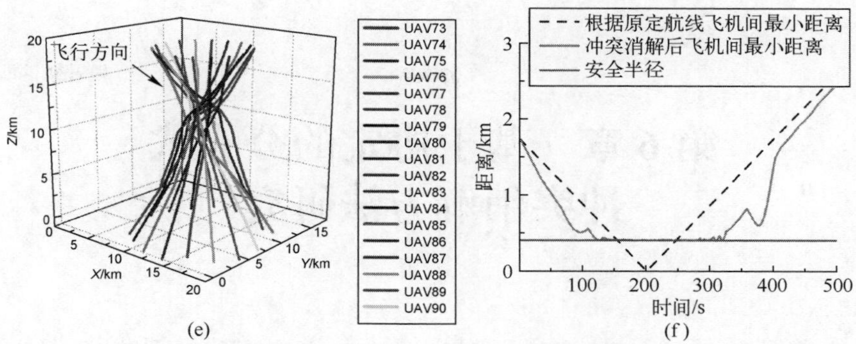

图 5.14　三维空间中大量无人机在汇聚场景中冲突消解结果示意图

(a) 向斜上方 30°角飞行的无人机;(b) 向斜下方 30°角飞行的无人机;

(c) 水平方向飞行的无人机;(d) 向斜上方 60°角飞行的无人机;

(e) 向斜下方 60°角飞行的无人机;(f) 无人机之间的最小距离。

5.4　小　　结

本章对分布式环境下的无人机冲突消解问题进行了研究,提出了基于分布式优化的冲突消解算法。取得的结果如下:

(1) 对基于分布式优化解决无人机间的冲突消解问题的前提条件进行了讨论,说明了在分布式环境下的冲突消解问题是一个考虑群体利益的博弈问题。在此基础上研究了无人机之间的安全间隔约束条件的连续性。在证明无人机的约束条件满足 Lipschitz 连续性条件后提出应用分布式优化的方法求解局部最优的冲突消解方案,设计了基于虚拟干涉的多无人机间相互协调优化的方法,并运用多个仿真算例验证了算法的有效性。

(2) 设计了三维空间冲突消解算法。本章在设计的二维空间冲突消解算法的基础上考虑在三维空间同时调整无人机的俯仰角和航迹倾角。首先证明了三维空间安全约束条件满足 Lipschitz 连续性条件,然后分析了无人机在三维空间的机动特点,最后设计了无人机三维空间中冲突消解的分布式优化方法,并运用一个复杂的仿真算例验证了算法的有效性。

第6章 基于协定的分布式冲突消解方法研究

6.1 分布式冲突消解问题分析

当相互冲突的多个无人机没有地面管控中心的统一协调,又没有一个能够在空中进行局部集中式协调消解冲突的无人机时,无人机间的冲突难以应用集中优化冲突消解方法。在第5章中我们讨论了基于分布式优化方法的分布式冲突消解方法。在很多情况下分布式优化方法难以适用。例如,无人机之间通信带宽有限,当多个无人机正在协同执行任务时,机间通信带宽需要用于处理无人机间以任务完成为目的的协同交互,此时这些无人机与其他无人机发生冲突就无法将通信资源过多用于冲突消解;或者当无人机自身通信能力十分有限时本身不具备在短时间内多次交互迭代寻优的条件。此时无人机间的冲突最好能依靠机间基于事先协定进行合作式消解。

我们假设在机间通信受限条件下无人机能够通过机间通信或者是机载传感器获得自己邻居无人机的飞行状态数据,包括位置与速度等信息。通过定时感知临近无人机的状态信息,每个飞机可以检测自己面临的冲突信息,同时可以根据这些信息计算需要调整的量。在这样的感知条件下,可以采用合作式与非合作式冲突消解,合作式的冲突消解方法是无人机能够基于离线协定确定各自在冲突中需要调整的机动量,例如SVO方法[14]。非合作式的冲突消解方法是无人机不考虑其他无人机采用何种策略,在最大化考虑其他无人机可能造成的威胁后独自规划出机动避让策略[95]。在未来无人机广泛使用的条件下,非合作式避让将会严重影响空域使用效率。本书研究当无人机间通信带宽不足时采用合作式的基于协定的冲突消解。

6.2 基于空间映射线性关系的冲突消解算法

机间冲突消解需要保证可靠性。已知根据速度障碍模型虽然能够保证两个无人机在$[0,\tau]$时间内飞行安全,但它们仍然可能在后续相互靠近发生失距的情况。因此基于速度障碍调整机间冲突时无人机之间需要持续交互连续调整。基于碰撞锥模型得到的冲突消解策略则保证在不发生其他突发事件的前提下两个无人机间未来的最小距离大于安全间距。为了降低机间通信消耗,在研究基于协定的分布式冲突消解策略时,我们采用碰撞锥模型。在第 3 章中已经分析了由碰撞锥模型产生的安全间隔约束是非线性的,能够保证无人机之间安全间隔的临界角度组合如图 6.1 中的曲线所示。基于非线性约束条件难以找到使涉及冲突的无人机认知一致的分布式协调协定。

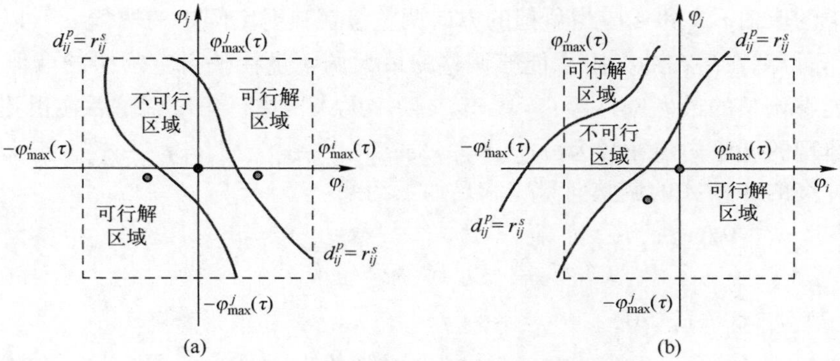

图 6.1　基于碰撞锥模型的安全间隔约束条件

(a) 既有冲突解空间图示;(b) 潜在冲突解空间图示。

在第 4 章中讨论了空间映射方法,空间映射方法可以将非线性的约束转换为正弦值空间的线性约束。在正弦值空间内保证了无人机之间安全间隔的临界角度值组合是一条直线上的点,如图 6.2 所示。

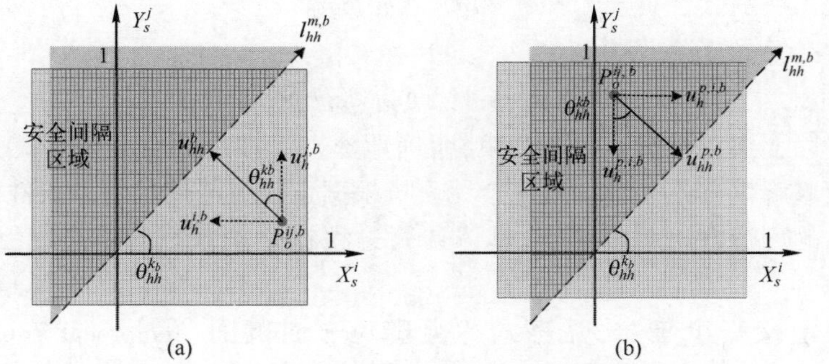

图 6.2　映射空间内线性安全间隔约束条件

(a) 映射空间内既有冲突安全间隔条件;(b) 映射空间内潜在冲突安全间隔条件。

假设无人机能够检测到在局部环境内与自己有冲突的无人机,且知道与自己冲突的无人机的机动调整策略(依据怎样的协定进行机动调整),则每个无人机都能够获得自己与其他无人机之间的安全间隔约束条件。在此条件下实现分布式冲突消解仍然需要解决以下问题。

6.2.1 基于空间变换的角度机动条件计算

首先定义基于图 6.2 所示的约束在正弦值空间定义冲突消解责任解耦方式。在第 4 章中讨论了对两个涉及冲突的无人机的机动值的解耦策略。那就是根据 $\boldsymbol{u}_{hh}^{b}$ 以及 $l_{hh}^{m,b}$ 的斜率计算得到在既有冲突中 A_i 应当负担的方向调整量在映射空间中的取值 $u_h^{i,b}$ 和 A_j 应当负担的方向调整量在映射空间中的取值 $u_h^{j,b}$，以及由 $\boldsymbol{u}_{hh}^{p,b}$ 计算得到在潜在冲突中 A_i 能够调整的最大调整量在映射空间中的取值 $u_h^{p,i,b}$ 和 A_j 能够调整的最大调整量 $u_h^{p,j,b}$。定义两个无人机进行角度调整后在正弦值空间内体现的调整向量 $\boldsymbol{m}_{on}^{ij,b}$ 为 $(m_{on}^{i,b}, m_{on}^{i,b})$，$m_{on}^{i,b}=x_{s,n}^{i,b}-x_{s,o}^{i,b}$，$m_{on}^{j,b}=y_{s,n}^{j,b}-y_{s,o}^{i,b}$。定义涉及既有冲突的 A_i 与 A_j 的调整向量应满足如下约束：

(1) $u_h^{i,b}>0 \wedge u_h^{j,b}<0$,

$$m_{on}^{i,b}>u_h^{i,b} \wedge m_{on}^{j,b}<u_h^{j,b} \tag{6.1}$$

(2) $u_h^{i,b}<0 \wedge u_h^{j,b}>0$,

$$m_{on}^{i,b}<u_h^{i,b} \wedge m_{on}^{j,b}>u_h^{j,b} \tag{6.2}$$

在第 4 章已讨论分析过，无人机间潜在冲突对无人机的机动调整将产生不同的影响。涉及潜在冲突的无人机在机动范围内如果进行了不合适的机动会造成既有冲突。由潜在冲突造成的约束条件具有不同的性质。无人机之间存在潜在约束时应满足下面的不等式：

(1) $u_h^{p,i,b}>0 \wedge u_h^{p,j,b}<0$,

$$m_{on}^{i}<u_h^{p,i,b} \wedge m_{on}^{j}>u_h^{p,j,b} \tag{6.3}$$

(2) $u_h^{p,i,b}<0 \wedge u_h^{p,j,b}>0$,

$$m_{on}^{i}>u_h^{p,i,b} \wedge m_{on}^{j}<u_h^{p,j,b} \tag{6.4}$$

基于以上在正弦值空间的约束，明确地建立了涉及冲突的两个无人机的机动调整策略解耦方式。后续是每个无人机根据正弦值空间的约束条件确定在机动空间内的可行方向调整区间，具体计算过程在第 4 章进行了介绍，此处不再赘述。

本书定义一个集合，互惠式冲突避免方向范围（reciprocal conflict-free heading range，RCH）表述无人机在涉及冲突时解耦后的机动调整策略。$\text{RCH}_{i/j}$ 的意义是 A_i 在考虑与 A_j 冲突的条件下自己可行的角度调整范围。

首先考虑既有冲突约束下可调整范围。以需要增加映射 $x_{s,n}^{i,b}$ 的取值为例。如图 6.3(a) 所示，如果与 $u_h^{i,b}$ 对应的角度值空间两个参数 $\varphi_i^{u,1,b}$ 与 $\varphi_i^{u,2,b}$ 只有一个在角度可调整范围 $(-\varphi_{\max}^{i}(\tau), \varphi_{\max}^{i}(\tau))$ 内，假设其为 $\varphi_i^{u,1,b}$。$\text{RCH}_{i/j}$ 的范围由

下式确定：

$$\mathrm{RCH}_{i/j}=(-\varphi_{\max}^{i}(\tau),\varphi_{i}^{u,1,b}) \tag{6.5}$$

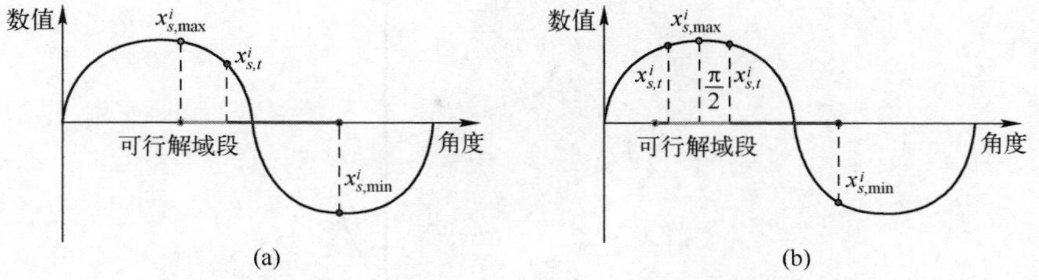

图 6.3　方向调整可行范围映射图

（a）可行解区域不对称；（b）可行解区域对称。

如图 6.3(b)所示，如果 $\varphi_{i}^{u,1,b}\in(-\varphi_{\max}^{i}(\tau),\varphi_{\max}^{i}(\tau))$ 且 $\varphi_{i}^{u,2,b}\in(-\varphi_{\max}^{i}(\tau),\varphi_{\max}^{i}(\tau))$，假设 $\varphi_{i}^{u,1,b}<\varphi_{i}^{u,2,b}$。$\mathrm{RCH}_{i/j}$ 的范围由下式确定：

$$\mathrm{RCH}_{i/j}\in(\varphi_{i}^{u,1,b},\varphi_{i}^{u,2,b}) \tag{6.6}$$

其次讨论潜在冲突约束确定的方向可调整区间。同样以图 6.3 为例。当得到潜在冲突造成的约束调整量 $u_{h}^{p,i,b}$ 后，对 $u_{h}^{p,i,b}$ 进行向角度空间的映射。相应于式(6.5)得到的可机动空间，在潜在冲突的约束下可机动空间为

$$\mathrm{RCH}_{i/j}=(\varphi_{i}^{u,1,b},\varphi_{\max}^{i}(\tau)) \tag{6.7}$$

相对于式(6.6)描述的可机动空间，潜在冲突的约束下可机动空间为

$$\mathrm{RCH}_{i/j}=(-\varphi_{\max}^{i}(\tau),\varphi_{i}^{u,1,b})\cup(\varphi_{i}^{u,2,b},\varphi_{\max}^{i}(\tau)) \tag{6.8}$$

在其他冲突约束条件下可以计算得到相应的方向和速度调整约束，此处不再赘述。

6.2.2　冲突消解调整方向选择讨论

在分布式调整过程中，每个无人机都需要独立确定自己的调整方向。在独立计算中，每个无人机都能够根据边界条件得到两个约束条件，如图 6.4 所示。如果两个无人机不能就选择以 k_{ij}^{1} 还是以 k_{ij}^{2} 为摆脱冲突的约束条件，将因为不一致而造成冲突加剧。因此需设计能让无人机一致性选择限制条件的策略。

第一种方法：考虑当前冲突位置信息，根据相对速度造成的冲突情况选择最近调整量。如图 6.4 所示，两个无人机根据它们的位置与相对速度 $\boldsymbol{v}_{ji}$ 判断当前相对速度靠近碰撞锥约束的哪一侧。如果 $\boldsymbol{v}_{ji}$ 靠近 k_{ij}^{1} 确定的边界，则两个无人机同时选择以 k_{ij}^{1} 产生的约束计算冲突消解约束条件。相应地，如果 $\boldsymbol{v}_{ji}$ 靠近 k_{ij}^{2} 确定的边界，则两个无人机同时选择以 k_{ij}^{2} 产生的约束计算冲突消解约束条件。

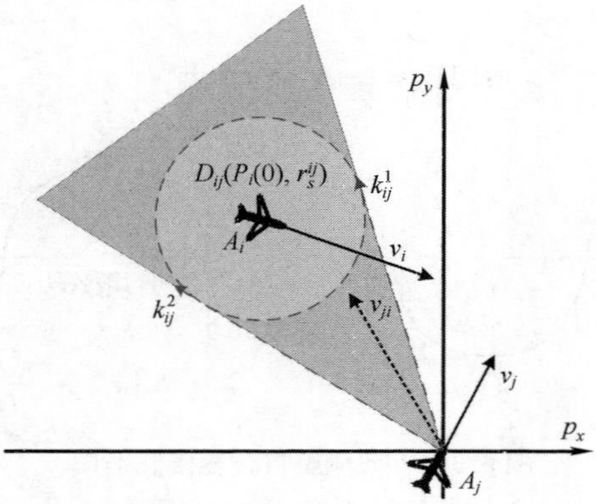

图 6.4　应用初始条件确定冲突消解安全策略

由于涉及冲突的无人机能够通过通信或传感器感知到双方的运动状态，双方都能根据当前的运动状态判断相对速度 $\boldsymbol{v}_{ji}$ 在碰撞锥中的位置，也就能够根据 $\boldsymbol{v}_{ji}$ 一致性的确定遵从由哪个限制条件确定的安全边界。将这种方法命名为就近避让机制。

就近避让机制可以保证两个无人机选择冲突消解约束条件的一致性。在无人机数量较小时能够保证每个无人机的机动消耗较少。存在的问题是，当无人机数量较多时由于就近避让机制无法使所有无人机的机动产生统一的趋势而导致多无人机难以得到可行的机动解。

第二种方法：无人机事前确定根据同一侧约束条件规划机动调整策略。例如当发生冲突后，在同一个冲突簇中的无人机都选择绕过两个无人机产生的碰撞锥的右侧。这样同样能够保证无人机在消解每个一对一冲突时获得一致性的机动策略。同时，这个机制还能够保证所有无人机达成共识且得到所有无人机趋向一致的机动策略。将这种方法命名为同向避让机制。

6.2.3　在线协调

直接应用图 6.2 所示的多无人机冲突消解解耦方法能够处置大多数情况下无人机之间的冲突。但是在实际场景中会存在一些较为极端的情况。在这种状态下的一对一冲突，直接应用离线解耦的方法将导致某一方无人机的机动能力有限而无法达到期望调整量的情况。此时另一方无人机可能仍然有较大的机动空间。在这种情况下，显然具有更多机动空间的无人机可以适当多调整一些，这样可以解决分布式冲突消解问题中存在的完全基于离线协定无法消解两个无人机之间冲突的问题。图 6.5 所示为 A_i 与 A_j 之间发生冲突时的机动角度解耦情形。根据 A_j 的可机动范围无法执行自己应当履行的角度调整责任。由于 A_i 了解

A_j的运动状态与机动能力，因此A_i可以承担更多的机动调整责任。

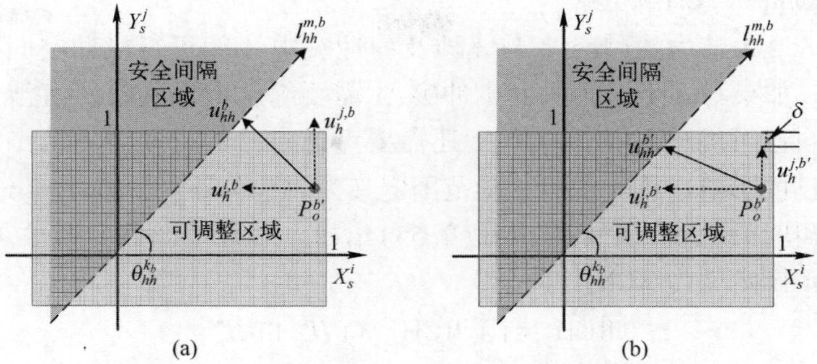

图6.5　考虑不同机动能力条件下的协调

（a）无人机A_j的机动能力难以达到需调整角度图示；

（b）无人机A_i多承担A_i和A_j之间冲突消解责任图示。

由于在多无人机冲突的环境中，存在着多无人机同时发生空间冲突的问题，此时无人机A_j可能还面临着与其他无人机之间的冲突。从A_i的角度分析，由于其感知范围有限，因此不能够了解A_j所涉及冲突的所有情况。在A_i的机动空间充裕的前提下，A_i可以承担更多的机动责任，以保证A_j还有部分的可机动空间。如图6.5所示，定义δ为A_i通过自己承担更多机动责任为A_j留存的可机动空间。

6.2.4　分布式冲突消解算法

分布式冲突消解算法流程如图6.6所示。

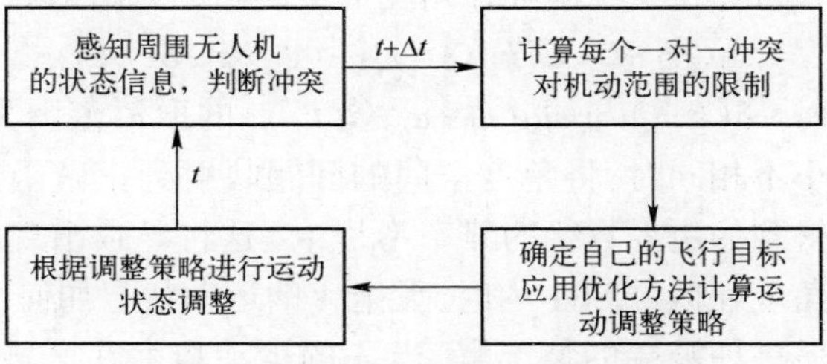

图6.6　冲突消解算法基本流程

（1）无人机A_i在$t+\Delta t$时刻获得自己上一时刻控制命令得到的状态值S_i^t，同时通过通信或是传感器感知周边无人机的运动状态，判断冲突情况；

（2）A_i根据自己与其他无人机间的相互冲突关系独立计算每个一对一冲突对自己可机动范围的限制条件；

（3）A_i根据机动范围的约束条件和飞行目标优化求解能够降低消耗的冲突

消解策略；

(4) 执行冲突消解策略。

根据 6.2.1 节中的讨论，A_i与A_j涉及的冲突中A_i的可行机动空间可以表示为$\mathrm{RCH}_{i/j}$。如果与多个无人机发生冲突，A_i需要综合考虑其在所有涉及的一对一冲突中自己可机动范围。同时，A_i还需要考虑自己的机动能力范围以及固定障碍对自己的影响。将A_i的可机动范围定义为$H_m^i=[-\varphi_{\max}^i(\tau),\varphi_{\max}^i(\tau)]$。$A_i$面对固定障碍时的机动约束条件由式(2.55)给出。综合考虑各个因素，将A_i可机动的角度范围定义为RCH_i，即

$$\mathrm{RCH}_i=\bigcap_{c_{ij}=1}\mathrm{RCH}_{i/j}\cap H_m^i\cap H_o^i \tag{6.9}$$

确定A_i的可机动范围后，根据角度机动的消耗函数式(2.71)在机动范围内求解最优调整方向。

$$\varphi_i=\underset{\varphi_i\in\mathrm{RCH}_i}{\operatorname{argmin}}f^i_{\mathrm{consum}}(\varphi_i) \tag{6.10}$$

由前面的讨论中确定$f^i_{\mathrm{consum}}(\varphi_i)$是分区域单调函数，因此$A_i$的优化方向机动解的求解问题是一维非线性优化问题，可以应用牛顿法进行多起点搜索寻找近似全局最优解。

根据本算法的特点，将算法命名为基于几何的互惠式冲突消解算法(reciprocal geometric conflict resolution，RGCR)。

6.2.5 问题特性讨论

6.2.5.1 异构无人机冲突消解特点分析

应用基于协定的分布式冲突消解方法消解异构无人机的冲突时存在一些特点。已知两个无人机保持安全间隔在角度值空间内的原阈值约束为

$$v_j\sin(\phi_j+\varphi_j-\delta(k_{ij}))=v_i\sin(\phi_i+\varphi_i-\delta(k_{ij})) \tag{6.11}$$

其中$\sin(\phi_j+\varphi_j-\delta(k_{ij}))$与$\sin(\phi_i+\varphi_i-\delta(k_{ij}))$的取值范围为[-1,1]。当两个无人机速度大小不相同时，将角度空间的问题映射到正弦函数值空间后会发现由边界斜率值得到的边界直线的斜率不是1。这将导致出现图 6.7 所示的情况。当A_j的运动角度在区域 SR1 内时，无论A_i的运动状态如何，A_i与A_j之间都不会发生冲突。而另一种极端的情况是，当A_j的运动角度在区域 SR2 内时，无论A_i的运动角度如何，两个飞机都处在冲突的状态中。

造成这一现象的主要原因是当两个无人机的速度不同时，每个无人机的运动方向调整对相对速度$\boldsymbol{v}_{ji}$的影响效果不同。如图 6.8(a)所示，由于A_j的速度在安全域一侧，$\boldsymbol{v}_{ji}^n$为由A_i与A_j的速度确定的最靠近安全空域的相对速度。因此A_i的机动方向不会导致相对速度进入符合安全空域中。在图 6.8(b)中，由于A_j的速度在由k_{ji}^2所约束的非安全范围中，$\boldsymbol{v}_{ji}^n$为由A_i与A_j的速度确定的最

接近安全间隔阈值条件的相对速度，但 $\boldsymbol{v}_{ji}^{n}$ 仍然会导致 A_i 与 A_j 之间的冲突。因此飞机 A_i 的速度不足以使相对速度 $\boldsymbol{v}_{ji}$ 从 k_{ji}^{2} 所确定的非安全空域中解脱出来。从图 6.8 中的分析可知，非可行空域在实际中不是会导致无人机间必然发生冲突的空域，只是不能满足由 k_{ji}^{2} 约束的安全间隔条件。只有当 A_i 在时间 τ 内的位移量小于复合安全区域的半径时才会出现真正的由 A_j 的运动速度确定的不可协调的冲突。

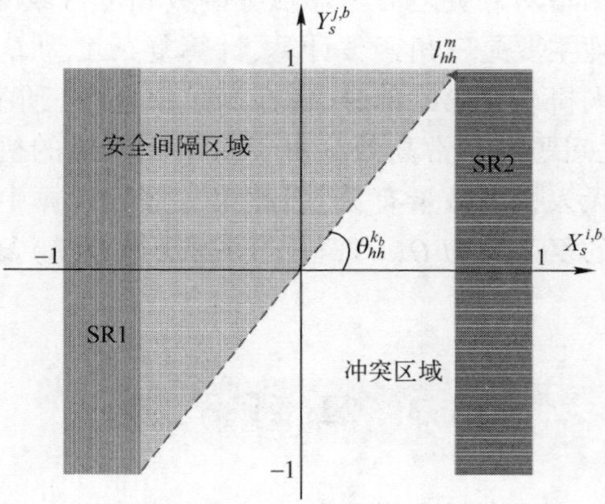

图 6.7　不同速度下的冲突消解问题

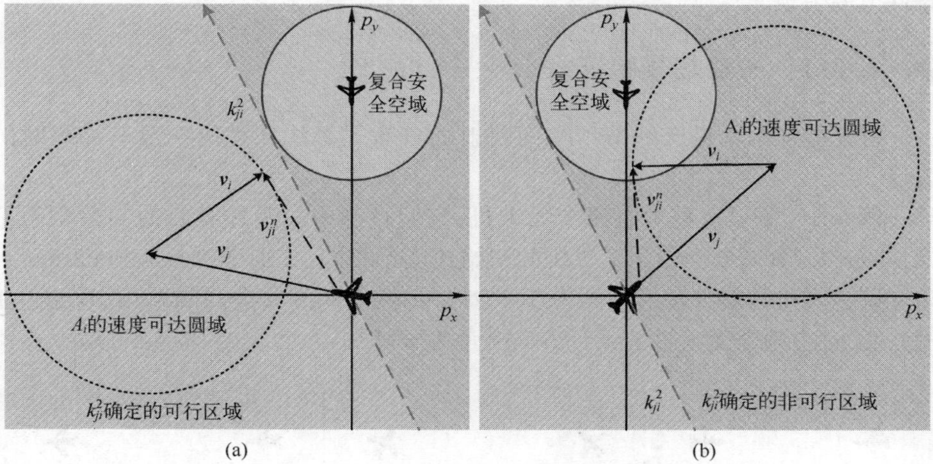

图 6.8　不同速度下由高速运动的飞机的运动状态决定冲突的场景

(a) 由 A_j 速度决定的无冲突状态；(b) 由 A_i 的速度无法解脱由 k_{ji}^{2} 决定的冲突约束。

因此，在运动调整范围不同的状况下便会出现冲突消解调整不对等的问题。在冲突消解计算过程中需要考虑不同的运动状态以及运动能力的无人机的具体特性,在选择机动约束时也应当首先考虑无人机的运动状态以确保选择搜索的子区域内可行解范围更大。

6.2.5.2 算法复杂性分析

在分布式的环境下,一个算法的复杂性具有很重要的影响。因为在分布式条件下每个无人机的在线计算单元的处理能力有限。本章提出的算法的计算量主要有两部分:第一部分是每个无人机计算每对冲突的可行机动区域的消耗;第二部分是在获得每个单对冲突之后考虑目标函数和可行域的优化计算过程。第一部分的计算复杂度主要是三角函数计算,计算复杂度为 $O(n)$,其中 n 是与 A_i 发生成对冲突的无人机。在第二部分,目标函数中包含三角函数的,可行解区域是仿射的,因此优化问题也非常高效。由于每个无人机的机动约束条件与和它发生一对一冲突的无人机的数量有关,因此第二部分计算中的变量数也与 n 相关。第二部分计算的复杂度为 $O(n)$,整个问题就是 $O(n)$ 复杂的。由此可知算法计算效率较高。

6.3 算例分析

本节验证基于协定的多无人机分布式冲突消解算法。应用分布式方法调整无人机之间的安全间隔。首先考虑基本算法的性能,进一验证算法在考虑时延条件下的表现。

6.3.1 一般场景验证

首先验证本章提出的基于空间映射的分布式算法在解决一对一冲突时的表现。

例 6.1 假设空域中有两个无人机,它们在空中发生冲突时的初始状态不同,初始想定如图 6.9 所示。飞机的初始速度不相同,分别是 50m/s 和 62.5m/s。角度调整飞机的最大角速度同为 5(°)/s。飞机之间的安全间隔取为 500m。在图 6.9(b)中两个无人机的飞行方向夹角为 π/3。

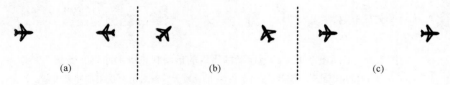

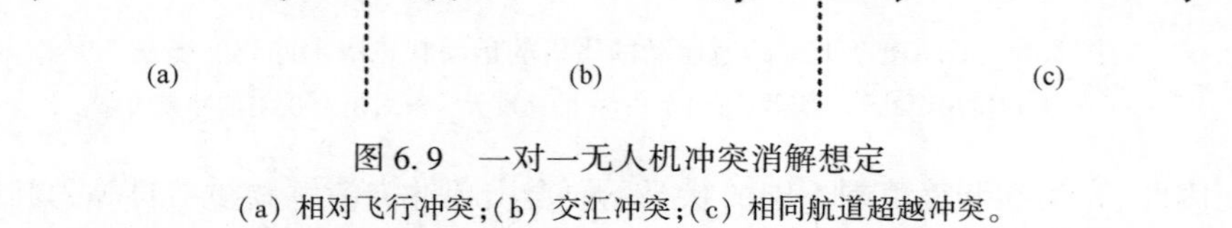

图 6.9 一对一无人机冲突消解想定
(a) 相对飞行冲突;(b) 交汇冲突;(c) 相同航道超越冲突。

应用分布式冲突消解算法消解无人机间冲突得到的结果如图 6.10 所示。在 3 种不同的冲突场景中两个飞机基于分布式协定算法被分派了不同的方向调整任务：在相对飞行碰撞冲突和汇聚冲突中，两个飞机所承担的任务基本一致。根据变换直线的斜率 $k=v_i/v_j$，每个飞机在映射空间承担的任务与飞机的速度反相关。在实际的场景中，根据两个飞机的飞行方向夹角有所不同。总体分析，在冲突消解中每个无人机的冲突消解任务分配是适当的。在追赶冲突问题中，冲突消解的任务主要由处于后方的速度较大的无人机完成。这符合空域飞行中"right of way"的规则[14]。

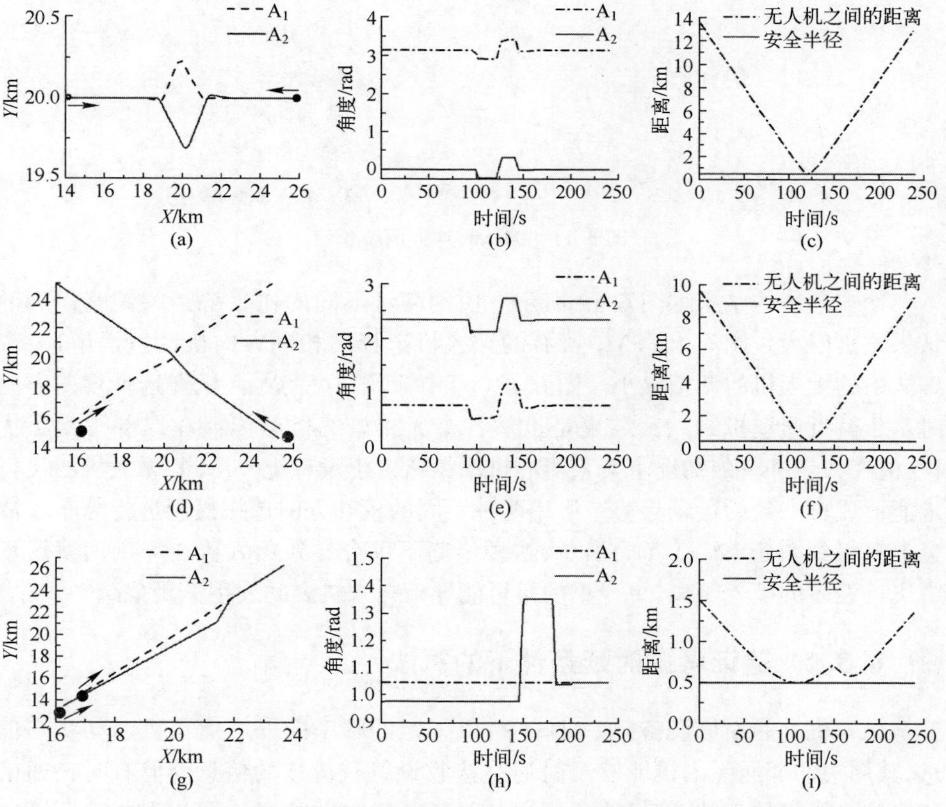

图 6.10　不同速度无人机一对一冲突中应用方向调节消解冲突结果示意图

(a) 无人机运动航迹；(b) 无人机运动方向；(c) 机间距离；

(d) 无人机运动航迹；(e) 无人机运动方向；(f) 机间距离；

(g) 无人机运动航迹；(h) 无人机运动方向；(i) 机间距离。

通过例 6.1 中对一些典型冲突场景的分析可以得到结论，本章所提出的算法能够较合理地将冲突消解的任务分派到涉及冲突的无人机。

例 6.2 本例展示对空中飞行的两个无人机编队之间空域冲突的消解过程。两个编队飞行的态势如图 6.11 所示,编队 1 与编队 2 中分别有 8 个无人机以相同的速度 50m/s 飞行。两个编队将在同一时间段穿过中间汇聚区域。根据当前的飞行状态可知两个无人机编队将会发生冲突。

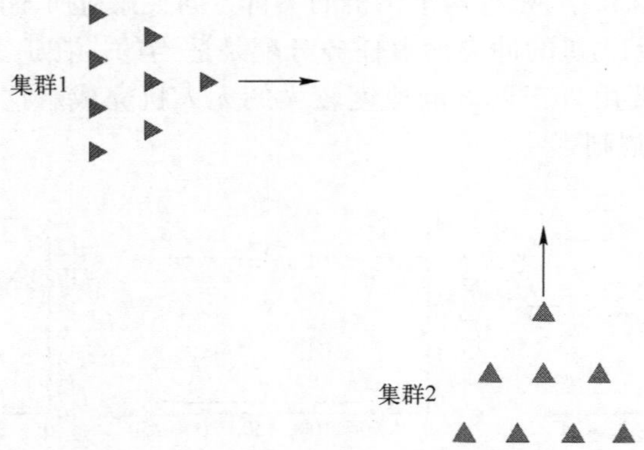

图 6.11 编队间冲突消解想定

冲突消解的结果如图 6.12 所示。应用两种不同的初始解消解策略得到的结果差别巨大。图 6.12(a)中所有的无人机选择向相同方向机动以消解冲突,编队中的无人机的调整微小。图 6.12(b)中涉及冲突的无人机在选择规避方向时基于就近避让机制。其结果是虽然各个无人机的机动消耗在局部得到了优化,但在大量冲突的情况下无人机的机动策略由于没有统一协同,无人机的飞行未能形成较一致的运动趋势。运用两种不同的机动方向选择机制进行分布式冲突消解得到图 6.12(c)、(d)所示,这种策略不仅会导致无人机在冲突消解过程中飞行更多的额外距离,更严重的是可能导致无人机之间发生失距危险。

6.3.2 验证考虑时延条件下的算法

无人机上的通信设备(如 ADS-B)以一定的频率向外广播本机运动状态信息,其周边的邻居无人机能够及时通过接收设备获得它的信息。但有时在通信环境较为恶劣的条件下,可能出现通信时延与丢包的情况。因此需要验证算法在通信时延和丢包条件下的能力。

假设每个无人机的状态时延服从均匀分布 $U(0,T_{\text{delay}}^{\max})$,其中 $T_{\text{delay}}^{\max}$ 是最大时延值。由于 ADS-B 设备传输的信息中包含着状态信息当时的时间戳,因此无人机 A_i 可根据它最近一次接收到的邻居无人机 A_j 的状态预测 A_j 在当前时刻的状态。对无人机状态预测的精准程度依赖具体的预测算法,当前有很多的预测算法。但任何算法都无法改变时延越大预测状态与实际状态之间误差越大这一现象。因此本书应用一个简单的预测算法：假设无人机会沿着在最后一次的运动状态继续运动。因此可以预测得到当前 A_j 的运动状态为

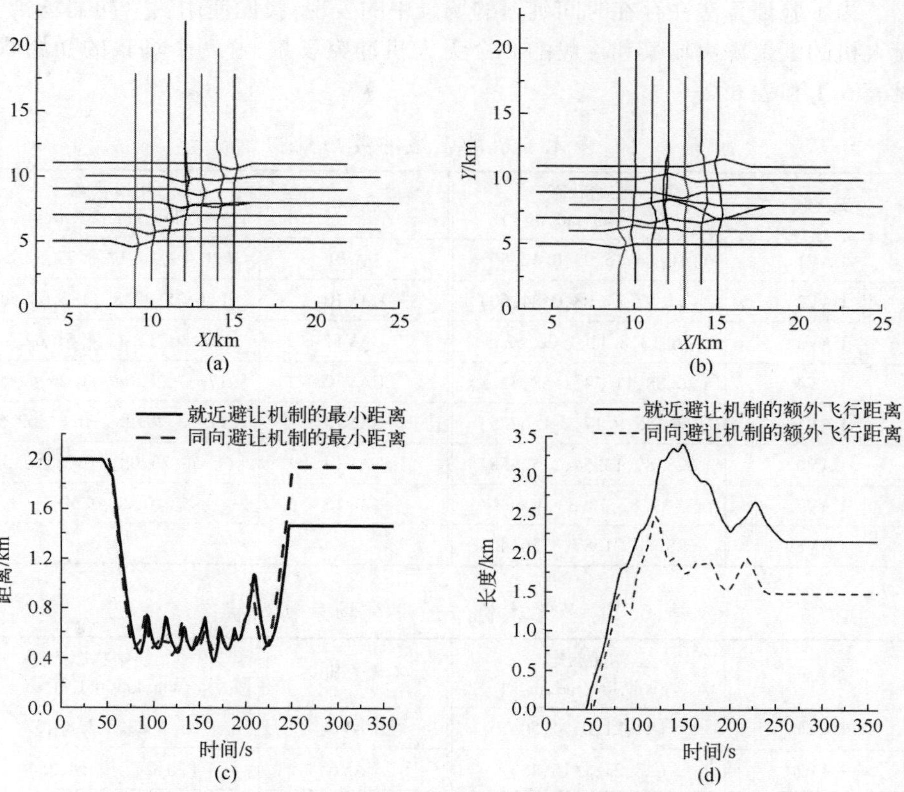

图 6.12　采用不同机制解决两个编队间冲突消解结果对比图

（a）由同向避让机制确定约束条件的冲突消解结果；

（b）由就近避让机制确定约束条件的冲突消解结果；

（c）不同机制下无人机之间的最小距离；（d）不同机制下无人机额外飞行距离。

$$\begin{cases} \hat{x}_j(t)=x_j(t-T^j_{\text{delay}})+v_j\cos\phi_j(t-T^j_{\text{delay}})*T^j_{\text{delay}} \\ \hat{y}_j(t)=y_j(t-T^j_{\text{delay}})+v_j\sin\phi_j(t-T^j_{\text{delay}})*T^j_{\text{delay}} \\ \hat{\phi}_j(t)=\phi_j(t-T^j_{\text{delay}}) \end{cases} \tag{6.12}$$

每个无人机应用机上系统根据对邻近相互冲突无人机的预测状态求解冲突消解策略。为了衡量算法的性能，定义了 3 个参数：$n$lose，$M^{\text{rate}}_{D/r}$ 和 A_{dis}。$n$lose 记录应用算法消解冲突时无法保持安全间距的无人机，$M^{\text{rate}}_{D/r}$ 取值被定义为：$M^{\text{rate}}_{D/r}=\min\limits_{i\in n}\{D^i_{\min}/r_i\}$，其中 $D^i_{\min}$ 是记录在飞行过程中 A_i 与其邻居无人机之间的最小距离。$M^{\text{rate}}_{D/r}$ 可以用来描述当无人机间失去了最小安全距离时冲突的严重程度。

A_{dis}统计了在一次冲突消解中所有无人机相比于原定的计划因为规避冲突附加飞行的距离。

为了验证算法在存在时间延迟的场景中的表现,我们使用两个冲突场景:多无人机的汇聚冲突场景和一般的8个无人机冲突场景,这两个场景的初始状态见表6.1和表6.2。

表6.1 多无人机的汇聚冲突场景初始状态

无人机	初始状态/(km,km,rad,m/s)	无人机	初始状态/(km,km,rad,m/s)
UAV1	(10.86,15.93,0.42,50)	UAV9	(28.49,26.17,3.77,52.5)
UAV2	(11.97,11.08,0.84,60)	UAV10	(26.25,30.82,4.2,62.5)
UAV3	(16.13,8.11,1.26,62.5)	UAV11	(21.30,32.43,4.61,62.5)
UAV4	(20.88,11.54,1.68,42.5)	UAV12	(17.37,28.08,-1.26,42.5)
UAV5	(26.25,9.17,2.1,62.5)	UAV13	(11.63,29.28,-0.84,62.5)
UAV6	(28.89,13.54,2.52,55)	UAV14	(8.58,25.08,-0.21,62.5)
UAV7	(27.82,18.33,3,40)	UAV15	(10,20,0,50)
UAV8	(28.80,21.87,3.36,45)		

表6.2 多无人机一般冲突场景初始状态

无人机	初始状态/(km,km,rad,m/s)	无人机	初始状态/(km,km,rad,m/s)
UAV1	(21,21,0.44,50)	UAV5	(25.2,23.3,3.83,52)
UAV2	(23,21,1.16,45)	UAV6	(23,24,-0.54,35)
UAV3	(24.5,21.3,2.25,42.5)	UAV7	(21,24,-0.80,47.5)
UAV4	(25.5,22.5,3.22,47.5)	UAV8	(22,22.5,-0.088,40)

考虑在这些场景中飞行的无人机的通信具有不同的时间延迟。为了简化描述,我们将汇聚场景和8个无人机的场景表达为“c-n”和“e-n”。其中n表示最大的时间延迟。每一个场景重复试验了100次,得到了冲突消解的结果,见表6.3。

表6.3 存在时延条件下算法解决多无人机冲突场景的表现

场景标志	*nlose*/个数	$M_{D/r}^{rate}$	A_{dis}/km
c-0	0	>1	4.25
c-2	0	>1	4.38
c-3	0.05	0.9	4.62

续表

场景标志	nlose/个数	$M_{D/r}^{rate}$	A_{dis}/km
c-5	0.13	0.85	4.82
c-10	0.8	0.78	5.40
c-20	1.5	0.58	6.00
e-0	0	>1	2.42
e-2	0.23	0.92	3.40
e-3	0.31	0.91	3.45
e-5	1.6	0.65	3.47

表 6.3 描述了时间延迟对于汇聚场景与 8 个无人机冲突的经典场景的影响不同。在汇聚场景中,无人机的初始位置是散布的。在 8 个无人机的一般场景中,无人机的初始位置较为紧密。根据表 6.3 所示,时间延迟会有两个影响。第一是时间延迟越大,则会导致无人机之间越容易失去安全间隔。同时也会使无人机飞行更远的距离。这是因为预测误差会导致无人机产生不合适的机动。仿真结果表明,如果无人机的状态时延是数秒之内,算法将仍然能够保证无人机之间的安全间隔。当时延变得越来越大之后,由于预测误差越来越大,因此无人机之间失去安全间隔的概率会增大。根据 $M_{D/r}^{rate}$ 的取值可以说明虽然在时延较大的条件下无人机之间会失去安全间隔,但是算法会保证无人机之间尽量隔离开。因此本算法具有一定的处理时延条件下的冲突消解的能力。

图 6.13 与图 6.14 对比了本章提出的 RGCR 算法与 SVO 算法在消解多异构无人机汇聚冲突时的效果[14]。通过对比可知本书提出的算法无人机避让的机动幅度明显较小。图 6.15 展示了运用两个算法处置同一场景时所有无人机偏离预定航路点的距离随着时间的变化情况。由结果分析可知本章提出的 RGCR 算法能够减少无人机机动消耗。

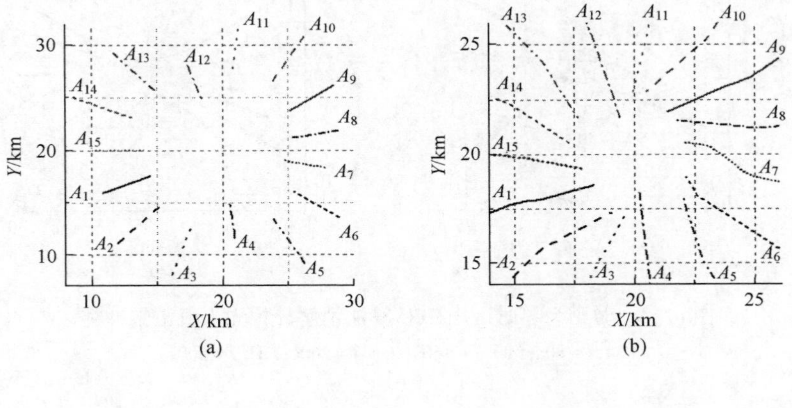

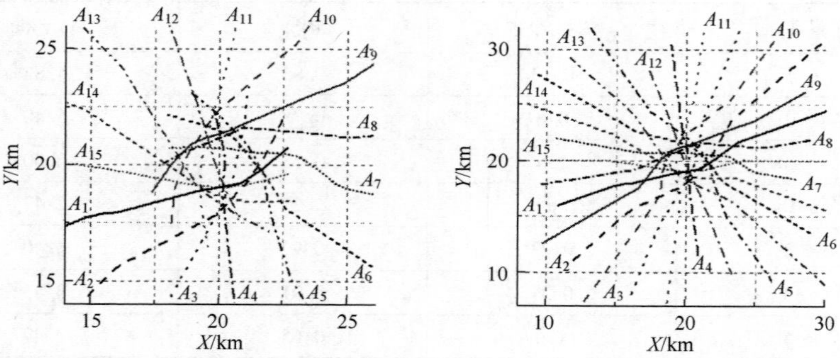

(c) (d)

图 6.13 时延为零时运用本章提出的算法消解异构无人机汇聚冲突

（a）$T=80$s；（b）$T=160$s；（c）$T=260$s；（d）$T=500$s。

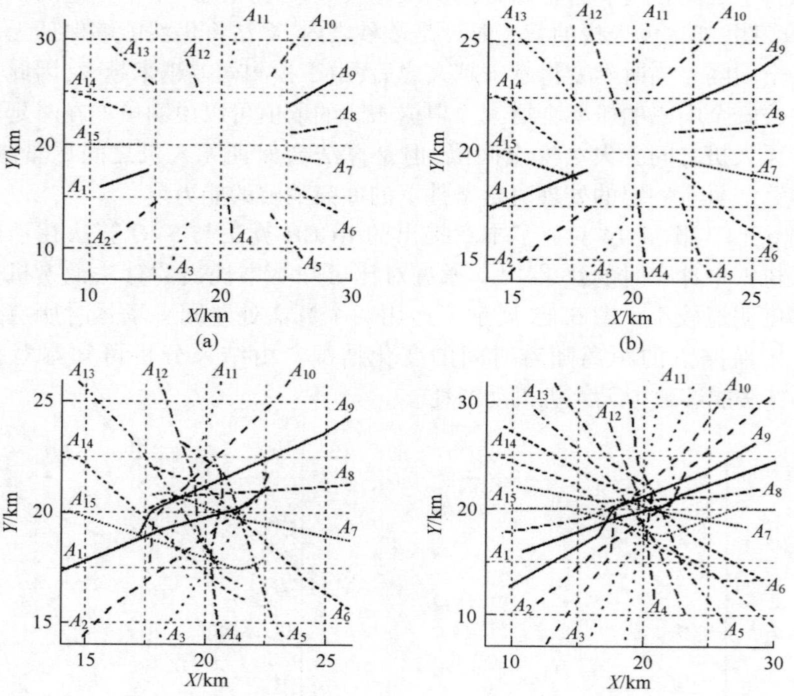

(c) (d)

图 6.14 时延为零时运用 SVO 算法消解异构无人机汇聚冲突

（a）$T=80$s；（b）$T=160$s；（c）$T=260$s；（d）$T=500$s。

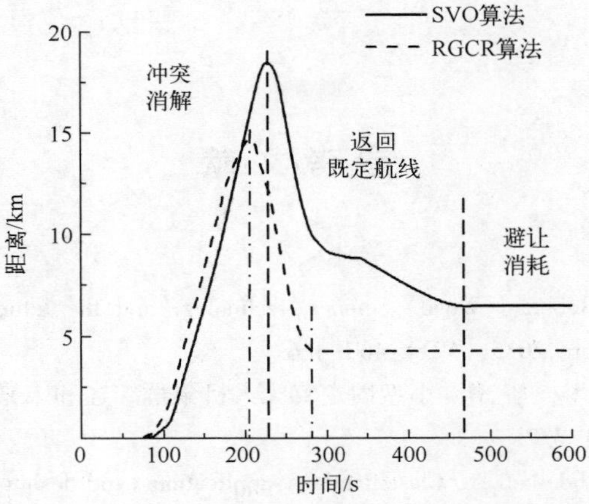

图 6.15　RGCR 算法与 SVO 算法造成的避让消耗比较

6.4　小　结

低通信带宽下多无人机分布式冲突消解是保证无人机安全飞行中的一个重要问题。本章根据对碰撞锥模型推导出的切线约束条件的分析提出了基于空间映射的线性化方法。该方法将非线性约束条件推导解耦为能让涉及冲突的无人机达成一致的约束向量。进一步由约束向量向每个无人机的调整量坐标轴进行映射得到每个无人机进行分布式冲突消解的机动责任。在此基础上提出基于协定的分布式冲突消解算法。该算法保证了无人机在通信带宽较低、缺乏协调和集中控制单元的条件下能够得到认同已知的冲突消解协定。

本章提出的基于协定的分布式冲突消解方法提供了低通信带宽条件下无人机合作式冲突的一种解决方案,可以作为未来多无人机分布式冲突消解的基本规划控制工具。

参 考 文 献

[1] Dario Floreano, Robert J Wood. Science, technology and the future of small autonomous drones [J]. Nature,2015,(521):460-466.

[2] 王祥科,刘志宏,丛一睿,等. 小型固定翼无人机集群综述和未来发展[J]. 航空学报,2020,40(4):323-332.

[3] Hassanalian M,Abdelkefi A. Classifications,applications,and design challenges of drones:A review[J]. Progress in Aerospace Sciences,2017,91:99-131.

[4] Mohamed Salleh M F B,Low K H. Preliminary Concept of operations (ConOps) for traffic management of Unmanned Aircraft Systems (TM-UAS) in urban environment[C]//AIAA Information Systems-AIAA Infotech@Aerospace,9-13 January 2017,Grapevine,Texas. New York:AIAA,2017:0223.

[5] 张锐,徐伟程,罗秋凤,等. 轻小型无人机系统适航规章发展及其启示[J]. 航空标准化与质量,2019,2:44-48.

[6] ASTM International. Standard practices for unmanned aircraft system airworthiness: ASTM F2501-06[S]. https://webstore. ansi. org/Standards/ASTM/ASTMF250106.

[7] 罗秋凤,高艳辉,张锐,等. 轻型无人机飞行控制系统适航安全性研究[J]. 计算机测量与控制.2020.28(8):139-143.

[8] Clothier R A, Palmer J L, Walker R A, et al. Definition of an airworthiness certification framework for civil unmanned aircraft systems[J]. Safety science,2011,49(6):871-885.

[9] Yu M,Zhang Y M. Sense and avoid technologies with applications to unmanned aircraft systems:Review and prospects [J]. Progress in Aerospace Sciences,2015(74):152-166.

[10] Shafi M,Molisch A F,Smith P J,et al. 5G:A tutorial overview of standards,trials,challenges,deployment,and practice[J]. IEEE journal on selected areas in communications,2017,35(6):1201-1221.

[11] Jacobs M A,Sudarsanan V S,DeLaurentis D A,et al. Comparison of Conflict Detection Capabilities for Well Clear and Critical Pair Identification[J]. Journal of Aerospace Information Systems,2019,16(5):203-213.

[12] Shen Z,Cheng X,Zhou S,et al. A dynamic airspace planning framework with ads-b tracks for manned and unmanned aircraft at low-altitude sharing airspace[C]//2017 IEEE/AIAA 36th Digital Avionics Systems Conference (DASC),17-21 September 2017,St. Petersburg,FL,USA. New York:IEEE,2017:1-7.

[13] Pang B,Dai W,Ra T,et al. A concept of airspace configuration and operational rules for UAS in current airspace [C]//AIAA/IEEE 39th Digital Avionics Systems Conference

(DASC). IEEE,11-15 October 2020,11-15 October 2020. New York:IEEE,2020:1-9.

[14] Jenie Y I. Selective Velocity Obstacle Method for Deconflicting Maneuvers Applied to Unmanned Aerial Vehicles [J]. JOURNAL OF GUIDANCE,CONTROL,AND DYNAMICS, 2015(38):1140-1145.

[15] Dalamagkidis K,Piegl L A,Valavanis K P. On Integrating Unmanned Aircraft Systems into the National Airspace System:Issues,Challenges,Operational Restrictions,Certification,and Recommendations [M]. Springer,2012.

[16] Yanyan Lu,Zhonghua Xi and Jyh-Ming Lien. Online collision prediction among 2D polygonal and articulated obstacles [J]. The International Journal of Robotics Research, 2016 (35):476-500.

[17] Byrne J,Taylor C J. Expansion segmentation for visual collision detection and estimation [C]//IEEE International Conference on Robotics and Automation,12-17 May 2009,Kobe, Japan. New York:IEEE,2009:875-882.

[18] Alonso-Mora J,Breitenmoser A,Beardsley P,et al. Reciprocal collision avoidance for multiple car-like robots[C]//IEEE International Conference on Robotics and Automation,14-18 May 2012,Saint Paul,MN,USA. New York:IEEE,2012:360-366.

[19] Tarnopolskaya T,Fulton N,Maurer H. Synthesis of Optimal Bang-Bang Control for Cooperative Collision Avoidance for Aircraft(Ships)with Unequal Linear Speeds [J]. J Optim Theory Appl,2012(155):115-144.

[20] Shuquan Wang,Hanspeter Schaub. Spacecraft Collision Avoidance Using Coulomb Forces with Separation Distance and Rate Feedback [J]. JOURNAL OF GUIDANCE,CONTROL, AND DYNAMICS,2008(31):740-750.

[21] Claudio Bombardelli,Javier Hernando-Ayuso. Optimal Impulsive Collision Avoidance in Low Earth Orbit [J]. JOURNAL OF GUIDANCE,CONTROL,AND DYNAMICS,2015 (38):217-225.

[22] Krozel J,Peters M,Hunter G. Conflict detection and resolution for future air transportation management [R]. NASA CR-97-205 944,Apr. 1997.

[23] 董晶,刘云龙．一种时空同步高效航线冲突检测方法[J]. 中国电子科技研究院学报, 2020,15(11):1080-1085.

[24] Russell A Paielli,Heinz Erzberger,Danny Chiu,et al. Tactical Conflict Alerting Aid for Air Traffic Controllers[J].JOURNAL OF GUIDANCE,CONTROL,AND DYNAMICS,2009,32 (1):184-193.

[25] Yang W,Tang J,He R,et al. A medium-term conflict detection and resolution method for open low-altitude city airspace based on temporally and spatially integrated strategies[J]. IEEE Transactions on Control Systems Technology,2019,28(5):1817-1830.

[26] Russell A Paielli,Heinz Erzberger. Trajectory Specification for Terminal Airspace:Conflict Detection and Resolution[J].JOURNAL OFAIR TRANSPORTATION,27(2),2019.

[27] Netjasov F,Crnogorac D,Pavlović G. Potential safety occurrences as indicators of air traffic management safety performance:A network based simulation model [J]. Transportation re-

search part C:emerging technologies,2019,102:490-508.

[28] Claire Tomlin,George J Pappas,Shankar Sastry. Conflict Resolution for Air Traffic Management:A Study in Multiagent Hybrid Systems [J]. IEEE TRANSACTIONS ON AUTOMATIC CONTROL,1998(43):509-521.

[29] Krozel J,Peters M. Strategic conflict detection and resolution for free flight[C]//Proceedings of the 36th IEEE Conference on Decision and Control,12-12 December 1997,San Diego, CA,USA. New York:IEEE,1997,2:1822-1828.

[30] James K Kuchar,Lee C Yang. A Review of Conflict Detection and Resolution Modeling Methods [J]. IEEE TRANSACTIONS ON INTELLIGENT TRANSPORTATION SYSTEMS, 2000(1):179-189.

[31] Dalamagkidis K,Valavanis K P,Piegl L A. On unmanned aircraft systems issues,challenges and operational restrictions preventing integration into the National Airspace System [J]. Progress in Aerospace Sciences,2008(44):503-519.

[32] Emmett Lalish,Kristi A Morgansen. Distributed reactive collision avoidance [J]. Auton Robot,2012(32):207-226.

[33] Yoshinori Matsuno,Takeshi Tsuchiya. Near-Optimal Control for Aircraft Conflict Resolution in the Presence of Uncertainty [J]. JOURNAL OF GUIDANCE,CONTROL,AND DYNAMICS,2015(39):326-338.

[34] Jérémy Omer,Jean-Loup Farges. Hybridization of Nonlinear and Mixed-Integer Linear Programming for Aircraft Separation with Trajectory Recovery [J]. IEEE TRANSACTIONS ON INTELLIGENT TRANSPORTATION SYSTEMS. 2013(14):1218-1230.

[35] Betts J T. Practical Methods for Optimal Control Using Nonlinear Programming [M]. 2nd. Cambridge University Press New York,NY,USA 2009.

[36] Jérémy Omer. Comparison of Mixed-Integer Linear Models for Fuel-Optimal Air Conflict Resolution With Recovery [J]. IEEE TRANSACTIONS ON INTELLIGENT TRANSPORTATION SYSTEMS,2015(16):3126-3137.

[37] Soler M, Kamgarpour M, Tomlin C, et al. Multiphase mixed - integer optimal control framework for aircraft conflict avoidance [C]. IEEE International Conference on Decision Control,2012:1740-1745.

[38] Manuel Soler,Maryam Kamgarpour,Javier Lloret,et al. A Hybrid Optimal Control Approach to Fuel-Efficient Aircraft Conflict Avoidance [J]. IEEE TRANSACTIONS ON INTELLIGENT TRANSPORTATION SYSTEMS,2016(17):1826-1838.

[39] Menon P K,Sweriduk G,Sridhar B. Optimal strategies for free-flight air traffic conflict resolution [J]. J. Guid. Control Dyn,1999(22):202-211.

[40] Weifeng Chen,Jinyin Chen,Zhijiang Shao,et al. Three-Dimensional Aircraft Conflict Resolution Based on Smoothing Methods [J]. JOURNAL OF GUIDANCE,CONTROL,AND DYNAMICS,2016(39):1481-1490.

[41] Turnbull O,Richards A. Collocation methods for multi-vehicle trajectory optimization[C]// 2013 European Control Conference (ECC), 17 - 19 July 2013, Zurich, Switzerland. New

York: IEEE, 2013: 1230-1235.

[42] Cobano J A, Vera S, Heredia G, et al. Safe trajectory planning for multiple aerial vehicles with Segmentation-adaptive Pseudospectral collocation[C]//IEEE International Conference on Robotics and Automation (ICRA), 26-30 May 2015, Seattle, WA, USA. New York: IEEE, 2015: 29-34.

[43] Jérémy Omer. A space-discretized mixed-integer linear model for air-conflict resolution with speed and heading maneuvers [J]. Computers&Operations Research, 2015 (58): 75-86.

[44] Antonio Bicchi, Lucia Pallottino. On Optimal Cooperative Conflict Resolution for Air Traffic Management Systems [J]. IEEE TRANSACTIONS ON INTELLIGENT TRANSPORTATION SYSTEMS, 2000(1): 221-232.

[45] Tarnopolskaya T, Fulton N. Optimal cooperative collision avoidance strategy for coplanar encounter: Merz's solution revisited [J]. J. Optim. Theory Appl, 2009(140): 355-375.

[46] Antonio Alonso-Ayuso, Laureano F Escudero, F Javier Martín-Campo. A mixed 0-1 nonlinear optimization model and algorithmic approach for the collision avoidance in ATM: Velocity changes through a time horizon [J]. Computers & Operations Research, 2012(39): 3136-3146.

[47] Durand N, Alliot J M, Noailles J. Automatic aircraft conflict resolution using genetic algorithms[C]//Proceedings of the 1996 ACM symposium on Applied Computing, 17-19 Feb 1996, Philadelphia, Pennsylvania, USA. New York: ACM, 1996: 289-298.

[48] Xiao-Bing Hu, Shu-Fan Wu, Ju Jiang. On-line free-flight path optimization based on improved genetic algorithms [J]. Engineering Applications of Artificial Intelligence, 2004 (17): 897-907.

[49] Alejo D, Cobano J A, Heredia G, et al. Collision-Free 4D Trajectory Planning in Unmanned Aerial Vehicles for Assembly and Structure Construction [J]. J Intell Robot Syst, 2014 (73): 783-795.

[50] Zuqiang Yang, Zhou Fang, Ping Li. Bio-inspired Collision-free 4D Trajectory Generation for UAVs Using Tau Strategy [J]. Journal of Bionic Engineering, 2016(13): 84-97.

[51] Sunberg Z N, Kochenderfer M J, Pavone M. Optimized and trusted collision avoidance for unmanned aerial vehicles using approximate dynamic programming[C]//2016 IEEE International Conference on Robotics and Automation (ICRA), 16-21 May 2016, 16-21 May 2016, New York: IEEE, 2016: 1455-1461.

[52] Weiyi Liu, Inseok Hwang. Probabilistic Aircraft Midair Conflict Resolution Using Stochastic Optimal Control [J]. IEEE TRANSACTIONS ON INTELLIGENT TRANSPORTATION SYSTEMS, 2014(15): 37-46.

[53] Matsuno Y. Stochastic conflict-free 4d trajectory optimization in the presence of uncertainty [C]//Proceedings of the 29th Congress of the International Council of Aeronautical Sciences, 7-12 September 2014, St. Petersburg, Russia. Paris: ICAS, 2014: 1-21.

[54] Frazzoli E, Mao Z H, Oh J H, et al. Resolution of Conflicts Involving Many Aircraft via

Semidefinite Programming [J]. JOURNAL OF GUIDANCE, CONTROL, AND DYNAMICS, 2001(24):79-86.

[55] Pallottino L, Feron E M, Bicchi A. Conflict resolution problems for air traffic management systems solved with mixed integer programming [J]. IEEE TRANSACTIONS ON INTELLIGENT TRANSPORTATION SYSTEMS, 2002(3):3-11.

[56] Manolis A Christodoulou, Sifis G Kodaxakis. Automatic Commercial Aircraft-Collision Avoidance in Free Flight: The Three-Dimensional Problem [J]. IEEE TRANSACTIONS ON INTELLIGENT TRANSPORTATION SYSTEMS, 2006(7):242-249.

[57] Antonio Alonso-Ayuso, Laureano F Escudero, F Javier Martín-Campo. Collision Avoidance in Air Traffic Management: A Mixed-Integer Linear Optimization Approach [J]. IEEE TRANSACTIONS ON INTELLIGENT TRANSPORTATION SYSTEMS, 2011(12):47-57.

[58] Alonso-Ayuso A, Escudero L F, F. J. Martín-Campo. On modeling the air traffic control coordination in the collision avoidance problem by mixed integer linear optimization [J]. Ann Oper Res, 2014, 222:89-105.

[59] Antonio Alonso-Ayuso, Laureano F Escudero, F Javier Martín-Campo, et al. A VNS metaheuristic for solving the aircraft conflict detection and resolution problem by performing turn changes [J]. J Glob Optim, 2015(63):583-596.

[60] Sonia Cafieri, Nicolas Durand. Aircraft deconfliction with speed regulation: new models from mixed-integer optimization [J]. Journal of Global Optimization, 2014(58):613-629.

[61] Adan E Vela, Senay Solak, John-Paul B Clarke, et al. Near Real-Time Fuel-Optimal En Route Conflict Resolution [J]. IEEE TRANSACTIONS ON INTELLIGENT TRANSPORTATION SYSTEMS, 2010(11):826-837.

[62] Vela A, Solak S, Singhose W, et al. A mixed integer program for flight-level assignment and speed control for conflict resolution[C]//Proceedings of the 48h IEEE Conference on Decision and Control (CDC) held jointly with 2009 28th Chinese Control Conference, 15-18 December 2009, Shanghai, China. New York: IEEE, 2009:5219-5226.

[63] Alejo D, Cobano J A, Trujillo M A, et al. The speed assignment problem for conflict resolution in aerial robotics[C]//IEEE International Conference on Robotics and Automation, 14-18 May 2012, Saint Paul, MN, USA. New York: IEEE, 2012:3619-3624.

[64] Christodoulou M A, Kodaxakis S G. Automatic commercial aircraft-collision avoidance in free flight: the three-dimensional problem[J]. IEEE Transactions on Intelligent Transportation Systems, 2006(7):242-249.

[65] Javier Alonso-Mora, Tobias Naegeli, Roland Siegwart, et al. Collision avoidance for aerial vehicles in multi-agent scenarios [J]. Auton Robot, 2015(39):101-121.

[66] Jur van den Berg, Stephen J Guy, Ming Lin, et al. Reciprocal n-Body Collision Avoidance [J]. Robotics Research, 2011(70):3-19.

[67] Hill J, Archibald J, Stirling W, et al. A multi-agent system architecture for distributed air traffic control[C]//AIAA guidance, navigation, and control conference and exhibit, 15 - 18 August 2005, San Francisco, California USA. New York: AIAA, 2005:6049.

[68] James K Archibald, Jared C Hill, Nicholas A Jepsen, et al. A Satisficing Approach to Aircraft Conflict Resolution [J]. IEEE TRANSACTIONS ON SYSTEMS, MAN, AND CYBERNETICS—PART C: APPLICATIONS AND REVIEWS, 2008(38): 510-521.

[69] Lalish E, Morgansen K A. Decentralized reactive collision avoidance for multivehicle systems[C]//2008 47th IEEE Conference on Decision and Control, 09-11 December 2008, Cancun, Mexico. New York: IEEE, 2008: 1218-1224.

[70] David Sislak, Premysl Volf, Michal Pechoucek, et al. Automated Conflict Resolution Utilizing Probability Collectives Optimizer [J]. IEEE TRANSACTIONS ON SYSTEMS, MAN, AND CYBERNETICS—PART C: APPLICATIONS AND REVIEWS, 2011 (41): 365-375.

[71] Santosh Devasia, Dhanakorn Iamratanakul, Gano Chatterji, et al. Decoupled Conflict-Resolution Procedures for Decentralized Air Traffic Control [J]. IEEE TRANSACTIONS ON INTELLIGENT TRANSPORTATION SYSTEMS, 2011(12): 422-437.

[72] Jeff Yoo, Santosh Devasia. Provably Safe Conflict Resolution With Bounded Turn Rate for Air Traffic Control [J]. IEEE TRANSACTIONS ON CONTROL SYSTEMS TECHNOLOGY, 2013 (21): 2280-2289.

[73] Khatib O. Real-time obstacle avoidance for manipulators and mobile robots [J]. International Journal of Robotics Research, 1986(5): 90-98.

[74] John H Reif, Hongyan Wang. Social potential fields: A distributed behavioral control for autonomous robots [J]. Robotics and Autonomous Systems, 1999(27): 171-194.

[75] Roussos G, Kyriakopoulos K J. Decentralised navigation and collision avoidance for aircraft in 3D space[C]//Proceedings of the 2010 American Control Conference, 30 June 2010 - 02 July 2010, Baltimore, MD, USA. New York: IEEE, 2010: 6181-6186.

[76] Kandil A A, Wagner A, Gotta A, et al. Collision avoidance in a recursive nested behaviour control structure for unmanned aerial vehicles[C]//IEEE International Conference on Systems, Man and Cybernetics, 10-13 October 2010, Istanbul, Turkey. New York: IEEE, 2010: 4276-4281.

[77] PRACHYA PANYAKEOW, MEHRAN MESBAHI. Deconfliction Algorithms for a Pair of Constant Speed Unmanned Aerial Vehicles [J]. IEEE TRANSACTIONS ON AEROSPACE AND ELECTRONIC SYSTEMS, 2014(50): 456-476.

[78] Silvia Mastellone, Dušan M Stipanovi'c, Christopher R. Graunke, et al. Formation Control and Collision Avoidance for Multi-agent Non-holonomic Systems: Theory and Experiments [J]. The International Journal of Robotics Research, 2008(27): 107-126.

[79] Tang Jun, Miquel Angel Piera, Jenaro Nosedal. Analysis of induced Traffic Alert and Collision Avoidance System collisions in unsegregated airspace using a Colored Petri Net model [J]. Simulation: Transactions of the Society for Modeling and Simulation International, 2015 (91): 233-248.

[80] Andrew D Zeitlin, Michael P McLaughlin. Safety of Cooperative Collision Avoidance for Unmanned Aircraft [J]. IEEE A&E SYSTEMS MAGAZINE, 2007(4): 9-13.

[81] Inseok Hwang, Claire J Tomlin. PROTOCOL-BASED CONFLICT RESOLUTION FOR AIR TRAFFIC CONTROL. SUDAAR-762 [R]. Department of Aeronautics and Astronautics, Stanford University, 2002.

[82] Fiorini P, Shiller Z. Motion planning in dynamic environments using velocity obstacles [J]. International Journal of Robotics Research, 1998(17): 760-772.

[83] Guy S J, Chhugani J, Kim C, et al. Clear path: highly parallel collision avoidance for multi-agent simulation[C]//Proceedings of the 2009 ACM SIGGRAPH/Eurographics Symposium on Computer Animation, August 2009, New Orleans, Louisiana. New York: IEEE, 2009: 177-187.

[84] Martin Rufli, Javier Alonso-Mora, Roland Siegwart. Reciprocal Collision Avoidance With Motion Continuity Constraints [J]. IEEE TRANSACTIONS ON ROBOTICS, 2013(29): 899-912.

[85] Javier Alonso-Mora, Andreas Breitenmoser, Martin Rufli, et al. Optimal Reciprocal Collision Avoidance for Multiple Non-Holonomic Robots[J]. Distributed Autonomous Robotic Systems, 2010(83): 203-216.

[86] Vinicius Graciano Santos, Mario F M Campos, Luiz Chaimowicz. On Segregative Behaviors Using Flocking and Velocity Obstacles [J]. Distributed Autonomous Robotic Systems, 2014 (104): 121-133.

[87] Daman Bareiss, Jur van den Berg. Generalized reciprocal collision avoidance [J]. The International Journal of Robotics Research, 2015(34): 1-14.

[88] Alejo D, Cobano J A, Heredia G, et al. Optimal reciprocal collision avoidance with mobile and static obstacles for multi-UAV systems[C]//2014 International Conference on Unmanned Aircraft Systems (ICUAS). IEEE, 2014: 1259-1266.

[89] Snape J, Manocha D. Navigating multiple simple-airplanes in 3d workspace[C]//2010 IEEE International Conference on Robotics and Automation, 27-30 May 2014, Orlando, FL, USA. New York: IEEE, 2010: 3974-3980.

[90] Lorenz Schmitt, Walter Fichter. Collision-Avoidance Framework for Small Fixed-Wing Unmanned Aerial Vehicles [J]. JOURNAL OF GUIDANCE, CONTROL, AND DYNAMICS, 2014(37): 1323-1328.

[91] Marco Melega, Samuel Lazarus, Al Savvaris, et al. Multiple Threats Sense and Avoid Algorithm for Static and Dynamic Obstacles [J]. J Intell Robot Syst, 2015(77): 215-228.

[92] Xilin Yang, Luis Mejias Alvarez, Troy Bruggemann. A 3D Collision Avoidance Strategy for UAVs in a Non-Cooperative Environment [J]. J Intell Robot Syst, 2013(70): 315-327.

[93] Huili Yu, Randy Beard, Jeffrey Byrne. Vision-based navigation frame mapping and planning for collision avoidance for miniature air vehicles [J]. Control Engineering Practice, 2010 (18): 824-836.

[94] Giancarmine Fasano, Domenico Accardo, Antonio Moccia. Multi-Sensor-Based Fully Autonomous Non-Cooperative Collision Avoidance System for Unmanned Air Vehicles [J].

JOURNAL OF AEROSPACE COMPUTING, INFORMATION, AND COMMUNICATION, 2008(5):338-360.

[95] Yazdi I Jenie, Erik-Jan van Kampen, Cornelis C de Visser, et al. Three-Dimensional Velocity Obstacle Method for Uncoordinated Avoidance Maneuvers of Unmanned Aerial Vehicles [J]. JOURNAL OF GUIDANCE, CONTROL, AND DYNAMICS, 2016(39):2312-2323.

[96] Breitenmoser A, Martinoli A. On combining multi-robot coverage and reciprocal collision avoidance[M]//Nak-Young Chong, Young-Jo Cho, Distributed Autonomous Robotic Systems. Springer, Tokyo, 2016:49-64.

[97] Santos V G, Pimenta L C A, Chaimowicz L. Segregation of multiple heterogeneous units in a robotic swarm [C]//2014 IEEE International Conference on Robotics and Automation (ICRA), 31 May 2014 - 07 June 2014, Hong Kong, China. New York: IEEE, 2014: 1112-1117.

[98] Vinicius Graciano Santos, Luiz Chaimowicz. Cohesion and segregation in swarm navigation [J]. Robotica, 2014(32):209-223.

[99] Alonso-Mora J, Montijano E, Schwager M, et al. Distributed multi-robot formation control among obstacles: A geometric and optimization approach with consensus [C]//2016 IEEE international conference on robotics and automation (ICRA), 16-21 May 2016, Stockholm, Sweden. New York: IEEE, 2016:5356-5363.

[100] Gábor Vásárhelyi, Csaba Virágh, Gergő Somorjai, et al. Optimized flocking of autonomous drones in confined environments[J]. SCIENCE ROBOTICS, 2018(3):1-13.

[101] Roelofsen S, Martinoli A, Gillet D. Distributed deconfliction algorithm for unmanned aerial vehicles with limited range and field of view sensors[C]//2015 American Control Conference (ACC), 01-03 July 2015, Chicago, IL, USA. New York: IEEE, 2015:4356-4361.

[102] Federal Aviation Administration. Right-of-way Rules: Except Water Operations [R]. Washington, D. C, 2016.

[103] Michael B Jamoom, Mathieu Joerger, Boris Pervan. Unmanned Aircraft System Sense-and-Avoid Integrity and Continuity Risk [J]. JOURNAL OF GUIDANCE, CONTROL, AND DYNAMICS, 2016(39):498-509.

[104] Cook S P, Brooks D, Cole R, et al. Defining well clear for unmanned aircraft systems[C]// AIAA Infotech @Aerospace, 5 - 9 January 2015, Kissimmee, Florida, USA. New York: AIAA, 2015:0481.

[105] Fasano G, Accardo D, Moccia A, Moroney D. Sense and avoid for unmanned aircraft systems[J]. IEEE Aerospace and Electronic Systems Magazine. 2016, 31(11):82-110.

[106] Kenny C A. Unmanned aircraft system (UAS) delegation of separation in NextGen airspace[M]. San Jose State University, 2013.

[107] Xavier Prats, Luis Delgado, Jorge Ramírez, et al. Requirements, Issues, and Challenges for Sense and Avoid in Unmanned Aircraft Systems [J]. JOURNAL OF AIRCRAFT, 2012 (49):677-687.

[108] Yazdi I Jenie, Erik-Jan van Kampeny, Joost Ellerbroekz, et al. Conflict Detection and Res-

olution System Architecture for Unmanned Aerial Vehicles in Civil Airspace [C]. AIAA SciTech,2015.

[109] Barfield F. Autonomous collision avoidance:the technical requirements[C]//Proceedings of the IEEE 2000 National Aerospace and Electronics Conference. NAECON 2000. Engineering Tomorrow (Cat. No. 00CH37093),12-12 October 2000,Dayton,OH,USA,New York:IEEE,2000:808-813.

[110] Jenie Y I,Kampen E J,Remes B. Cooperative autonomous collision avoidance system for unmanned aerial vehicle[M]//Qiping Chu,Bob Mulder,Daniel Choukroun,Erik-Jan Kampen,Coen Visser,Gertjan Looye,Advances in Aerospace Guidance,Navigation and Control. Springer,Berlin,Heidelberg,2013:387-405.

[111] Weber R,Euteneuer E. Avionics to enable UAS integration into the NextGen ATS[C]// AIAA Guidance,Navigation,and Control Conference,2 - 5 August 2010,Toronto,Ontario Canada. New York:AIAA,2010:7573.

[112] E D L. On curves of minimal length with a constraint on average curvature,and with prescribed initial and terminal positions and tangents [J]. Am J Math,1957,79(3):497-516.

[113] McLain T,Beard R W,Owen M. Implementing dubins airplane paths on fixed-wing uavs [M]//Kimon P. Valavanis,George J. Vachtsevanos,Handbook of Unmanned Aerial Vehicles,Springer,Berlin,Heidelberg,2014:1677-1701.

[114] Animesh Chakravarthy,Debasish Ghose. Collision Cones for Quadric Surfaces [J]. IEEE TRANSACTIONS ON ROBOTICS,2011(27):1159-1166.

[115] 刘鸿福．作战飞机雷达隐身轨迹规划技术研究[D]. 长沙:国防科技大学,2013.

[116] Nocedal J, Wright S. Numerical Optimization [M]. 2nd ed. New York: Springer - Verlag,2006.

[117] Chen L, Huepe C, Gross T. Adaptive network models of collective decision making in swarming systems[J]. Physical Review E,2016,94(2):022415.

[118] Andreas Kolling, Phillip Walker, Nilanjan Chakraborty, et al. Human Interaction With Robot Swarms: A Survey [J]. IEEE TRANSACTIONS ON HUMAN - MACHINE SYSTEMS,2016(46):9-26.

[119] Farinelli A,Rogers A,Jennings N R. Agent-based decentralised coordination for sensor networks using the max-sum algorithm [J]. Auton Agent Multi-Agent Syst,2014(28):337-380.

[120] Beck A,Nedic A,Ozdaglar A,et al. Optimal distributed gradient methods for network resource allocation problems [EB/OL]. Massachusetts Institute of Technology,2013:[2021-08-10]. https://citeseerx. ist. psu. edu/viewdoc/download? doi = 10. 1. 1. 294. 9448&rep = rep1&type = pdf.

[121] Kun Yuan,Qing Ling,Wotao Yin. On the Convergence of Decentralized Gradient Descent [J]. SIAM Journal on Optimization,2016(26):1835-1854.

[122] Vorontsov M A,Carhart G W,Ricklin J C. Adaptive phase-distortion correction based on

parallel gradient-descent optimization[J]. Optics letters,1997,22(12):907-909.

[123] ZHOU P,MA Y,WANG X,et al. Coherent Beam Combination of Three Two-Tone Fiber Amplifiers Using Stochastic Parallel Gradient Descent Algorithm [J]. Optics Letters,2009(34):2939-2941.

[124] 周朴. 光纤激光相干合成技术研究[D]. 长沙:国防科技大学,2009.

[125] Dimitris B,Tsitsiklis J N. Introduction to linear optimization [M]. Belmont:Athena Scientific,1997.